Estudio de los bancos naturales de pectínidos (vieiras) en la provincia de Castellón

Estudio de los bancos naturales de pectínidos (vieiras) en la provincia de Castellón

Juan Bautista Peña Forner

Diputació
de Castelló

2025

©

Del texto: Juan B. Peña Forner
De las fotografías y gráficas: Juan B. Peña Forner
Del diseño de la cubierta: laboratoriodeideas
De la presente edición: Servicio de Publicaciones,
Diputación de Castellón, 2025

Edita: Servicio de Publicaciones,
Diputación de Castellón
Av. La Vall d'Uixó, 25. 12004 Castelló de la Plana

Imprime: Imprenta Sichet, SL

ISBN papel: 979-13-87760-03-8
ISBN pdf: 979-13-87760-04-5

DL: CS 986-2025

ÍNDICE

1. INTRODUCCIÓN

Los pectínidos constituyen un grupo de bivalvos de gran calidad y elevado valor comercial. Entre las especies de esta familia en la península Ibérica, cabe destacar por su interés económico a la vieira atlántica (*Pecten maximus* L. 1758), a la zamburiña (*Mimachlamys varia* L. 1758) y a la volandeira (*Aequipecten opercularis* L. 1758). En el Mediterráneo, además de las dos últimas especies, se encuentra la concha de peregrino (*Pecten jacobaeus* L. 1758) cuya biología es similar a la de la vieira, pero con algunas diferencias de la morfología de la concha, aunque en la costa malagueña y granadina predomina la vieira (Román, 1991).

En la costa de Castellón, la especie de pectínido que más se captura por los barcos de arrastre es la concha de peregrino, aunque no constituye una pesquería específica, como se produce en Galicia y en Andalucía.

El principal problema que afecta a estas especies de pectínidos es la sobreexplotación, a causa de la pesca excesiva e indiscriminada, que ha mermado las poblaciones naturales, de modo que, las capturas son cada vez más escasas (Román, 1991).

El cultivo de los pectínidos requiere gran cantidad de juveniles, que no se pueden lograr por la producción artificial en criaderos. La obtención de semilla en ambiente natural, mediante colectores filamentosos, ha dado buenos resultados (Narvarte *et al.*, 2001).

El reclutamiento de nuevos ejemplares depende de las fluctuaciones de los factores externos, sobre todo al alimento disponible y a la temperatura del agua. Las condiciones ambientales actúan sobre el desarrollo de la gametogénesis de los adultos y, por tanto, afecta a la cantidad y calidad de los huevos y a la supervivencia larvaria, lo que conduce a modificar la fecundidad, al porcentaje de eclosión y a la viabilidad de las puestas.

La recuperación de las poblaciones naturales requiere un conocimiento previo de la localización de los bancos naturales de la concha de peregrino y en sus alrededores instalar colectores adecuados para el asentamiento de las larvas.

En la mayoría de las zonas con poblaciones de pectínidos se aplica el método japonés de captación de semilla natural mediante los colectores filamentosos (Taguchi, Walford, 1976). Este método se utiliza en la mayoría de los países con bancos de pectínidos, pero su eficacia depende de la cantidad de adultos en el medio, que la zona sea la adecuada y que esté resguardada de las corrientes fuertes (Ventilla, 1977).

Los estudios previos a la instalación de los colectores filamentosos se centran en la localización de los bancos naturales y en estudiar el ciclo reproductivo de la concha de peregrino (Mestre *et al.*, 1990), con el fin de conocer en qué época del año es conveniente fondear los colectores para que las larvas con capacidad de fijación encuentren un sustrato adecuado para su asentamiento (Mestre, 1992).

Otro de los parámetros a tener en cuenta para conocer la maduración de las gónadas y la freza en la población natural reside en determinar las condiciones ambientales del agua en los alrededores del banco. Estos parámetros ambientales se han obtenido mensualmente a lo largo de varios años.

La gametogénesis es un proceso que requiere energía, durante la maduración de la gónada. Muchos bivalvos almacenan reservas en los periodos de abundancia de alimento, reservas que movilizarán cuando no tengan suficiente aporte nutricional para mantener las actividades metabólicas básicas, o durante la gametogénesis.

Los pectínidos acumulan sus reservas en el músculo aductor principalmente en forma de carbohidratos, concretamente el glucógeno, y en la glándula digestiva en forma de lípidos (Barber, Blake, 1981).

Se pueden encontrar diferencias en las reservas entre especies, o dentro de la misma especie con respecto a las condiciones ambientales de diferentes poblaciones, que influyen en la maduración de los gametos.

En el caso concreto de la Comunidad Valenciana, y en función de los escasos conocimientos que se tenían sobre este recurso pesquero en nuestro litoral, se realizaron las siguientes líneas de actuación:

1. Localización de los bancos susceptibles de ser explotados en nuestra costa. Algunos son conocidos y están siendo explotados, tal es el caso de los caladeros frente a la costa de Torrenostra y Oropesa del Mar o el de la zona de Calpe y Dénia. De otros posibles bancos no se tenían referencias, pero podrían ser ricos en estas especies de pectínidos.

2. Estudios encaminados a evaluar las potencialidades de los bancos ya conocidos, como es el caso del localizado en la costa de Torrenostra, en el que, desde 1989, se empezaron a realizar estudios de la gametogénesis de los reproductores de la concha de peregrino en el Instituto de Acuicultura de Torre de la Sal (IATS), perteneciente al Consejo Superior de Investigaciones Científicas (CSIC).

3. El sistema japonés para la captación de semillas de pectínidos se utiliza por todo el mundo y en cada zona se modifica el método según la orografía de la zona (Brand *et al.*, 1980; Acosta *et al.*, 1999). En Castellón la costa es rectilínea, sin bahías o lagunas costeras, por tanto, se han utilizado colectores individuales en lugar de estar unidos en un palangre de superficie.

2. LOCALIZACIÓN DE LOS BANCOS NATURALES DE PECTÍNIDOS

Normalmente, cada patrón conoce los caladeros en los que suele pescar según la época del año o del estado del tiempo. Por regla general, el pescador busca capturar las especies de peces que le reporten un rendimiento elevado y conoce los ciclos biológicos estacionales por los que dichas especies se desplazan con fines reproductivos hacia la costa.

Si el patrón encuentra algún ejemplar esporádico de concha de peregrino en alguno de estos caladeros, junto a los peces buscados, generalmente estos bivalvos se los reparten entre los pescadores y no queda constancia de su captura. Sin embargo, en contadas ocasiones se puede extraer una o más cajas de conchas de peregrino de talla comercial y, entonces, se subastan en la lonja.

El hábitat preferido por la concha de peregrino son los fondos de arena fina, fango y cascajo, distribuyéndose desde los 25 a los 90 metros de profundidad y concentrándose en la mayoría de las veces alrededor de formaciones rocosas y en bancos de vegetales (*Posidonia oceanica*).

Figura 1: Draga para la captura de bivalvos preparada para la inmersión.

Una característica propia de la concha de peregrino reside en permanecer durante todo el día enterrada en la arena o fango, con la valva izquierda (plana) en la superficie de la arena, mientras que la valva derecha (cóncava) permanece enterrada, dejando ambas valvas entreabiertas para permitir la succión del agua necesaria para respirar y alimentarse.

Figura 2: Fondeo de la draga para la pesca de conchas de peregrino.

Figura 3: Extracción de la draga después de su arrastre por el fondo marino.

Debido a este hábitat característico, las capturas se deben llevar a cabo mediante artefactos que escarben o penetren unos centímetros en la arena del fondo y, al mismo tiempo, se arrastre el artefacto para peinar una franja de fondo, lo que permite hacer una estimación de la magnitud de la población. En Galicia se utiliza el angazo o la draga, pero en nuestra costa se capturan con la red de arrastre que proporciona un muestreo más puntual al clavarse en el fondo de vez en cuando, según el lastre.

Figura 4: Pesca obtenida después del arrastre de la red de «bou» en el caladero del Carreró.

2.1. Encuesta en las cofradías de pescadores

En la provincia de Castellón no se encuentran poblaciones de concha de peregrino lo suficientemente grandes que permitan una pesquería exclusiva. Por tanto, solamente se pueden contabilizar las capturas que se obtienen al arrastre. La estimación de la abundancia de individuos en una población siempre estará supeditada a la escasa fiabilidad de los datos que proporciona este tipo de muestreo, teniendo en cuenta la elevada variabilidad de las capturas, dentro de una misma zona de pesca.

La encuesta, para conocer los caladeros de las poblaciones de concha de peregrino donde se capturan con mayor frecuencia estos bivalvos, se realizó en los puertos pesqueros de la Comunidad Valenciana con mayor flota pesquera del arrastre: Vinaroz, Benicarló, Peñíscola, Castellón, Burriana, Valencia, Gandía, Denia, Calpe, Altea, Villajoyosa, Santa Pola y Torrevieja. Sin embargo, en este estudio nos centraremos solamente en los puertos de la provincia de Castellón.

Por norma general, en cada puerto encuestado, durante la mañana se hablaba con el Patrón Mayor y/o el Secretario de la Cofradía de Pescadores, quienes nos hacían una valoración global del estado de la magnitud de las capturas de concha de peregrino en los caladeros frecuentados por los barcos de arrastre de su puerto, el número de embarcaciones dedicadas a la pesca al arrastre y, especialmente, la posibilidad de proporcionarnos ejemplares vivos de concha de peregrino con una frecuencia mensual, en el caso de que hubiese capturas considerables.

Por la tarde, a medida que las embarcaciones iban llegando a puerto, acompañados en la mayoría de las ocasiones por el Patrón Mayor, realizábamos la encuesta directamente a los patrones de un número representativo de embarcaciones, con el fin de sondear la opinión de cada uno de ellos y, con estos datos, estimar la situación de los caladeros frecuentados por las embarcaciones de cada puerto.

En el cuestionario realizado a los diferentes patrones de pesca se preguntaba: el nombre y las características de la embarcación, el nombre vulgar de la concha de peregrino, con qué otras especies se captura, el número de ejemplares capturados (al día, al mes o al año), la talla de los ejemplares (inferior a los 6 cm, de 7 a 9 cm o mayores de 10 cm), el nombre del caladero con mayores capturas, el tipo de fondo (arena, fango o cascajo), el rango de profundidades, la época del año en que se capturan en mayor número, la frecuencia con que se pesca en esa zona y la posibilidad de disponer de ejemplares vivos con una frecuencia mensual a lo largo de dos o más años.

Algunas de las preguntas quedaron sin contestar y algunos patrones respondían con cierto temor o falta de confianza, pensando en las represalias por parte de la Conselleria de Agricultura y Pesca por las prohibiciones. Sin embargo, otros patrones no tenían inconveniente en decirnos que pescaban con artes lastrados con cadenas y que precisamente capturaban las conchas de peregrino por este método.

A pesar de estar prohibido pescar a menos de 50 metros de profundidad, algunos pescadores nos confirmaban que cuando faenaban por debajo de esa cota, alrededor de los 30 m de profundidad, capturaban mayor número de conchas de peregrino, pero eran individuos jóvenes, entre 3 y 6 cm de altura. Sin embargo, a partir de los 50 metros de profundidad se pescaban adultos con talla comercial.

La mayoría de los patrones encuestados coincidían en afirmar que, tras un temporal, el típico *trangol*, se suelen capturar mayor número de ejemplares, comparándolo con los días con calma o marejadilla. Algunos pescadores aseveraban que esta especie solo se pesca los días siguientes a las tempestades y el resto del año aparecían raramente.

Posiblemente la tempestad en las aguas superficiales y en los primeros metros influya en las capas profundas, no desenterrando a las conchas de peregrino, como nos solían comentar, sino más bien aportando las microalgas y las partículas en suspensión de las capas superiores hacia el fondo, de forma que las conchas de peregrino tienden a concentrarse en busca del alimento, quedando en zonas más superficiales.

Otra opinión se basa en el movimiento de las conchas de peregrino que tienden a desplazarse de un lugar a otro *volando* mediante contracciones bruscas producidas al cerrar con fuerza la concha y expulsar el agua de su interior, a modo de propulsión, momento en que pueden capturarse al quedar enredadas en la red.

2.2. Elaboración de las cartas marinas

De acuerdo con las observaciones y comentarios llevados a cabo por los diferentes pescadores de cada puerto pesquero y, confiando en su buen criterio, se han elaborado las cartas marinas de los caladeros donde se encuentran poblaciones naturales de la concha de peregrino.

Con los datos facilitados por los pescadores respecto a los tipos de fondo, a la profundidad en que se capturan y a la posición geográfica que abarca en la distribución de la concha de peregrino, se han delimitado unas zonas que podrían constituir los bancos naturales de esta especie.

Estos bancos naturales se han agrupado en tres categorías, dependiendo del número de capturas de concha de peregrino, que hemos denominado: «escasas», cuando el número de individuos capturados es de 0 a 9 al año, por cada embarcación encuestada; «pocas», si el número de ejemplares pescados está comprendido

Figura 5: Mapa de la costa de la provincia de Castellón mostrando los caladeros con capturas frecuentes de concha de peregrino (rojo) y con pocas capturas (amarillo).

21

entre 1 y 9 al mes, por cada patrón encuestado, y «frecuentes», cuando se han encontrado más de diez conchas de peregrino vivas en un mes (Figura 5). De hecho, en la lonja de pescado de Peñíscola he observado en varias ocasiones que una embarcación ha llevado a la subasta una caja con varias decenas de conchas de peregrino. Sin embargo, la mayoría de las embarcaciones se reparten estos bivalvos entre la tripulación.

Hay que tener en cuenta también que una embarcación no siempre va a faenar por el mismo caladero. Cada patrón tiene varios caladeros que, según la época del año y las especies de peces que considera que puede capturar, suele frecuentar habitualmente. De este modo, se puede hacer una buena estimación de la categoría de cada caladero porque se obtiene un barrido de la zona a diferentes profundidades.

Las cartas se realizaron a la escala 1:100.000, abarcando un total de 12 fragmentos, para cubrir completamente toda la costa de la Comunidad Valenciana, desde la desembocadura del río Ebro (en la provincia de Tarragona) hasta el cabo Roig (en la provincia de Alicante). Sin embargo, en la figura 5 solamente se ha representado la costa de Castellón, donde se realizaron los estudios de prospección.

Teniendo en cuenta que la zona marcada con mayor frecuencia de adultos de concha de peregrino estaba situada frente a la costa de Oropesa del Mar y de Torrenostra, a unas 13 millas marinas del cabo de Oropesa, la mayoría de los estudios de la reproducción de los adultos, así como la colocación de los colectores filamentosos para la captación de las semillas de pectínidos se llevó a cabo en este caladero, conocido como «Carreró» formado por varias formaciones rocosas con un estrecho callejón arenoso, donde la mayoría de pescadores no suelen faenar para evitar las rocas del fondo.

2.3. Características de los caladeros

A lo largo de los 18 años de estudio de la captación de semillas de pectínidos llevados a cabo en aguas de la costa de Castellón, desde 1990 a 2007, se han frecuentado ocho caladeros diferentes, cuatro en aguas someras y otros cuatro a mayor profundidad:

Caladero A:

Conocido popularmente como Carreró, está constituido por un grupo de rocas grandes y bastante planas, denominadas «lloses» (losas), que sobresalen sobre el fondo de cascajo y arena. La profundidad media de esta amplia zona es de 70 metros, abarcando desde los -65 a -80 metros. La posición geográfica de este caladero se encuentra entre la latitud 39º 58'N y 40º 03'N, y entre la longitud

0º 20'E y 0º 27'E (Figura 6) y situado a 27 km de la costa castellonense, frente a Oropesa del Mar, distando unos 27 km de Capicorp y unos 23 km de las islas Columbretes. Esta zona abarca una extensión de unos 225 km².

Entre las formaciones rocosas existen amplios corredores de cascajo, a modo de valles entre montañas, que son bastante frecuentados por los barcos arrastreros de la provincia y de Sant Carles de la Ràpita que arriesgan la pérdida del arte a cambio de obtener buenas capturas. Este caladero es el que se ha estudiado con mayor detenimiento, ya que el banco de concha de peregrino se encuentra localizado entre estas formaciones rocosas y, posiblemente, la población de zamburiñas vive adherida a las mismas rocas, lo que se

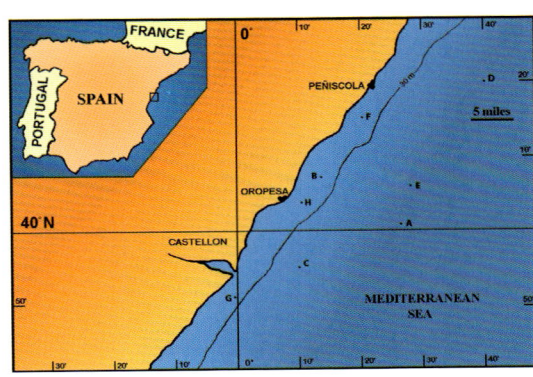

Figura 6: Mapa de la costa de Castellón señalando la posición de los ocho caladeros estudiados. «A»: el Carreró, «B»: la playa del Mojón, «C»: el Dàtil, «D»: la Sobarra, «E»: el Volante, «F»: la granja marina TUN2000, «G»: la piscifactoría CRIMAR S.A. y «H»: la granja marina PISCIMED S.L.

hace patente por la gran fijación de sus postlarvas sobre los colectores fondeados sobre las losas del fondo.

Generalmente, los colectores se fondean encima de las amplias rocas, de forma que, las embarcaciones del arrastre no se acerquen demasiado a las líneas de colectores y se puedan enredar con las artes de pesca.

A la profundidad en que se encuentran las conchas de peregrino y las zamburiñas, las variaciones de la temperatura del agua son muy escasas, fluctuando entre uno o dos grados desde el invierno al verano, manteniéndose entre 13 y 15 ºC.

Caladero B:

Esta zona está formada por fondos de arena fina a unos 20 metros de profundidad, transcurriendo paralela a la línea de la costa, desde el cabo de Oropesa a Capicorp, con una longitud de unos 10 km, siguiendo una orientación noreste y situado a unos 4 km de la línea de costa. La posición geográfica de esta zona se localiza entre las longitudes 0º 11'E y 0º 15'E y entre las latitudes 40º 06'N y 40º 10'N (Figura 6).

Este fondeadero no tiene nombre de caladero, ya que en esta zona está prohibido el arrastre, por estar en aguas someras. Sin embargo, la playa adyacente es conocida como playa del Mojón, situada entre el cabo de Oropesa y el cabo de Capicorp. Este fondeadero tiene por fin captar las larvas que pueda llevar el oleaje hacia la costa, desde la zona de puesta de los reproductores del caladero A.

La temperatura del agua en esta zona varía considerablemente a lo largo del año y, por tanto, se debe tener en cuenta no prolongar la inmersión de los colectores más allá de finales de junio, en que la temperatura del fondo supera los 20 ºC, que es limitante para la supervivencia de las semillas de la concha de peregrino y de otras especies de pectínidos.

Caladero C:

Este fondeadero, conocido por los pescadores como el Dàtil, comprende una línea paralela al meridiano de Greenwich, a unos 20-25 km al suroeste de la zona ocupada por el banco natural de los reproductores, con el intento de capturar las postlarvas que las corrientes, predominantes en esta zona, puedan trasladar durante el mes que las larvas permanecen nadando en su fase planctónica antes del asentamiento. Este caladero se extiende a unos 15 km de la costa, siguiendo la línea paralela al meridiano, entre la desembocadura del río Mijares y a unos 13 km del puerto de Castellón. La posición geográfica de este caladero se encuentra en la longitud 0º 09'E y entre las longitudes 39º 52'N y 39º 57'N (Figura 6).

En el caladero Dàtil los fondos son de fango, con profundidades que se extienden desde los 45 a los 60 metros. La inmersión de colectores en este caladero se hizo coincidir con los dos meses de veda voluntaria de la pesca del arrastre, con el fin de evitar que los barcos arrastreros puedan capturar los colectores en sus continuos arrastres.

Caladero D:

El caladero la Sobarra está situado frente a la costa entre Peñíscola y Benicarló a unos 65-70 m de profundidad, distante unas 11 millas marinas de la costa. El fondo es de cascajo y rocas sueltas. La localización geográfica de esta zona está en las coordenadas 0º 40' de longitud este y a 40º 20' de latitud norte (Figura 6). Este fondeadero está frecuentado por las embarcaciones de arrastre de Benicarló y Vinaroz, por consiguiente, se ha aprovechado el paro voluntario de los pescadores de arrastre de la provincia de Castellón para realizar ensayos de prospección de captación de semillas de pectínidos, evitando que los arrastres levanten las líneas de colectores.

Caladero E:

El caladero Volante se encuentra frente a la costa de Oropesa del Mar. La localización geográfica de esta zona está en las coordenadas 0º 29' de longitud este y a 40º 06' de latitud norte (Figura 6). La profundidad del caladero está entre 65 y

70 metros, cuyo fondo está compuesto por rocas, de forma que las embarcaciones de arrastre procuran evitar la pesca en sus alrededores. Por consiguiente, se realizaron prospecciones para la captación de semillas de pectínidos, por su proximidad al Carreró y por estar entre este caladero y el de la Sobarra.

Caladero F:

La piscifactoría TUN2000 de Alcocebre estaba formada por 12 jaulas de 19 m de diámetro colocadas en dos filas de seis, que contienen en su interior doradas (*Sparus aurata*) y lubinas (*Dicentrarchus labrax*).

La posición geográfica de este polígono estaba en 40º 15'N, 0º 21'E, sobre fondos de arena fina en una profundidad que abarcaba desde los 12 a los 15 metros (Figura 6). Esta granja marina, al estar en aguas someras, sufrió la destrucción de las instalaciones por unos temporales de mar.

Caladero G:

La granja marina CRIMAR S.A. de Burriana disponía de 24 jaulas de 16 m de diámetro que se distribuían en tres filas de ocho, que contienen en su interior doradas, corvinas (*Argyrosomus regius*) y lubinas.

La posición geográfica de este polígono estaba en 39º 51'N, 0º 01'O, sobre fondos de arena fina y rocas planas en una profundidad que abarcaba desde los 16 a los 20 metros (Figura 6).

Caladero H:

La piscifactoría PISCIMED S.L. de Oropesa del Mar constaba de 12 jaulas de 19 m de diámetro colocadas en dos filas de seis, conteniendo en su interior doradas, corvinas y lubinas.

La posición geográfica de esta granja marina estaba en 40º 04'N, 0º 10'E, sobre fondos de arena fina en una profundidad que abarcaba desde los 28 a los 33 metros (Figura 6).

3. ESTUDIO DEL CICLO REPRODUCTOR DE LA CONCHA DE PEREGRINO

La mayoría de especies de pectínidos son hermafroditas funcionales. La gónada de la concha de peregrino es una glándula acinosa que está atravesada por una parte del intestino. El testículo, situado en la parte proximal, es de color blanquecino y el ovario, en la parte distal, es de color anaranjado (Figura 7). La zamburiña (*Mimachlamys varia*) es dioica, hay individuos machos y hembras.

El ciclo reproductor de los moluscos se puede abordar mediante el estudio de la histología de la gónada y a través del uso de los índices de condición y del contenido bioquímico del músculo aductor, de la glándula digestiva y de la gónada de cada concha de peregrino adulta de la población (Figura 7).

El ciclo gametogénico comprende desde periodos de reposo (periodo vegetativo), periodos de diferenciación celular, de crecimiento citoplasmático, de vitelogénesis (maduración), de puesta (liberación de los gametos al medio ambiente) y de reabsorción de los gametos que no se han liberado en la puesta mediante la atresia ovocitaria (Barber, Blake, 1991).

Si se compara con otros bivalvos, en los pectínidos la gónada se puede observar a simple vista sin tener que sacrificar al animal. Esta inspección permite conocer el tamaño, el grosor y el color de la gónada, estimando el grado de madurez.

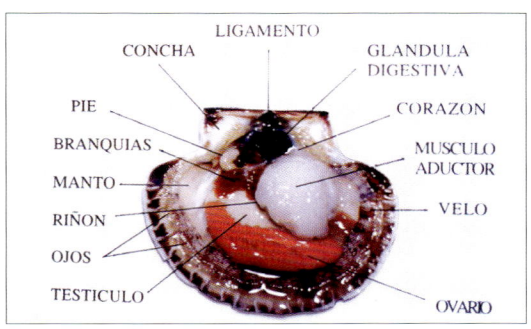

Figura 7: Anatomía de una concha de peregrino adulta mostrando los diferentes órganos y partes de su cuerpo.

3.1. Ciclo reproductivo de la concha de peregrino

El ciclo reproductivo de las diferentes especies de pectínidos depende de las condiciones ambientales, principalmente de la temperatura del agua. En aguas someras y en zonas templadas y cálidas la actividad reproductiva se prolonga durante casi todo el año, sin embargo, en aguas frías los desoves se concentran en unos pocos meses y realizan una sola puesta al año (Lubet *et al.*, 1988).

Generalmente, se realiza un desove estacional parcial, pero en unos meses se recupera y efectúa una segunda puesta, quedando las gónadas vacías durante el reposo otoñal e invernal.

En Galicia *Pecten maximus* alcanza la diferenciación sexual con una gónada desarrollada en primavera, cuando llega al primer año de edad, con una altura de 56 mm y realiza el primer desove en verano (Acosta, Román, 1994), mientras que esta especie atlántica en Irlanda y Reino Unido consigue la primera madurez a los 62 mm de altura y unos dos años de edad (Dare, Deith, 1991).

Durante el acondicionamiento, en condiciones de laboratorio, Román y Campos (1993) observaron que *Pecten maximus* maduraba las gónadas a bajas temperaturas (13-14 °C) y con buen aporte de microalgas.

La gametogénesis de *Pecten maximus* en Galicia se inicia en primavera, con temperaturas bajas, mientras que en Málaga la gónada se desarrolla en enero, con temperaturas mínimas (Acosta, Román, 1994). El desencadenante de la puesta es el aumento de la temperatura por encima de los 16 °C, pero el desove de esta especie se produce en verano (Román *et al.*, 2000).

En la población natural localizada en los alrededores del Carreró mensualmente se han capturado ejemplares adultos de entre 2 y 3 años de edad, cuando alcanzan la máxima fecundidad, para hacer un seguimiento durante varios años de su ciclo reproductor, a través del cálculo de los índices de condición y del contenido bioquímico del músculo aductor y de la glándula digestiva, al mismo tiempo que se fijaban muestras de la gónada para realizar el estudio histológico.

Los adultos de la concha de peregrino utilizados para este estudio se obtuvieron de las pescas de arrastre de la flota pesquera, fundamentalmente de Peñíscola y, en menor número, del Grao de Castellón, cuyas embarcaciones suelen frecuentar habitualmente la zona de estudio frente a la costa de Oropesa del Mar.

Las conchas de peregrino vivas se trasladaban al Instituto de Acuicultura de Torre de la Sal el mismo día de su captura y se procesaban al día siguiente, para el estudio del ciclo reproductor y de almacenamiento de las reservas.

En primer lugar, a cada concha de peregrino se le quitaban los epibiontes que tenía fijados sobre la concha, luego se determinaban los diferentes parámetros biométricos (longitud, altura, peso húmedo total y peso seco de la concha). En la disección de los diferentes órganos que sirven para el cálculo del ciclo reproductor, se determinaba el peso húmedo de los órganos (músculo aductor, glándula digestiva, gónada y vísceras). Una parte del músculo aductor y de la glándula digestiva se congelaban a -80 °C y la otra parte se destinaba a la determinación del contenido hídrico, con el fin de obtener el peso seco de estos órganos que servirán para el cálculo de los índices de condición. Las muestras congeladas, posteriormente, se liofilizaron para realizar el análisis bioquímico del contenido en lípidos de la glándula digestiva y de los lípidos y del glucógeno del músculo aductor.

3.1.1. Seguimiento histológico de la gónada

El estado de madurez de cada concha de peregrino se calculó macroscópicamente observando la gónada por su tamaño, el color y la forma, siguiendo la escala de madurez de Mason (1958), que las clasifica en siete estados.

A lo largo del ciclo anual, los adultos de la concha de peregrino van madurando su gónada hasta el desove, pasan por una fase de reposo sexual y, posteriormente, inician la gametogénesis madurando progresivamente su gónada.

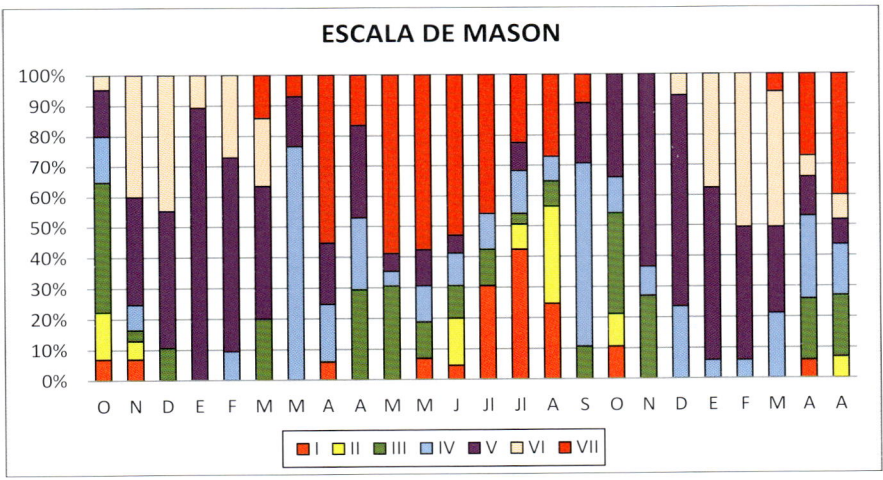

Figura 8: Estado de madurez de las conchas de peregrino a lo largo de año y medio, desde octubre de 1989 a abril de 1991, mostrando los porcentajes de cada uno de los 7 estados de madurez. Los meses de marzo, abril y mayo de 1990 y abril de 1991 se han desglosado quincenalmente porque son los meses de freza.

En la figura 8 se muestran los índices de Mason durante el año y medio, que se siguió mensualmente el estado de madurez de las conchas de peregrino, capturadas vivas por las embarcaciones de la zona (Mestre, 1992).

El estado I muestra una gónada empezando su desarrollo (virgen). Los estados II, III y IV tienen el intestino visible en el interior de la gónada y los sexos empiezan a diferenciarse. En los estados V y VI la gónada está bien desarrollada, no se ve el intestino y los acini están compactos, mostrando la máxima madurez. En el estado VII la gónada está vacía, después de la freza que se puede confundir con los estados II y III.

Las conchas de peregrino en estados V y VI (maduras) predominaban en los meses más fríos, desde diciembre hasta febrero, en que más de un 80 % de la población se clasificó en estado maduro. En marzo, la proporción de ejemplares maduros disminuye y en el mes de abril, el porcentaje de individuos maduros era inferior al 20 %. Este hecho nos indica que, durante los meses de marzo y abril, un buen número de conchas de peregrino han realizado la freza y su gónada está prácticamente vacía.

En verano se observaron muy pocos ejemplares con la gónada madura, sin embargo, había aumentado el porcentaje de ejemplares con la gónada en estado VII, indicando que habían desovado, pues no era posible distinguir el ovario anaranjado del testículo blanco cremoso, sino que la gónada estaba deshinchada y de color pardo.

Los estados II, III y IV se pueden observar durante todo el año, pero con mayor proporción desde finales de marzo hasta el mes de noviembre, mostrando gran diversidad de estados, desde el VII (postfreza) a los propios de la gametogénesis, indicando que en verano se inicia una nueva maduración

La escala de madurez de Mason da una información global del estado de madurez de la concha de peregrino, pero no nos aportan una imagen directa del ciclo reproductor, por tanto, un análisis histológico de la gónada permite conocer más íntimamente el proceso de la maduración.

Los estudios histológicos de la gónada dan una idea precisa del desarrollo de los gametos y la presencia de ovocitos atrésicos y en lisis. En muchas especies de pectínidos se encuentran ovocitos en diferentes estados de desarrollo, desde ovocitos previtelogénicos en las paredes de los folículos hasta ovocitos maduros y algunos en lisis (Lasta, Calvo, 1978; Pazos et al., 1996; Avendaño, Le Pennec, 1996; 1997; Campos et al., 2001; Román et al., 2001). Por sí solo, este método no resulta adecuado. Se tiene que ayudar de los índices de condición y del almacenamiento de las reservas energéticas. Sin embargo, la medición del diámetro de los ovocitos es más exacto.

Uno de los mejores métodos para estudiar el ciclo gametogénico de los pectínidos redunda en la medida del diámetro de los ovocitos y el volumen de la gónada que ocupan los gametos, descartando los ovocitos en atresia al utilizar métodos estereológicos (Lasta, Calvo, 1978; Paulet et al., 1988). Ahora bien, la combinación de este método junto con los índices de condición, proporciona la mejor estimación de la gametogénesis (Mestre, 1992; Pazos et al., 1996).

Una parte de la gónada diseccionada de la concha de peregrino viva se fijaba en una disolución de Bouin-Hollande durante 24 horas. Tras la fijación, las gónadas se deshidrataban en una serie de alcoholes de graduación creciente, desde alcohol de 70º hasta alcohol etílico absoluto. Tras unos minutos en el agente intermediario (xilol) se procedió a la inclusión de las gónadas en los bloques de paraplast (55-57 ºC) según Gabe (1968). De estos bloques se realizaron cortes de 7 μm de espesor mediante un microtomo. Las preparaciones se tiñeron según la técnica de Cleveland-Wolfe (Herlant, 1960), tinción tricrómica que ha dado excelentes resultados.

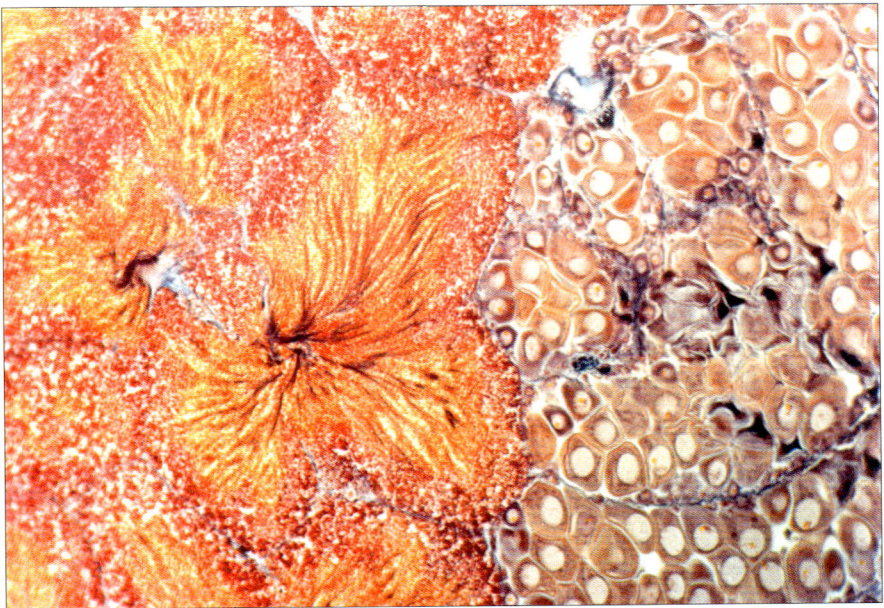

Figura 9: Corte histológico de la gónada hermafrodita de una concha de peregrino. A la izquierda se observan los espermatozoos en el centro de los acini del testículo y a la derecha los ovocitos maduros con la envoltura celular en el ovario.

Durante dos años, cada mes se seleccionaron doce ejemplares de concha de peregrino a los que se calculó el porcentaje del área ocupado por los gametos, se midió el diámetro de los ovocitos y la distribución de tallas de estos para cada individuo (Figura 9).

3.1.2. Evolución de los índices de condición

Los índices de condición intentan dar una estimación de la maduración gonadal de cada individuo con respecto a su tamaño o peso. Estos índices se calculan con respecto al peso seco de la concha, que hace referencia a la talla del ejemplar. La variación de los índices de condición permite conocer la actividad fisiológica del animal a lo largo de su ciclo reproductivo.

Los índices de condición se calcularon siguiendo las directrices de Lucas y Beninger (1985) con las conchas de peregrino adultas: índice de la gónada total respecto al peso seco de la concha (IG), índice del testículo respecto al peso seco de la concha (IT), índice de todo el ovario respecto al peso seco de la concha (IO), índice del músculo respecto al peso seco de la concha (IM), índice de la glándula digestiva respecto al peso seco de la concha (ID) y el índice de las vísceras respecto al peso seco de la concha (IV), considerando como vísceras al resto del cuerpo, formado por el conjunto de las branquias, el manto y el pie. Sin embargo, se han calculado los índices de condición que muestran el estado de estos órganos a lo largo del ciclo reproductor (Campos *et al.*, 2001; Pazos *et al.*, 1996).

IG = peso seco de la gónada x 100 / peso seco de la concha

IM = peso seco del músculo x 100 / peso seco de la concha

ID = peso seco de la glándula digestiva x 100 / peso seco de la concha

Para la determinación de los índices de condición se utilizaron ejemplares adultos de 2 y 3 años de edad, entre 8 y 11 cm de longitud de concha, capturados principalmente por los barcos de pesca de Peñíscola y, en menor número, del Grao de Castellón, que se trasladaron vivos al IATS y se procesaron al día siguiente.

Cada ejemplar se pesaba en una balanza electrónica con una precisión de un miligramo y se medía la altura (distancia entre la charnela y el extremo ventral) y la longitud total. Seguidamente se diseccionaron separando las partes más importantes, el músculo aductor, la gónada completa, el ovario, el testículo, la glándula digestiva y el resto de los órganos (las branquias, el manto y el pie). En estos ejemplares se calculó el peso húmedo, el peso seco (dejándolos secar durante 48 horas en una estufa a 100 ºC, hasta conseguir un peso constante). La concha vacía se marcaba con un número y se dejaba secar al sol durante unos días para calcular el peso seco, el mismo número que se había asignado a los diferentes órganos.

Desde un principio se eliminó el cálculo del índice de condición del testículo y el del ovario, así como el del resto de las vísceras porque proporcionan poca información del estado de maduración de la concha de peregrino.

En el índice gonadal se puede comprobar el inicio de la maduración de la gónada y en qué fecha aproximada se produce el desove. El tamaño de la gónada y su peso seco indican que cuando los valores son más elevados, en invierno, desde diciembre a marzo, la gónada está llena y madura, mientras que la caída brusca que se produce en marzo de 1989, abril de 1990 y mayo de 1991, indica que se ha producido el desove (Villalejo-Fuerte, Ceballos-Vázquez, 1996; Avendaño, Le Pennec, 1997).

El índice gonadal de *Pecten jacobaeus* ha mostrado un comportamiento estacional, con escasas diferencias. Los valores medios máximos del índice de condición gonadal se han producido en febrero de 1989, en febrero de 1990 y en enero de 1991, con porcentajes de 1,34 %, 1,02 % y 1,79 %, respectivamente. Los valores medios mínimos se registraron en verano, con un mínimo de 0,08 % en junio de 1989 y de 0,19 % en julio de 1990 (Figura 10).

Durante el verano, de mayo a octubre, los valores del índice de condición de la gónada son mínimos, con la gónada vacía, pero a partir de octubre se inicia la gametogénesis y la gónada va aumentando de volumen hasta su maduración.

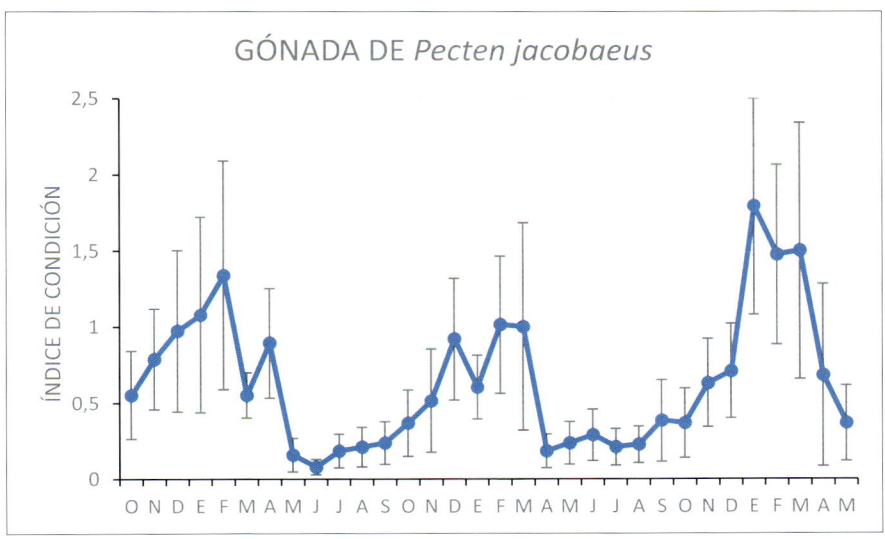

Figura 10: Evolución del índice de condición de la gónada de la concha de peregrino durante más de dos años y medio, desde octubre de 1988 a mayo de 1991. Se representan los valores medios con la desviación estándar.

Las desviaciones estándar son muy grandes durante la gametogénesis, la maduración y el desove de forma que, mientras unos ejemplares están iniciando la gametogénesis, otros ya están maduros. Lo mismo sucede entre febrero y abril, mientras unos individuos están maduros, otros ya han desovado y tienen la gónada vacía o medio vacía, pues generalmente la concha de peregrino tiene puestas parciales, de forma que a las pocas semanas se recupera y vuelve a desovar.

La variación del índice muscular indicará en qué momento del ciclo reproductor, cada individuo, acumula sus reservas energéticas y en qué momento utiliza el glucógeno del músculo para madurar la gónada, con el consiguiente descenso.

El índice de condición del músculo aductor tiene un comportamiento estacional con valores altos en octubre de 1988 y 1989 y en noviembre de 1990, con valores medios de 3,85 %, 3,99 % y 3,93 %, respectivamente. Los valores medios mínimos se registraron en abril de 1989, en marzo de 1990 y en febrero de 1991, con valores medios de 2,31 %, 2,4 % y 2,79 %, respectivamente.

Partiendo del mes de octubre de 1988, se observó un descenso progresivo del índice del músculo aductor hasta alcanzar el mínimo en abril de 1989, momento en que se produce un incremento rápido en mayo y se mantienen los valores altos hasta noviembre en que se inicia un nuevo descenso hasta llegar al mínimo de marzo de 1990. De nuevo se produce un incremento hasta junio, manteniéndose los valores medios elevados de junio a noviembre y, de nuevo, otro descenso hasta el mínimo de febrero de 1991.

Las desviaciones estándar del índice de condición del músculo aductor son muy acusadas, especialmente en verano, otoño e invierno, mostrando variaciones muy dispares, cercanas al 1 %. En noviembre de 1990 se registró el valor máximo individual con un 6,2 y el mínimo de 2,04 en otro ejemplar, mientras que el valor medio de todas las conchas de peregrino muestreadas ese mes fue de 3,93 (Figura 11).

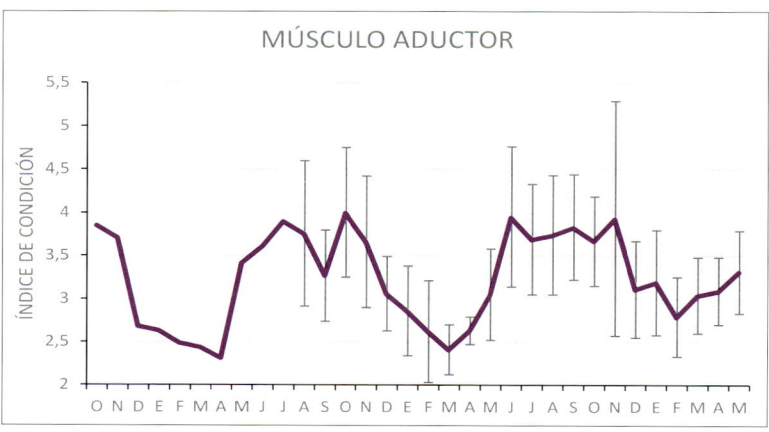

Figura 11: Evolución del índice de condición del músculo aductor de la concha de peregrino durante más de dos años y medio, desde octubre de 1988 a mayo de 1991. Se representan los valores medios con la desviación estándar.

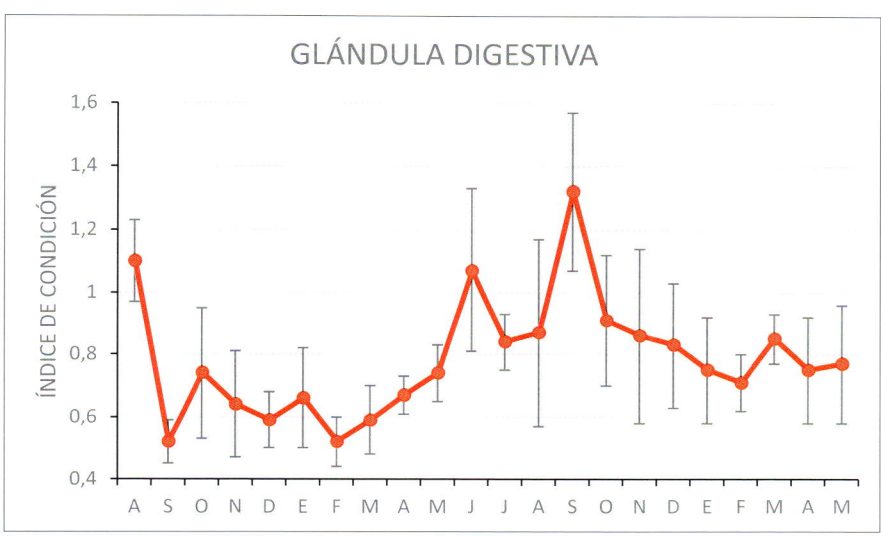

Figura 12: Evolución del índice de condición de la glándula digestiva de la concha de peregrino durante casi dos años, desde agosto de 1989 a mayo de 1991. Se representan los valores medios con la desviación estándar.

La evolución del índice de condición de la glándula digestiva muestra una estacionalidad bien marcada, como ocurría con los índices de condición de la gónada y el del músculo aductor, pero no tan acusada. En la figura 12 se muestran los valores medios con las desviaciones estándar para todos los ejemplares muestreados mensualmente, con valores medios en el rango de 0,5 % a 1,3 %.

Los valores máximos se detectaron en agosto de 1989 y en junio y septiembre de 1990 con valores medios superiores al 1 %: 1,1 %, 1,07 % y 1,32 %, respectivamente, y los mínimos en septiembre de 1989 y febrero de 1990 con valores medios de 0,52 % en ambas mensualidades.

Las desviaciones estándar suelen ser bastante grandes indicando una gran dispersión de los índices individuales de la glándula digestiva. El valor máximo individual se detectó en septiembre de 1990 con 1,7 % y el mínimo individual 0,12 % en diciembre de 1989. El aumento del peso de la glándula digestiva no se produce al mismo tiempo en todos los ejemplares de la población, sino que mientras en unos los lípidos se acumulan en la glándula digestiva, en otros individuos se liberan hacia la gónada perdiendo peso.

Los resultados obtenidos de los índices de condición ensayados fueron similares a los conseguidos en *Pecten maximus* (Ansell *et al.*, 1988; Lubet *et al.*, 1988; Paulet *et al.*, 1988) y en *Aequipecten opercularis* (Román *et al.*, 1996).

3.1.3. Estudio del almacenamiento de las reservas energéticas

Tanto el músculo aductor como la glándula digestiva están constituidos principalmente de proteínas, siendo del orden del 72 al 87 % del peso seco del músculo y del 36 al 59 %, dependiendo de la época del año. Sin embargo, en el ciclo reproductor tiene mayor importancia el glucógeno del músculo aductor y la acumulación de los lípidos en la glándula digestiva.

La mayoría de los bivalvos de las zonas templadas son capaces de almacenar reservas durante los periodos de riqueza de alimento, y de movilizar estas reservas cuando no hay suficiente aporte nutricional y/o altas demandas energéticas (Barber, Blake, 1981; Robinson *et al.*, 1981; Ansell *et al.*, 1988).

Las muestras del músculo aductor y de la glándula digestiva de cada concha de peregrino se almacenaron a -80 ºC hasta el momento que se llevaron a liofilizar, seguidamente se homogeneizaron de forma individual los músculos y conjuntamente las glándulas digestivas por su escaso volumen.

Valoración del contenido en glucógeno:

La extracción del glucógeno del músculo aductor se llevó a cabo por el método de Good *et al.* (1933), siguiendo el protocolo propuesto por Gozalbo (1986). Se parte de 20 mg de muestra liofilizada, se realiza una digestión en hidróxido potásico al 30 % a 100 ºC en un baño María durante 20 minutos. Tras la digestión, se añaden 2 ml de etanol al 99 %, la muestra se deja 24 horas a -30 ºC y, más tarde, se centrifuga a 3000 rpm a 4 ºC durante 20 minutos. Se elimina el sobrenadante. Este proceso se repite una vez más y el precipitado se digiere en 1 ml de ácido sulfúrico concentrado, durante 2 horas a 100 ºC en el baño María. Seguidamente las muestras se neutralizan con fenoftaleina al 1 % en etanol.

La cantidad de glucógeno se valoró como glucosa por el método enzimático de la glucosa-oxidasa-peroxidasa en dos submuestras de 100 a 150 µl. Estas submuestras se diluyen en agua destilada hasta llegar a los 250 µl. Se prepara la recta patrón partiendo de una dilución, desde 0 a 100 µl de glucosa, en 250 µl de agua destilada, para valorar. Se añade 1 ml de glucostato en cada muestra y 250 µl de tampón fosfato 0,2 M y pH 7,3. Se mezcla y, tras 45 minutos, se para la reacción con 250 µl de ácido clorhídrico 2N y a los 5 minutos, se lee al espectrofotómetro a 415 nm.

A lo largo del año, el porcentaje medio de glucógeno en el músculo aductor de la concha de peregrino puede variar desde el 1 al 20 % del peso seco del músculo aductor.

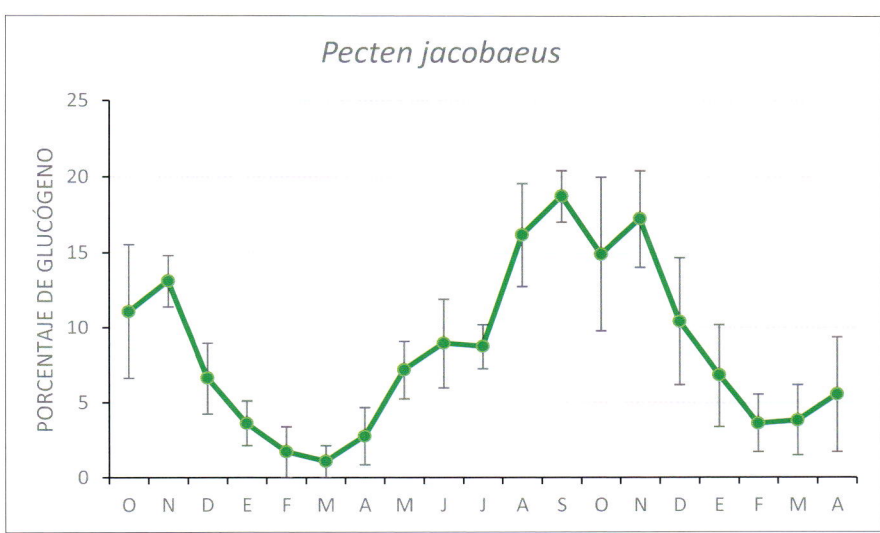

Figura 13: Evolución del porcentaje de glucógeno del músculo aductor de la concha de peregrino. Se representan los valores medios con la desviación estándar.

Los valores mínimos del porcentaje de glucógeno se detectaron en invierno, con un 1,06 % en marzo de 1990 y un 3,62 % en febrero de 1991. En primavera se produce una disminución del porcentaje de proteínas, lo que provoca un ligero incremento del glucógeno, pero en verano y otoño se mantiene alto el porcentaje de proteínas y también del glucógeno. Los valores medios máximos de glucógeno se prolongaron desde agosto con 16,17 % hasta noviembre de 1990 con 17,23 % del peso seco del músculo. El valor máximo del glucógeno en el músculo se registró en septiembre con 18,72 % (Figura 13).

Comparando los valores medios de la concentración de glucógeno de los dos otoños e inviernos analizados, desde octubre de 1990 a abril de 1991, los porcentajes de glucógeno fueron significativamente superiores a los calculados en esos mismos meses un año antes (Figura 13).

Las concentraciones de lípidos en el músculo aductor son bastante escasas, ya que no llegaron a superar el 5 % del peso seco del músculo, por consiguiente, no se tuvieron en cuenta por no influir en el ciclo reproductor de la concha de peregrino.

El descenso brusco de las concentraciones del glucógeno del músculo aductor observadas desde noviembre hasta marzo, en ambos años analizados, indican el traspaso de estos hidratos de carbono hacia la gónada para favorecer la maduración de los gametos, con el fin de obtener las puestas en abril.

Valoración del contenido en lípidos:

La extracción de los lípidos se realizó mediante el método de Folch *et al.* (1957). Se parte de muestras liofilizadas de 25 a 50 mg homogeneizadas en 3 ml de cloroformo-metanol (2:1, v:v) y se mezcla durante una hora, luego la muestra se centrifuga a 3000 rpm a 4 °C durante 20 minutos. Se recoge el sobrenadante con una pipeta Pasteur en otro tubo. Al precipitado se vuelve a añadir el cloroformo-metanol y se repite la operación un total de tres veces, acumulando unos 9 ml de extracto lipídico. Se completó el volumen del extracto hasta los 10 ml con cloroformo-etanol.

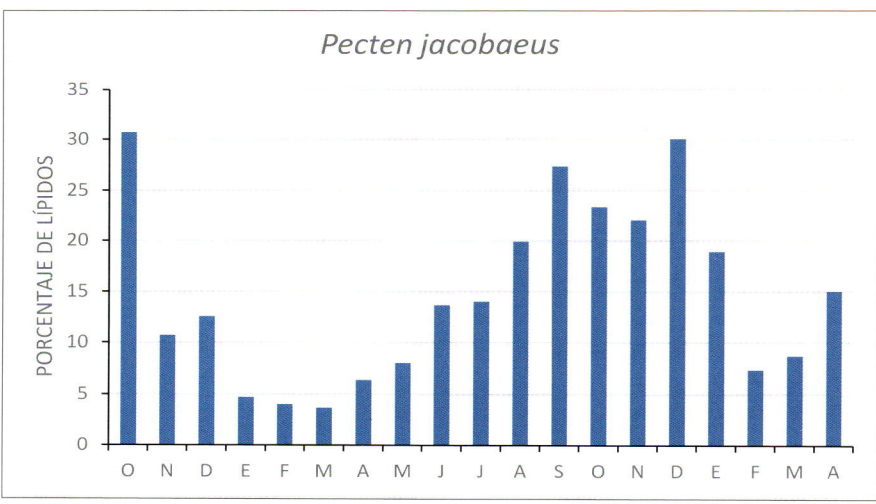

Figura 14: Evolución del porcentaje de lípidos de la glándula digestiva de la concha de peregrino.

El extracto de Folch se lava con 2 ml de cloruro sódico al 0,7 % en agua destilada, se mezcla y se deja reposar unos minutos, se centrifuga a 1000 rpm durante 15 minutos y quedan diferenciadas dos fases, una superior formada por metanol-agua y otra inferior con lípidos disueltos en cloroformo. La fase superior se elimina y repite el lavado otras dos veces, y la fase lipídica se completó hasta los 10 ml con metanol.

La glándula digestiva, como el músculo aductor, está constituida principalmente por proteínas, con concentraciones entre el 36 % y el 59 %, según la época del año, pero en este órgano las reservas lipídicas juegan un papel importante en el ciclo reproductor de la concha de peregrino, mientras que los hidratos de carbono y el glucógeno no tienen importancia.

Las mayores concentraciones de lípidos en la glándula digestiva de *Pecten jacobaeus* se encontraron entre septiembre, con un 27,33 %, y diciembre de 1990, con un 30 %, pero luego descendieron a valores de 7,33 % del peso seco de la glándula digestiva en febrero de 1991 (Figura 14). La proporción mínima de lípidos se registró en marzo de 1990 con un 3,67 % del peso seco de la glándula digestiva. En octubre de 1989 se determinó la máxima concentración de lípidos con una media de 30,67 % del peso seco de la glándula digestiva, pero en noviembre cayó a un 13,11 %, manteniéndose todo el invierno y primavera en valores mínimos, indicando el traspaso de los lípidos a la gónada para la maduración de los gametos.

3.2. Época natural de freza

Con los datos de los índices de condición, los resultados del contenido en lípidos de la glándula digestiva y el contenido en glucógeno del músculo aductor, junto a la observación de los cortes histológicos de la gónada femenina, se podrá predecir con bastante exactitud la época natural de freza de la concha de peregrino.

Estos datos permiten calcular el momento más adecuado para la inmersión de los colectores, teniendo en cuenta el periodo de tiempo que las larvas son planctónicas y las bolsas de los colectores se vayan cubriendo de un microfilm de cianobacterias y microalgas que favorecen la fijación.

La mayoría de las especies de pectínidos realizan dos desoves a lo largo del año, generalmente uno más abundante, que coincide con la primavera y principios del verano, y otro más pequeño en otoño. Así, en *Pecten maximus*, Mason (1958) detectó dos periodos de puesta en los alrededores de la isla de Man (Reino Unido), uno en primavera (de abril a mayo) y otro en agosto y septiembre. Sin embargo, Duggan (1985) en la isla de Man y Dao (1986) en la Bretaña francesa, describieron la puesta de esta especie atlántica durante el verano, desde julio a agosto.

Ahora bien, estos desoves pueden variar con las especies y las zonas geográficas con sus diferencias medioambientales. Así, en *Aequipecten opercularis* Brand *et al.* (1980) y Duggan (1985) encontraron que en los alrededores de la isla de Man el pico del desove se desencadena en septiembre y octubre y en verano (junio y julio) se produce una freza más pequeña. En *Placopecten magellanicus*, frente a la costa de Newfoundland (Canadá), los mayores desoves se encontraron a finales del verano (Naidu, Scaplen, 1979).

En estudios histológicos realizados en *Argopecten purpuratus* Avendaño y Le Pennec (1997) encontraron ejemplares maduros todo el año. En la bahía Mejillones (Antofagasta, Chile) los desoves se producen en verano y en otoño, mientras que en la bahía Rinconada (Antofagasta, Chile) la puesta es más frecuente desde primavera al otoño, aunque también desova en invierno y primavera en menor cantidad.

La vieira *Pecten maximus* en Galicia desova desde finales de invierno a principios de primavera, pero desde junio a agosto realiza puestas parciales (Pazos *et al.*, 1996). Sin embargo, esta especie en Málaga desova desde finales de invierno hasta julio, con un periodo de descanso desde octubre a febrero (Román *et al.*, 2000).

En el caso de la concha de peregrino, se han observado pequeños desoves durante casi todo el año, pero solamente se ha constatado el desove masivo de marzo a mayo, con el pico en abril (Mestre, 1992). En la costa de Castellón, en la volandeira *Aequipecten opercularis* se observaron dos épocas de desove, la principal desde principios de otoño hasta la primavera y un segundo desove más corto en verano (Canales, 1998).

3.2.1. Evolución de los parámetros ambientales de la zona

Las especies se adaptan a ciertas condiciones ambientales (autoecología), esta adaptación también tiene lugar a nivel fisiológico, de tal manera que una misma especie puede presentar comportamientos diferentes en sentido fisiológico dependiendo de su origen y/o dependiendo de cuales sean las condiciones ambientales en las que se encuentre (Ansell *et al.*, 1988).

Según esta teoría, el ciclo reproductor de una especie y sus características dependerán de las condiciones intrínsecas de la especie y del resultado de la adaptación a las condiciones ambientales que le son propias en su hábitat. Estas condiciones ambientales las constituyen un conjunto de factores muy amplio y muchos de ellos difíciles de determinar y cuantificar; no obstante, resulta de sumo interés práctico conocer de qué factores depende un determinado proceso fisiológico. La aplicación práctica de estos conocimientos es evidente. Cabe citar algunos ejemplos: el incremento de la temperatura del agua induce la maduración de la gónada de la ostra y el aumento del alimento ingerido por la oreja de mar conduce a la maduración gonadal y a una mayor calidad de la puesta.

Los dos factores ambientales que tienen una mayor importancia sobre el ciclo de almacenamiento de las reservas y sobre el ciclo gametogénico de los moluscos bivalvos son la temperatura del agua y la disponibilidad de alimento, de ahí la necesidad de conocer el contenido en clorofilas y en seston (partículas en suspensión) que lleva el agua de mar y los nutrientes disueltos a la profundidad frecuentada por las conchas de peregrino.

La salinidad del agua, el fotoperiodo y la fase lunar parecen no influir en el desarrollo de la gametogénesis y en el desove (Barber, Blake, 1991).

Mensualmente se recogían muestras de agua de mar, tanto de la superficie (aproximadamente a unos 4-5 metros de profundidad) como del fondo (a unos 2 metros sobre el sedimento) mediante una botella oceanográfica tipo Niskin de 5 litros de capacidad, con la que se recogían dos muestras de agua (10 litros) de cada una de las dos profundidades (Figura 15).

Figura 15: Botella oceanográfica Niskin sacando muestras de agua del fondo marino.

La temperatura del agua se tomaba directamente de la botella Niskin, inmediatamente al llegar a la cubierta de la embarcación, con un termómetro de mercurio con una precisión de 0,5 ºC. Las muestras de agua se introducían en garrafas de 1 y 10 litros que se guardaron en la oscuridad y refrigeradas hasta su utilización posterior en las instalaciones del laboratorio del IATS (Figura 16).

En la profundidad del banco natural de las conchas de peregrino, en el caladero Carreró, situado frente a Oropesa del Mar, entre 65 y 70 metros, la temperatura del agua es un parámetro que permanece casi constante durante todo el ciclo anual. Las oscilaciones de temperatura se mantenían entre los 13 y los 15 ºC. En esta zona, la temperatura del agua parece no jugar un papel importante como desencadenante de la maduración, ni de la freza, como es común en muchas poblaciones de bivalvos y, concretamente, de los pectínidos.

La salinidad del agua se ha determinado en el laboratorio mediante un salinómetro Beckman el día siguiente al del muestreo, que aprecia miligramos de sal por litro de agua. Este aparato es mucho más fiable que el refractómetro que proporciona valores de gramos de sal por litro de agua. La salinidad del agua a dicha profundidad tampoco ha mostrado diferencias acusadas a lo largo de todo el año.

El parámetro ambiental que ha proporcionado valores más variables a lo largo del periodo de estudio es la cantidad de alimento disponible. Este parámetro se determinó de dos formas, por un lado, de forma directa, como la cantidad de pigmentos

Figura 16: Extracción del agua de la botella Niskin.

fotosintéticos por unidad de volumen de agua filtrada. Por otro lado, como número de partículas en suspensión, de diámetro entre 3 y 40 μm por unidad de volumen, mediante el contaje directo realizado con un Coulter Counter.

Evolución de la temperatura del agua

La temperatura del agua en la superficie sigue una evolución estacional muy marcada, con un valor mínimo de 12 °C en febrero de 1991 y un valor máximo registrado en agosto de 1990 con 28 °C. Generalmente, como cabe esperar, las temperaturas mínimas se producen en invierno, mientras que las máximas se registran a lo largo del verano. La evolución mensual de las temperaturas en la superficie y en el fondo, entre 65 y 70 metros de profundidad, se representa en la figura 17.

En el agua del fondo no se observó la estacionalidad, sino que sus valores se mantuvieron cercanos a los 13 °C. Sin embargo, se registraron temperaturas mínimas de 12,5ºC en febrero de 1991 y las máximas de 15,5 °C en noviembre de 1990.

Generalmente, a partir de agosto la termoclina se debilita y en septiembre se rompe, de forma que en otoño la desaparición de la termoclina permite la mezcla vertical de la columna de agua superficial con la del fondo, hecho que explicase el incremento de la temperatura del fondo en noviembre.

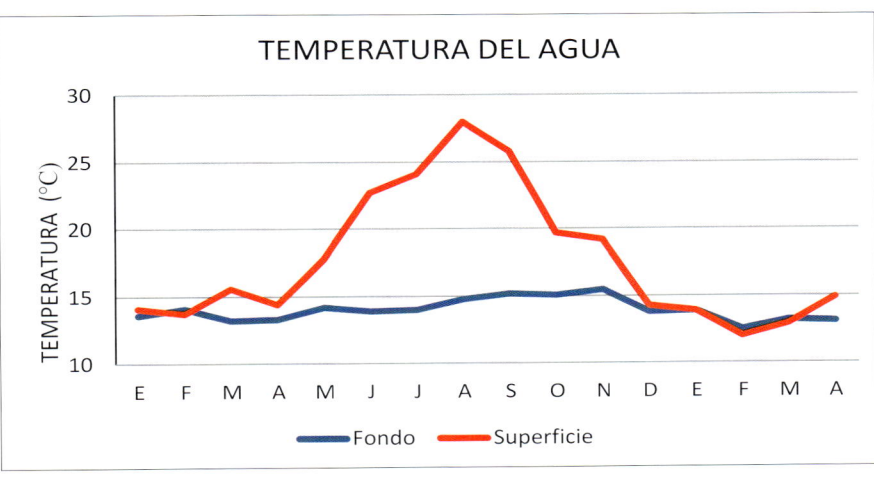

Figura 17: Evolución de la temperatura del agua en el Carreró en la superficie y cerca del fondo.

*Determinación de la concentración de clorofila-*a

De los tres tipos de clorofilas que contienen las poblaciones fitoplanctónicas, la más representativa para cuantificar la producción primaria es la clorofila-*a*.

Las muestras de agua de mar se filtraron en filtros de fibra de vidrio Whatman de 0,5 µm de diámetro de poro. Para la extracción de los pigmentos se utilizó la disolvente acetona al 90 %, y se realizaron lecturas al espectrofotómetro a 750, 664, 647 y 630 nm. De este modo, el contenido en clorofila-*a* se estimó según la fórmula propuesta por Parsons *et al.* (1984):

$$\text{Clorofila-}a = 11{,}85 \; E_{664} - 1{,}54 \; E_{647} - 0{,}08 \; E_{630}$$

Donde E representa la absorbancia a las diferentes longitudes de onda indicadas en el subíndice y corregidas por la lectura a 750 nm. La concentración del pigmento en la muestra se expresa en mg de clorofila-*a* por m^3.

La concentración de pigmentos y concretamente la clorofila-*a* varía estacionalmente, en ambas profundidades (Figura 18), siguiendo una evolución paralela en las dos profundidades.

En el agua del fondo del caladero Carreró las concentraciones de clorofila-*a* registradas en invierno fueron máximas, con valores de 0,787 mg/m^3 en enero de 1991 y de 0,854 mg/m^3 en marzo de 1990. Las concentraciones mínimas de clorofila-*a* se registraron durante el otoño, en el mes de octubre de 1990 los valores eran de 0,125 mg/m^3 y la primavera, con un mínimo de 0,118 mg/m^3 en abril de 1991.

En el agua de la superficie, las concentraciones de clorofila-*a* son altas en invierno, disminuyen en primavera y se mantienen en valores mínimos desde junio hasta noviembre con registros entre 0,1 y 0,2 mg/m^3, con el mínimo de 0,172 mg/m^3. Pero a partir de noviembre se observa un incremento de las concentraciones de clorofila-*a* hasta el máximo de febrero de 1991 con 0,774 mg/m^3, en que los valores empiezan a descender.

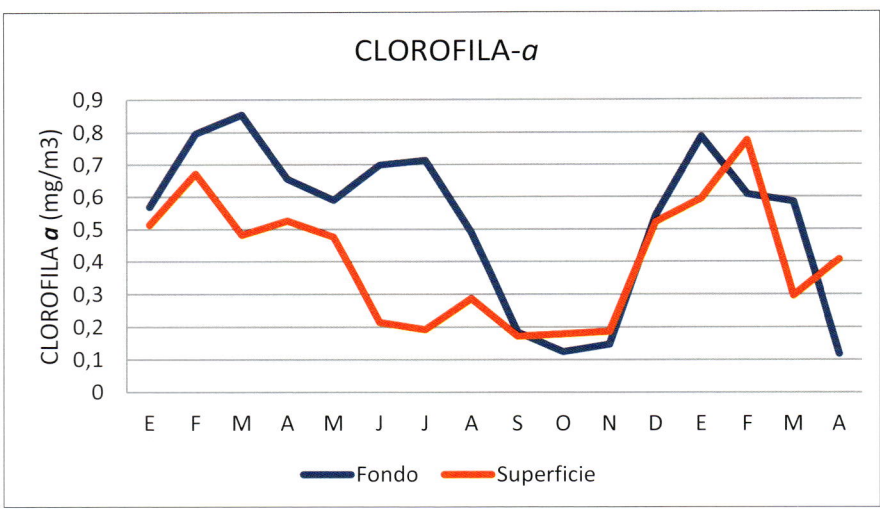

Figura 18: Evolución de las concentraciones de clorofila-*a* en el agua de la superficie y del fondo en el caladero Carreró.

El *bloom* de microalgas que se produce en primavera y en otoño, en las aguas profundas de la zona de estudio, podrían ser los causantes de la freza y la gametogénesis, respectivamente, ya que se ha detectado una única puesta en primavera y los procesos gametogénicos se inician en octubre.

Durante la primavera y verano las concentraciones de clorofila-*a* son máximas en el agua del fondo, mientras que en el agua superficial son mínimas. El resto del año las concentraciones de clorofila-*a* son similares en ambas profundidades.

Las concentraciones de clorofila-*a* calculadas se encuentran dentro de los límites descritos por algunos autores en el Mediterráneo occidental en aguas abiertas (Margalef, 1989; Estrada *et al.*, 1989). Las concentraciones estivales más elevadas en el agua del fondo podrían deberse a la llegada de masas de agua ricas en fitoplancton desde Cataluña y Baleares (Estrada *et al.*, 1989).

Determinación de las partículas en suspensión

En las costas de Castellón es bien conocida la relación entre la producción del fitoplancton y los fenómenos de afloramiento (Castellví, Cano, 1983). Estos fenómenos de afloramiento dependen fundamentalmente del régimen de los vientos y de la temperatura superficial del agua, que está relacionada con la desaparición de la termoclina estival. La producción de fitoplancton depende de la cantidad de nutrientes del agua profunda, y de la intensidad del afloramiento, sin descartar los fenómenos de naturaleza hidrográfica que, según los años, pueden afectar.

Los fenómenos del afloramiento en las costas de Castellón fluctúan bastante de un año a otro, aunque se puede establecer un ciclo anual en el que existirían un máximo de producción fitoplanctónica durante los meses de finales de invierno y principios de primavera, localizado en un mes o en otro, dependiendo de los años y en función de cuando se hayan producido los afloramientos. Sin embargo, Castellví y Cano (1983) comentaron la existencia de otro máximo de producción, aunque menor que el de primavera, a mediados de otoño.

Las partículas en suspensión o seston se pueden determinar por métodos electrónicos, mediante el Coulter Counter, en los trabajos de oceanografía. El número de partículas en suspensión proporciona una estimación de la disponibilidad del alimento, complementando la estimación de la concentración de clorofila-*a*.

El Coulter Counter modelo ZM tiene un diámetro del tubo de contaje de 70 μm, de forma que con esta abertura se pueden contar las partículas entre 2 y 40 μm de diámetro, que cubre un espectro de partículas amplio que incluye una parte importante del material susceptible de servir de alimento a la población de concha de peregrino.

Las partículas en suspensión en el mar mostraron una marcada estacionalidad así, los valores máximos se registraron los meses considerados como más productivos, que corresponden a la primavera, sin embargo, se observaron marcadas diferencias interanuales.

En el agua recogida del fondo del mar los valores máximos anuales se registraron en marzo, aunque el número de partículas difería de un año a otro, con valores de 15,5 partículas/μl en 1990 y de 8,8 partículas/μl en 1991. Por otro lado, en noviembre se produce un nuevo incremento del número de partículas, algo inferior al de marzo. Los valores mínimos se calcularon en verano con 1,9 partículas/μl en 1990 y otro mínimo en enero de 1991 (Figura 19).

En el agua de la superficie se observó un comportamiento similar al del agua del fondo, con valores ligeramente inferiores a estos (Figura 19). Los valores

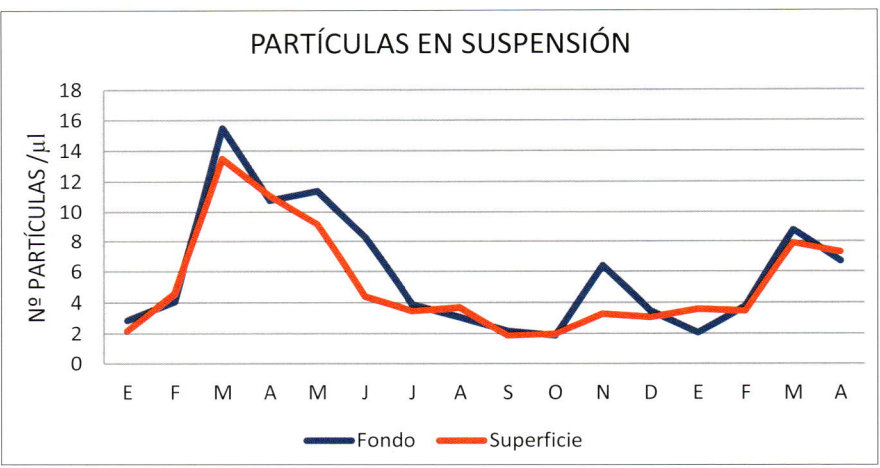

Figura 19: Evolución de la concentración de partículas en suspensión en el agua superficial y del fondo determinadas en el Carreró.

máximos del seston del agua de superficie se registraron en marzo de 1990 con 13,5 partículas/μl y en marzo de 1991 con 7,9 partículas/μl. Los valores mínimos se detectaron en septiembre de 1990 con 1,9 partículas/μl. En ambas profundidades se observaron diferencias significativas de los máximos de un año al siguiente, con valores casi la mitad en 1991.

4. ESTUDIO DE LA CAPTACIÓN NATURAL DE LAS SEMILLAS DE LOS PECTÍNIDOS

Antes de iniciar experiencias de captación de semillas de pectínidos es conveniente conocer el ciclo biológico de estas especies. Este ciclo está compuesto por una fase planctónica y una bentónica, precedidas por el desove y la metamorfosis, respectivamente.

Después de la puesta, las larvas de concha de peregrino recién eclosionadas de los huevos, de 60 μm de diámetro, permanecen de 3 a 6 semanas nadando en las capas superiores del agua de mar, llegando a medir unas 200 μm, habiendo desarrollado un pie y el biso, mediante el cual se fijarán a un sustrato adecuado tras sufrir la metamorfosis.

La fase bentónica se divide en tres estados:

Juvenil fijo: abarca desde la metamorfosis hasta la talla de 25-30 mm de longitud, invirtiendo en ello unos 6 meses. En un principio la concha es transparente y muy frágil, pero va solidificando con el tiempo.

Juvenil libre: esta fase dura cerca de un año, en que la concha de peregrino pasa de 25 a 70 mm de longitud, pero estos bivalvos son inmaduros, aunque se observen ejemplares con la gónada bien desarrollada. La concha se ha hecho más dura y más resistente.

Adulto sedentario: la concha de peregrino alcanza la madurez sexual a los dos años. El crecimiento es rápido los 3 primeros años y lento a partir de los 5 años, pudiendo llegar a vivir 12 años y a medir unos 15 cm de longitud desde la charnela al borde opuesto de la concha (altura).

4.1. Técnica de captación de semillas de pectínidos

Generalmente, las larvas de pectínidos prefieren los materiales filamentosos y las superficies planas y lisas, aunque con algunas irregularidades o protuberancias, cuando buscan un sustrato para fijarse mediante el biso.

Las larvas premetamórficas suelen explorar el substrato mediante el pie y los órganos del sentido, que si no son favorables se dispersa nadando hasta encontrar un substrato adecuado (Cragg, Crisp, 1991).

Las larvas de los pectínidos tienen tendencia a fijarse al sustrato cerca del fondo del mar, independientemente de la profundidad, disminuyendo su número a medida que se asciende hacia la superficie (Illanes, 1988; Narvarte, 1995; Peña *et al.*, 1995; Bandin, Mendo, 1999), por tanto, los colectores se suelen fondear cerca del fondo, aunque también hay asentamientos en niveles superiores.

Los primeros colectores para la captación de semillas de pectínidos se empezaron a utilizar en Japón en 1934 (Peña, 1981). Los primeros colectores fueron conchas de vieira atravesadas por una cuerda y las ramas de cedro atadas con cabos de paja de arroz. El principal problema radicaba en que los juveniles, después de estar fijados unos meses, pasaban a la vida libre y se perdían. En 1965 Toyosaku Kudo introdujo las ramas de cedro en sacos de cebollas. De este modo, cuando las semillas se desprendían de las hojas de cedro quedaban retenidas en el saco (Tomiyama, 1985).

Desde entonces el material más utilizado es el monofilamento de las redes de nylon, de netlon, de polietileno y de polipropileno (Ventilla, 1977; Zaixo, Toyos de Guerrero, 1982; Duggan, 1985; Sause *et al.*, 1987). Este material se introduce en bolsas de malla fina, de 2 a 6 mm de abertura, utilizadas para el transporte de cebollas, naranjas o verduras, con unas dimensiones de 80 x 37 cm a 50 x 40 cm.

La malla externa evita la pérdida de las semillas, especialmente en lugares con fuertes corrientes (Narvarte, 2001). Las bolsas externas de malla fina (1,5-2 mm de luz) proporcionan mayor densidad de semillas de *Pecten maximus* (Brand *et al.*, 1980), sin embargo, estos mismos autores comprobaron que *Aequipecten opercularis* se capturan igualmente en bolsas de 6 mm de luz de malla externa. Por otro lado, Ito (1991) opinaba que la malla externa no es necesaria en zonas con una densidad alta de larvas y escasas corrientes.

Los colectores que proporcionan los mejores resultados están formados por red de netlon y bolsas cebolleras introducidas en una bolsa externa de malla fina de unos 2 mm (Taguchi, Walford, 1976). Acosta *et al.* (1999) compararon diferentes materiales plásticos de relleno y tres bolsas externas con 1, 3 y 6 mm de luz de malla. Los mejores resultados se obtuvieron con las dos primeras bolsas, independientemente del relleno utilizado. En Chile Pereira y Molina (1997) utilizaron bolsas de 80 x 40 cm con una luz de malla de 1 mm que rellenaron con un trozo de malla de 100 x 40 cm con una luz de 10 mm.

Este colector se puede considerar una trampa pues permite la entrada de las larvas nadadoras de 200 µm al interior de la bolsa, al mismo tiempo que evita la pérdida de las semillas cuando se desprenden del filamento y pasan a la vida bentónica, quedando retenidas en la bolsa de polietileno o de netlon, cuya abertura de malla es inferior a la talla de las semillas de pectínidos. Además, la bolsa externa protege a las semillas de los depredadores.

Las técnicas de captación de semillas de pectínidos se han utilizado para estimar el volumen de la población, al mismo tiempo que permite calcular cuándo se produce la freza en una zona concreta y la abundancia del reclutamiento de semillas, así como la cantidad de juveniles que se quedarán en el fondo (Taguchi, Walford, 1976).

4.2. Construcción de los colectores

El sistema japonés para la captación de semillas de vieira se ha difundido por todo el mundo y se ha comprobado ser el más efectivo (Figura 20). Consta de una cuerda madre (*long-line*) de unos 100 metros que se mantiene horizontal mediante una serie de boyas, quedando entre 5 y 10 m de profundidad, de la cual cuelgan una serie de cabos secundarios de unos 6 a 20 m de longitud, dependiendo de la distancia al fondo, con un peso de unos 5 kg en el extremo inferior, situadas a intervalos de un metro entre sí y en cada una de estas cuerdas se atan de 10 a 20 bolsas de cebollas a intervalos de medio metro (Taguchi, Walford, 1976; Hortle, Cropp, 1987).

El sistema japonés proporciona buenos resultados en las bahías y rías, donde las corrientes tienden a acumular las larvas durante su fase planctónica. En una zona de mar abierto, como es el caso de la costa de Azahar (Castellón), es difícil de evaluar la potencialidad de un banco natural por la elevada dispersión a que están sometidas las larvas durante el mes que dura su vida planctónica.

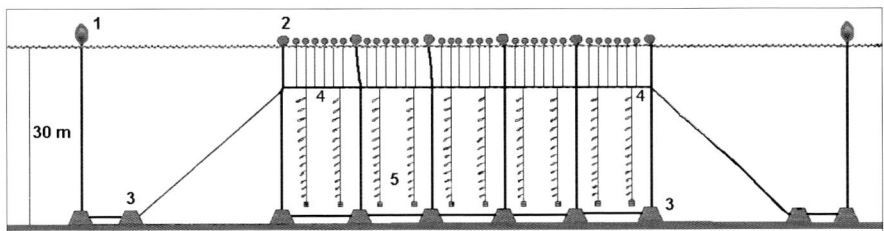

Figura 20: Esquema de un palangre o long-line usado en la bahía Mutsu (Japón). 1: boya de inicio. 2: boyas para el mantenimiento de la cuerda madre. 3: muertos de 50 kg. 4: cuerda madre de 100 metros. 5: bolsas colectoras de malla. Para simplificar el diseño solo se han dibujado 10 cabos con 12 bolsas.

Para la construcción de los colectores se modificó el sistema japonés a las condiciones de la costa castellonense. Según la profundidad de la zona prevista para la captación de semillas de pectínidos, la cuerda tiene unos 5 a 10 metros más que la distancia al fondo, con el fin de evitar los fuertes tirones que se producen en el oleaje fuerte, en las que se ataban de 7 a 20 bolsas colectoras separadas a un metro o a 50 cm entre sí.

Los colectores utilizados estaban formados por un muerto o bloque de hormigón armado de unos 40 kg de peso (Figura 21), al que se ataba un cabo de nylon de 10 mm de diámetro y de longitud variable según la profundidad del caladero al que se tenía que fondear. A unos 12 o 15 metros del muerto se colocaba una boya de inmersión con la finalidad de mantener la verticalidad del cabo. En el extremo superior del cabo se ataba una boya de superficie (gallo) para indicar la posición exacta de la línea de colectores (Figura 22), con el fin de poderla localizar con facilidad el día de la recuperación de los colectores (Peña, Canales, 1993; Peña *et al.*, 1994; 1997).

En un principio, se prepararon los colectores con bolsas rojas tipo *raschel*, de 30 x 40 cm y una luz de malla de 6 mm (Figura 23), que se rellenaron con trozos de redes viejas de nylon usadas en la pesca del trasmallo. La cantidad de monofilamento de nylon, que se introduce en el interior de las bolsas, varía de 15 a 20 g en peso seco del filamento. En algunas ocasiones, ante la falta de redes de nylon, se introdujeron bolsas de plástico de malla gruesa en el interior de las bolsas de malla fina.

Figura 21: Bidones rellenados con hormigón armado, utilizados como muertos en el fondeo de las líneas de colectores, al fondo, los cabos con las bolsas rojas.

Figura 22: Gallo o boya de superficie indicando la posición de una de las líneas de colectores.

Figura 23: Colectores, con bolsas raschel, preparados para trasladarlos al puerto de Peñíscola y fondearlos en el Carreró.

4.3. Inmersión de los colectores

Una vez conocido el ciclo reproductor y el índice de condición de la concha de peregrino en la costa de Castellón, estudiado durante 1989 y 1990, a partir de 1990 se han realizado prospecciones para evaluar la posibilidad de obtener fijaciones de la concha de peregrino y otros pectínidos en diferentes profundidades y buscando caladeros donde los pescadores de los barcos de arrastre no suelan frecuentar, con el fin de que nadie los pueda arrastrar o subir a bordo.

Mientras las larvas alcanzan la talla adecuada para la fijación, los filamentos de nylon o polietileno sumergidos van envejeciendo y depositándose sobre ellos una fina capa de microorganismos que facilitan la adhesión y la metamorfosis de las larvas. Ahora bien, esta inmersión no debe realizarse con demasiada antelación, porque favorecería la fijación de otros organismos o larvas de bivalvos no deseables, como es el caso del mejillón (Minchin, Duggan, 1989), que competirían con los pectínidos o impedirían que estos se desarrollasen.

Figura 24: Líneas de colectores preparadas para la inmersión en el Carreró.

En 1990 se realizó la primera prospección en el Carreró. Cada línea constaba de un bloque de cemento, al que se ataba un cabo de 10 mm de diámetro y 90 m de longitud. En cada cabo se sujetaban un total de 7 bolsas de malla, a intervalos de un metro, empezando a partir de tres metros del bloque de cemento hasta los 9 m y a unos 12 m del fondo se ataba una boya gris de inmersión (Figura 24).

La técnica de fondeo, utilizada durante el calado de las líneas de colectores, consistía en marcar en el Sistema de Posición Global (GPS) de la embarcación la situación exacta de cada línea, de modo que, en la recuperación se sabría dónde están. Sin embargo, en la playa del Mojón, como el fondeo se realizó con la embarcación del Instituto de Acuicultura de Torre de la Sal, la primera línea y la última se marcaban con un GPS Eagle portátil y el resto de las líneas se calaban sin perder de vista a la boya de superficie anterior, siguiendo una línea paralela a la costa.

A la hora de la extracción de las líneas de colectores, la embarcación se posicionaba en los puntos marcados del GPS y, una vez localizada la primera boya, se podían recuperar el resto de las líneas.

Cada especie de pectínido tiene preferencia por una profundidad de fijación. En *Pecten maximus* la mayor fijación de semillas se produce cerca del fondo (Duggan, 1985), lo mismo ocurre con *Placopecten magellanicus* (Naidu, Scaplen, 1979), con *Aequipecten opercularis* (Ventilla, 1977; Peña *et al.*, 1995), con *Argopecten purpuratus* (Illanes, 1988; Bandin, Mendo, 1999) y con *Chlamys tehuelchus* (Zaixo, Toyos de Guerrero, 1982; Narvarte, 1995). Sin embargo, algunos autores indicaron que el pico de la fijación se concentraba en aguas intermedias para *Pecten alba* (Sause *et al.*, 1987) y *Aequipecten opercularis* (Brand *et al.*, 1980; Duggan, 1985).

4.4. Recuperación de los colectores

Los colectores, por regla general, permanecen sumergidos en el mar hasta que las semillas alcanzan de 6 a 10 mm de altura, en que ya son manejables, lo que equivale a un transcurso de unos tres meses desde la fecha del fondeo (Peña, 1981).

Según las especies y los autores, el periodo de inmersión de los colectores puede variar. Así, algunos autores realizaron colectas mensuales, reemplazando las bolsas extraídas por otras nuevas, en cambio otros, como Naidu y Scaplen (1979) dejaban los colectores en inmersión durante 10 meses. Un sistema que se ha comprobado efectivo consiste en ir sustituyendo los colectores escalonadamente, extrayendo mensualmente 3 bolsas que habían permanecido fondeadas durante uno, dos y tres meses (Sause *et al.*, 1987). La mayor fijación se observó en las bolsas de dos meses.

Las semillas de pectínidos de dos meses pueden llegar a ser manejables, con tallas de 4 a 7 mm de altura, pero deben seguir su cultivo intermedio en cestas suspendidas, manteniéndolas en características similares a las que tenían en los colectores.

Figura 25: Extracción de las líneas de colectores, después de varios meses tras la inmersión.

En las experiencias previas, llevadas a cabo en 1990 en el caladero Carreró, los colectores se fondearon en mayo y se recuperaron durante el mes de septiembre (Figura 25). A los cuatro meses de la inmersión de los colectores se extrajeron algunos ejemplares de más de 23 mm de longitud y la altura media del centenar de semillas de concha de peregrino capturadas fue de 15,8 mm, lo que permite un fácil manejo de las semillas.

La temperatura del agua durante el triaje y la clasificación de los pectínidos es un factor limitante en la costa de Castellón, ya que, si los colectores se sumergen en abril o mayo, la recuperación a los tres o cuatro meses supondría extraerlos en julio y agosto, cuando las temperaturas del agua en superficie y en los recipientes donde se van colocando las bolsas, con las semillas capturadas, pueden alcanzar 24-26 ºC, temperaturas letales para las semillas que, unos minutos antes, estaban en los 13-14 ºC del agua profunda. Por consiguiente, a partir de 1991, la extracción de los colectores se realizó durante los meses de octubre y noviembre, después de 6 o 7 meses desde su inmersión, con temperaturas del agua superficial inferiores a los 18-20 ºC.

En la recuperación de las bolsas colectoras se optaron dos estrategias, por un lado, en los caladeros frecuentados por las embarcaciones de pesca del arrastre, las líneas de colectores se fondearon y recuperaron durante los dos meses de la veda o paro biológico que suelen realizar dichas embarcaciones. Lógicamente, el tamaño de las semillas era pequeño y resultaba poco manejable. Las semillas de menor talla resultaban difíciles de identificar. En este caso, las bolsas se introdujeron en frascos de plástico de dos litros de capacidad con agua de mar y formaldehído al 3 %, de forma que las semillas morían, pero en el laboratorio se podían identificar a la lupa binocular. Este método permite conocer la presencia de las diferentes especies de pectínidos, otras especies de moluscos y de otros organismos en la zona (Figura 26).

Ahora bien, cuando interesa seguir el crecimiento y el engorde de las especies comerciales de los pectínidos, así como hacer estudios de su variabilidad genética o de su tasa de crecimiento, es conveniente mantener las semillas recién capturadas en las mejores condiciones ambientales, para que lleguen vivas a las instalaciones de un centro de acuicultura o a una estructura suspendida, con el fin de continuar su crecimiento. En este caso, la recuperación de las líneas de colectores se debe de realizar

Figura 26: Selección y distribución de los pectínidos del interior de las bolsas.

desde mediados de octubre al mes de diciembre, con temperaturas ambientales y del agua superficial inferiores a los 20ºC. El tamaño de las semillas también es manejable y se pueden contar y medir con facilidad para distribuirlas en cestas de plástico u otras estructuras, que se dejarán en suspensión en el mar o en tanques de cultivo de un centro de acuicultura.

El despegue es una tarea muy delicada, ya que se precisa mucha mano de obra, caso de que la captación de semillas sea elevada. Las operaciones de despegue requieren mantener las semillas sumergidas en el agua de mar el máximo tiempo posible, de lo contrario se producen grandes mortalidades, especialmente en verano. Lo ideal es llevar a cabo el despegue en la misma embarcación, contabilizando las semillas de cada bolsa, midiendo la altura de la concha y distribuyendo las semillas por tamaños en recipientes con agua en circuito abierto, con el fin de mantener baja la temperatura del agua.

4.5. Factores que influyen en el asentamiento en los colectores

Entre los factores que pueden influir en el asentamiento de las larvas de los pectínidos sobre los colectores artificiales en el medio natural cabe destacar el material con el que se ha construido el colector, la ubicación del caladero (en bahías, en rías o en mar abierto), la profundidad del lugar, las corrientes marinas, la temperatura del agua, la época del año que debe coincidir con el desove y la presencia de larvas en el plancton, la competencia con otras especies de bivalvos y la depredación por parte de crustáceos (cangrejos).

El seguimiento del índice de condición gonadal es uno de los mejores indicadores de cuándo se produce el desove y, por tanto, cuándo se deben fondear los colectores en el mar (Félix-Picó, 1991; Román, 1991; Narvarte, 1995; Peña *et al.*, 1996).

En las bahías y zonas donde se cultivan los pectínidos hasta la talla comercial, se ha observado una alta correlación entre la población de los adultos con capacidad de desovar y el aumento del número de semillas fijadas en los colectores (Orensanz *et al.*, 1991; Stotz, 2000).

La población de *Argopecten tehuelchus* en el golfo San José (Argentina) forma bancos muy abundantes que se pueden considerar como una megapoblación autosustentable, o sea, que la población adulta produce semillas suficientes para mantener la densidad alta, que compensa las perdidas por las capturas (Orensanz, 1986). Otro caso autosustentable se ha descrito en *Aequipecten opercularis* en su amplia distribución geográfica por Europa (Brand, 1991).

La temperatura del agua es un factor que influye en la captación de las semillas de los pectínidos, que disminuye cuando se produce un descenso brusco de la temperatura, pero la mayoría de especies de pectínidos toleran bien estos cambios (Cragg, Crisp, 1991).

Las postlarvas de los pectínidos son muy sensibles a la filtración del sedimento y a las bajas concentraciones de oxígeno (Maeda-Martínez *et al.*, 2000), por consiguiente, se suelen colocar las bolsas de los colectores a unos metros del fondo, para evitar que el lodo llene las bolsas e impida la alimentación y el crecimiento de las semillas.

Los bancos naturales de pectínidos suelen producirse en fondos marinos de arena, de grava, de fango, de conchas y de corales, pero con una buena cubierta de macroalgas, donde las larvas puedan asentarse (Navarro-Piquimil *et al.*, 1991).

5. PROSPECCIONES EN LOS DIFERENTES CALADEROS

5.1. Captación de semillas en el Carreró, en el Dàtil y en la playa del Mojón

En 1991 se realizó la primera prospección, eligiendo los tres caladeros descritos anteriormente, con mayor probabilidad de obtener fijaciones: A (Carreró), B (playa del Mojón) y C (Dàtil), con diferentes profundidades.

Las líneas de colectores utilizadas diferían solamente en la longitud del cabo desde el flotador sumergido hasta la boya de superficie. Para ello, se construyeron 50 líneas de 95 metros de cuerda, 15 líneas de 60 m y 15 de 27 m para sumergirlas en los caladeros A, C y B, respectivamente, que se situaban a unos 70 m, a unos 50 m y a unos 20 m de profundidad. Se dejaba un juego de varios metros de cabo para que la línea no se tensara o rompiera los días de tormenta con un oleaje más fuerte.

Figura 27: Línea con 15 bolsas colectoras preparadas para la inmersión en el Carreró.

En cada cabo se sujetaban un total de 15 bolsas de malla (Figura 27). Las 9 primeras a intervalos de medio metro, empezando a partir de un metro del bloque de cemento hasta los 5 metros de cabo, y las otras 6 bolsas a intervalos de un metro hasta los 11 m del fondo y a los 12 m se sujetaba una boya de inmersión (Figura 28).

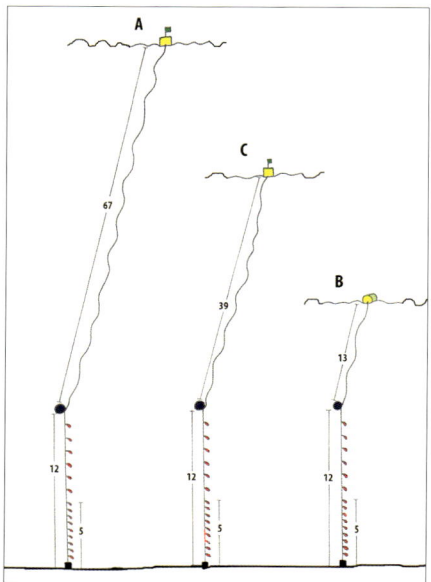

Figura 28: Esquema de la disposición de los tres tipos de líneas de colectores según la profundidad de los caladeros. La posición de las bolsas colectoras y las boyas de inmersión era la misma, variando solamente el cabo que marcaba la situación del colector en la superficie.

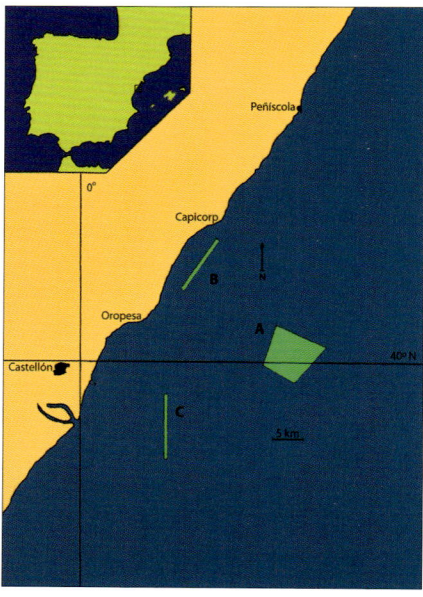

Figura 29: Mapa con la localización de los tres caladeros ensayados para la captación de semillas de pectínidos en 1991. El Carreró (A), la playa del Mojón (B) y el Dàtil (C).

5.1.1. Fijación de semillas de pectínidos en el Carreró

En 1991, en el Carreró (Figura 29) se fondearon los colectores en tres meses diferentes, en marzo (20 líneas), en abril (30 líneas) y en mayo (10 líneas), con el fin de determinar en qué mes es más conveniente la inmersión de los colectores y se extrajeron después de dos a seis meses desde el fondeo, para conocer en qué mes resulta más beneficiosa la recuperación de las semillas.

En el caladero A, el 16 de marzo de 1991 se fondearon 20 líneas con 15 bolsas colectoras en cada una (líneas numeradas del 1 al 20: «A1» y «A2»). En el caladero C, el 26 de marzo se procedió a la inmersión de 15 líneas con 15 bolsas (líneas 66

64

a 80). En el caladero B, el 3 de abril se sumergieron otras 15 líneas con 15 bolsas colectoras (líneas 51 a 65). En el caladero A se volvieron a fondear 15 líneas con 15 bolsas cada una el 13 (líneas 21 a 35: «A3») y el 27 de abril (líneas 36 a 50: «A4»).

El 20 de mayo de 1991 se recuperaron las 15 bolsas de cada una de 10 líneas del caladero A («A1») que se extrajeron para hacer una primera aproximación, al mismo tiempo que, en las mismas líneas, se sujetaban otras 15 bolsas en cada línea, a la misma altura que estaban las viejas, para recuperarlas en octubre («A5»), después de 5 meses en inmersión.

En el experimento de 1991, de las 20 líneas de colectores fondeadas en marzo, 10 se subieron en mayo («A1»), dejando en la zona las otras 10 línea, pero de estas 10 en octubre solo se recuperaron tres («A2»). De las 15 líneas posicionadas en abril y extraídas en agosto se recuperaron 4 líneas («A3») y de las 15 que permanecieron de abril hasta octubre se subieron 11 líneas («A4»). De las 10 líneas que se sustituyeron en mayo, con bolsas nuevas, se pudieron encontrar 5 («A5») (Tabla I).

Tabla I

Número de líneas de colectores fondeadas y recuperadas según las fechas del calado y de la extracción.

Grupo	Fondeo	Recuperación	Líneas Fondeadas	Líneas Recuperadas
A1	Marzo	Mayo	10	10
A2	Marzo	Octubre	10	3
A3	Abril	Agosto	15	4
A4	Abril	Octubre	15	11
A5	Mayo	Octubre	10	5

En este primer experimento de captación de semillas se han identificado un total de seis especies de pectínidos fijadas en los colectores, a saber: *Aequipecten opercularis* (AO), *Pecten jacobaeus* (PJ), *Mimachlamys varia* (MV), *Palliolum incomparabile* (Risso, 1826) (PI), *Flexopecten flexuosus* (Poli, 1795) (FF) y *Perapecten commutatus* (Monterosato, 1875) (AC).

Tabla II

Porcentaje de cada una de las especies de pectínidos fijadas sobre los diferentes grupos de líneas.

	A1	A2	A3	A4	A5	MEDIA
AO	54,84	44,87	50,76	51,26	63,49	54,24
PJ	6,60	7,06	13,42	4,61	6,81	7,70
MV	2,29	3,11	1,95	1,02	0,73	1,82
PI	22,15	26,98	15,41	20,30	24,50	21,87
FF	14,11	17,43	17,95	16,51	3,72	13,95
AC	0	0,54	0,52	0,29	0,76	0,42

En el grupo A1 no se contabilizaron las semillas de *Perapecten commutatus* porque no se podían distinguir perfectamente de las de *Aequipecten opercularis* a nivel de semilla recién fijada, con escasos milímetros de longitud, por tanto, las semillas dudosas se consideraron como volandeiras (ver el capítulo 9).

La frecuencia de aparición relativa de cada una de estas especies de pectínidos en los diferentes grupos queda reflejada en la tabla II. La volandeira es la especie más abundante, independientemente del mes de fondeo de los colectores, con valores entre 44,87 % en el grupo de líneas «A2» y el 63,49 % en el grupo «A5» y un valor medio de un 54,24 % de las semillas. Más de la mitad de los pectínidos asentados en los colectores eran volandeiras.

De concha de peregrino se capturaron pocas semillas, en comparación con las de volandeira, con una media de 7,7 % del total, lo que se traduce en 2498 ejemplares de *Pecten jacobaeus*. La zamburiña tampoco era frecuente, con un total de 546 semillas (Tabla III), correspondiente a un 1,82 % de todos los pectínidos. La especie menos abundante resultó ser *Perapecten commutatus* que no superó el 0,42 % de frecuencia media, con un total de 126 semillas.

Tabla III
Número de semillas de las seis especies capturadas según la fecha de fondeo y recuperación de los colectores en el Carreró.

	A1	**A2**	**A3**	**A4**	**A5**	**TOTAL**
AO	3206	1081	3252	10524	2182	20245
PJ	386	170	860	848	234	2498
MV	134	75	125	187	25	546
PI	1295	650	987	3731	842	7505
FF	825	420	1150	3035	128	5558
AC	0	13	33	54	26	126

Según el mes del año en que fueron fondeadas las líneas de colectores (Tabla IV) podemos diferenciar básicamente tres grandes grupos. El primero lo constituyen las líneas del grupo «A1» y del «A2», que se calaron en el mes de marzo de 1991. El segundo grupo estaría formado por las líneas del grupo «A3» y del «A4», fondeadas en abril de 1991. El tercer grupo corresponde a las líneas posicionadas en mayo de 1991 («A5»).

Tabla IV
Número total y número medio de semillas en cada bolsa (entre paréntesis) de cada especie de pectínido asentadas en el Carreró, en 1991, en función del mes del fondeo.

	A1 + A2	**A3 + A4**	**A5**
AO	4287 (21,98)	13776 (61,23)	2182 (29,09)
PJ	556 (2,85)	1708 (7,59)	234 (3,12)
MV	209 (1,07)	312 (1,39)	25 (0,33)
PI	1945 (9,97)	4718 (20,97)	842 (11,23)
FF	1245 (6,38)	4185 (18,6)	128 (1,71)
AC	13 (0,07)	87 (0,39)	26 (0,35)

Como puede observarse en la tabla IV, las fijaciones más importantes para todas las especies tuvieron lugar sobre las líneas de colectores de los grupos «A3» y «A4», fondeadas en el mes de abril. A partir de 1992 la mayoría de los fondeos se realizaron en abril.

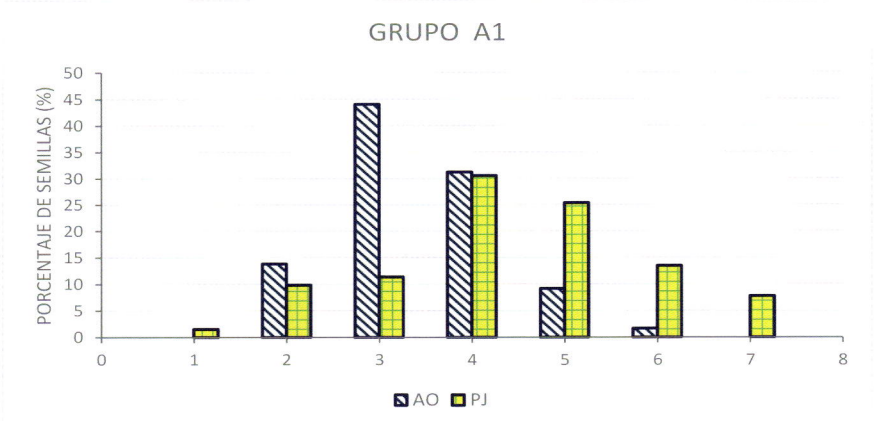

Figura 30: Distribución de frecuencias de las tallas (en milímetros) de las semillas de *A. opercularis* (AO) y *Pecten jacobaeus* (PJ) fijadas en el grupo «A1» del Carreró.

De las tres especies comerciales de semillas capturadas, solamente se midieron las tallas de *Aequipecten opercularis* y *Pecten jacobaeus,* dejando fuera a las de la zamburiña por su escaso número y sus tallas más pequeñas. No se observaron diferencias de tamaño de las semillas con respecto a la profundidad de las bolsas. Sin embargo, se detectaron diferencias significativas de las tallas de las semillas con respecto al tiempo de permanencia de los colectores en el mar (Tablas V y VI).

Tabla V

Talla media de las semillas de volandeira (mm) respecto al tiempo que las bolsas permanecieron sumergidas en el mar.

Grupo	Talla Media	Std	Max	Min	Edad (Días)
A1	2,91	0,86	8,41	0,94	65
A2	15,25	4,34	26,95	4,76	206
A3	13,12	3,38	26,96	3,85	122
A4	16,47	3,78	32,1	4,9	187
A5	14,84	4,47	28,9	4,7	155

La talla media de las semillas fijadas en las líneas del grupo «A1», al permanecer sumergidas en el mar solo dos meses, fueron inferiores a las del resto de los grupos (Figura 30), tanto en la volandeira (2,91 ± 0,86 mm) como en la concha de peregrino (3,99 ± 1,46 mm).

Tabla VI

Talla media (mm) de las semillas de concha de peregrino respecto al tiempo que las bolsas permanecieron sumergidas en el mar.

Grupo	Talla Media	Std	Max	Min	Edad (Días)
A1	3,99	1,46	7,98	0,87	65
A2	16,38	4,7	31,23	8,37	206
A3	15,4	4,21	28,26	5,49	122
A4	18,24	4,73	34,42	8,02	187
A5	18,7	4,05	28,1	10,8	155

La talla media de las semillas asentadas en las líneas del grupo «A3», fondeadas en abril, pero extraídas en agosto, es bastante inferior a la media de los grupos «A2», «A4» y «A5» que se recuperaron en octubre, independientemente de la fecha del fondeo, desde marzo a mayo. Las tallas máximas se registraron en las líneas del grupo «A4», por consiguiente, en los fondeos posteriores se procuró sumergir los colectores en abril y recuperarlos en octubre y noviembre.

En las figuras 30, 31, 32, 33 y 34 se representan las distribuciones de las frecuencias de las tallas de las semillas de *Aequipecten opercularis* y *Pecten jacobaeus* recolectadas en los grupos «A1», «A2», «A3», «A4» y «A5», respectivamente. Generalmente, las semillas de la concha de peregrino son más grandes que las de volandeira, pero estas son más abundantes.

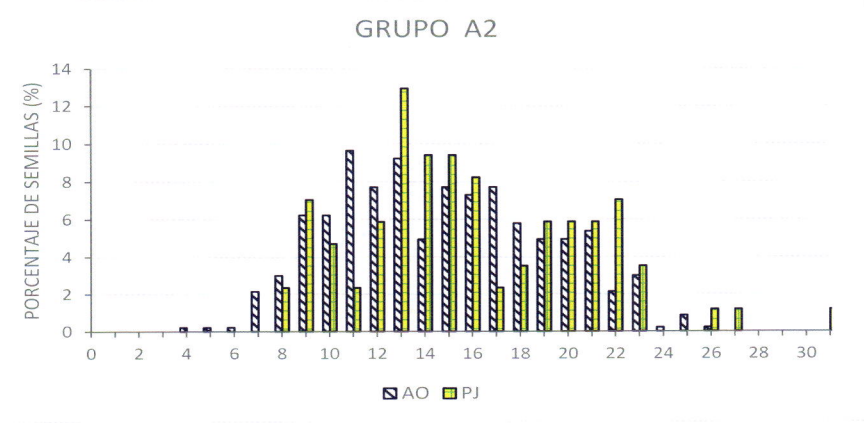

Figura 31: Distribución de frecuencias de las tallas de semilla de *A. opercularis* (AO) y *Pecten jacobaeus* (PJ) fijadas en el grupo «A2» del Carreró.

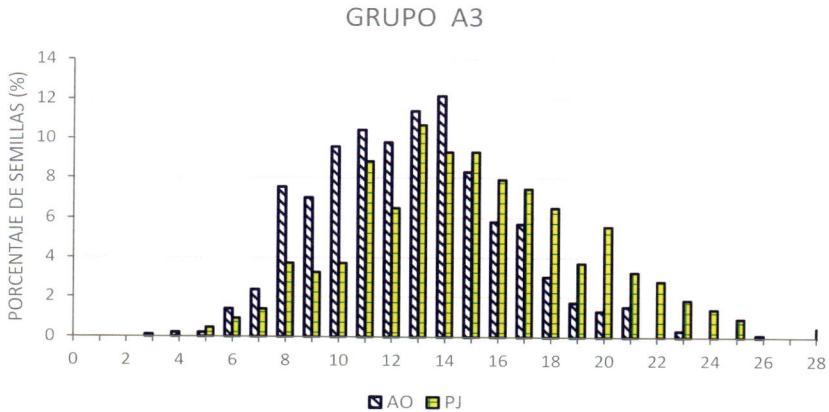

Figura 32: Distribución de frecuencias de las tallas de semilla de *A. opercularis* (AO) y *Pecten jacobaeus* (PJ) fijadas en el grupo «A3» del Carreró.

Cada especie de pectínido tiene preferencia por una profundidad de fijación. Por las referencias de otros autores en otros países, el mayor asentamiento de semillas de pectínidos se produce cerca del fondo, por tanto, en estos primeros experimentos se fijaron las 15 bolsas a 1, 1,5, 2, 2,5, 3, 3,5, 4, 4,5, 5, 6, 7, 8, 9, 10 y 11 metros sobre el nivel del fondo marino.

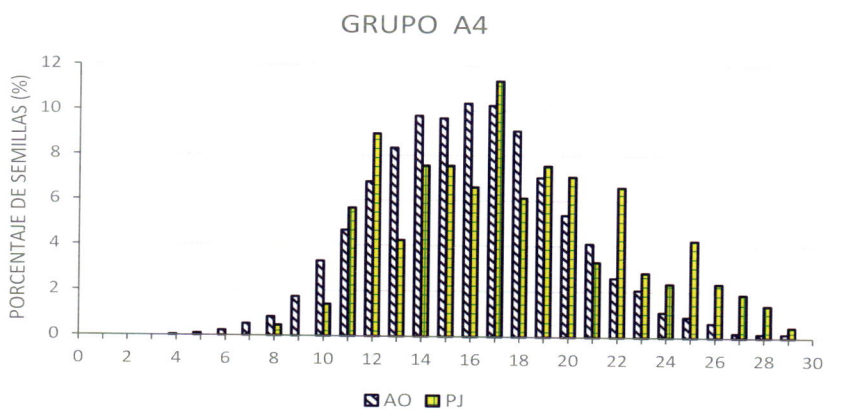

Figura 33: Distribución de frecuencias de las tallas de semilla de *A. opercularis* (AO) y *Pecten jacobaeus* (PJ) fijadas en el grupo «A4» del Carreró.

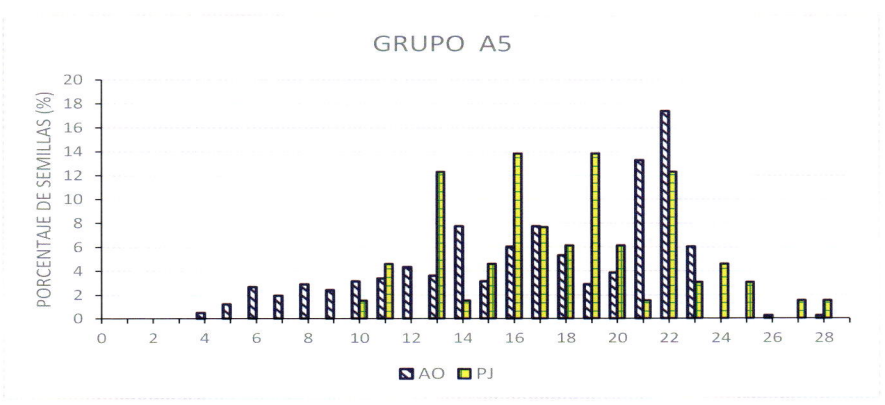

Figura 34. Distribución de frecuencias de las tallas de semilla de *A. opercularis* (AO) y *Pecten jacobaeus* (PJ) fijadas en el grupo «A5» del Carreró.

Por lo general, las fijaciones han sido más importantes en las bolsas más próximas al fondo. Esta norma se ha cumplido en las especies *Pecten jacobaeus*, *Aequipecten opercularis* y *Perapecten commutatus* (Figuras 35, 36 y 37). Por el contrario, el asentamiento de *Palliolum incomparabile* y *Flexopecten flexuosus* ha sido más importante alrededor de los 5 a 7 metros del fondo (Figuras 38 y 39). Las fijaciones de *Mimachlamys varia* parecen no seguir la norma y se distribuyen de forma aleatoria (Figura 40), no obstante, esta especie era poco frecuente, lo mismo que *Perapecten commutatus*, por lo que no permiten concretar una preferencia clara.

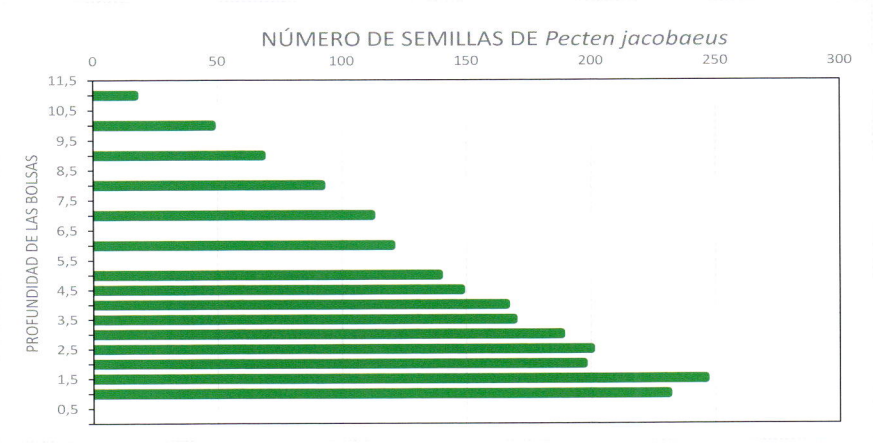

Figura 35: Número de semillas de *Pecten jacobaeus* según la distancia de las bolsas respecto al fondo en el caladero Carreró.

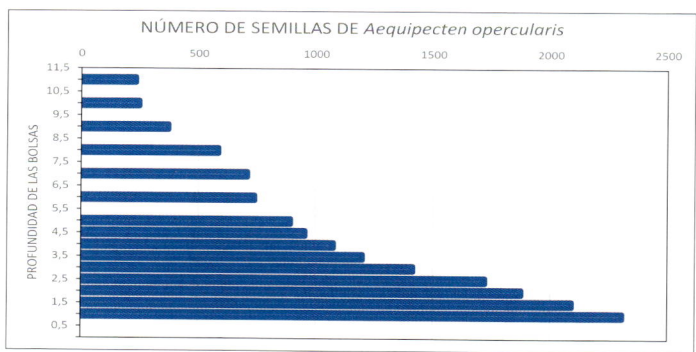

Figura 36: Número de semillas de *A. opercularis* según la distancia de las bolsas respecto al fondo en el caladero Carreró.

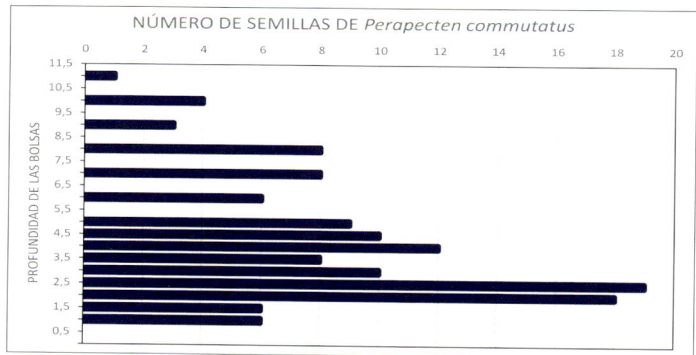

Figura 37: Número de semillas de *P. commutatus* según la distancia de las bolsas respecto al fondo en el caladero Carreró.

Como las especies de pectínidos comercialmente importantes son la concha de peregrino, la volandeira y la zamburiña y su frecuencia en el asentamiento está en los pocos metros sobre el fondo marino, en posteriores experimentos de captación de semillas de pectínidos se optó por colocar las bolsas colectoras en los cinco metros más cercanos al muerto de cemento.

Por otro lado, al observar que las bolsas más próximas al fondo estaban llenas de fango y sedimento, por lo que se encontraron muchas semillas muertas, para las captaciones futuras se decidió empezar la colocación de las bolsas a partir de los tres metros del extremo atado al muerto de cemento.

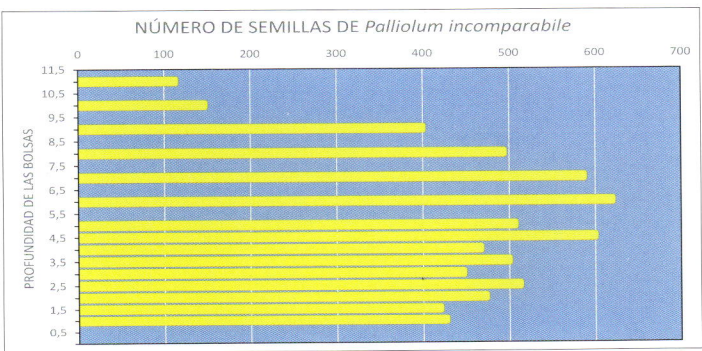

Figura 38: Número de semillas de *P. incomparabile* según la distancia de las bolsas respecto al fondo en el caladero Carreró.

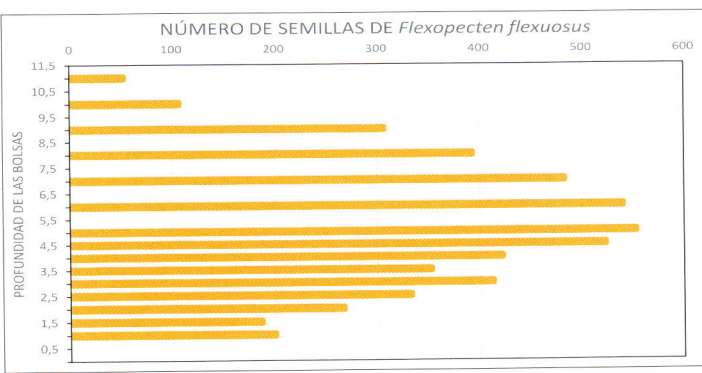

Figura 39: Número de semillas de *F. flexuosus* según la distancia de las bolsas respecto al fondo en el caladero Carreró.

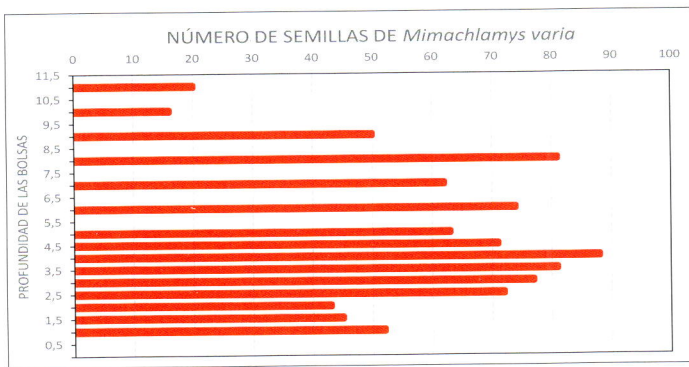

Figura 40: Número de semillas de *Mimachlamys varia* según la distancia de las bolsas respecto al fondo en el caladero Carreró.

73

Del conjunto de todos los pectínidos capturados en el caladero Carreró, algo más de la mitad eran de volandeiras con un 52,2 %, de la concha de peregrino había un 6,8 % y de zamburiñas solo un 2,8 % (Figura 41). Las especies sin valor comercial suponían un 21,4 % de *Palliolum incomparabile* y un 16,3 % de *Flexopecten flexuosus*, mientras que *Perapecten commutatus* quedó reducida a un 0,4 %, siendo considerada una especie rara.

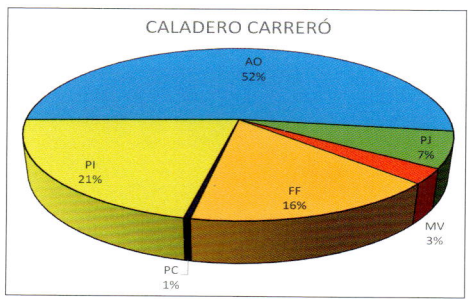

Figura 41: Porcentaje de semillas de los pectínidos asentadas sobre los colectores fondeados en el caladero Carreró. AO: *Aequipecten opercularis*, PJ: *Pecten jacobaeus*, MV: *Mimachlamys varia*, FF: *Flexopecten flexuosus*, PC: *Perapecten commutatus* y PI: *Palliolum incomparabile*.

5.1.2. Fijación de semillas de pectínidos en la playa del Mojón

En la playa del Mojón, entre el cabo de Oropesa y Capicorp, de las 15 líneas de colectores fondeadas el 3 de abril de 1991, solo se recuperaron tres líneas el 13 de junio, después de 10 semanas, con una tasa de recuperación de los colectores bastante baja (20 %), y cuyas semillas, de tallas muy pequeñas, se distribuyeron en frascos de vidrio con formol al 3 %, para su posterior identificación y medida de las alturas.

La franja de costa con una profundidad de 20 metros está protegida y los barcos de arrastre no pueden faenar en estas profundidades, pero el resultado fue la pérdida del 80 % de las líneas, bien arrastradas por algún barco de arrastre, bien sacadas por un yate de domingueros o por pescadores del palangre o trasmallo a los que se liaron sus artes en las líneas y optaron por cortar a estas últimas.

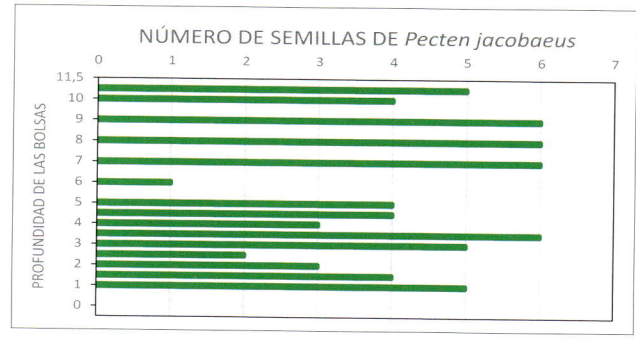

Figura 42: Número de semillas de *Pecten jacobaeus* según la distancia de las bolsas respecto al fondo en la playa del Mojón.

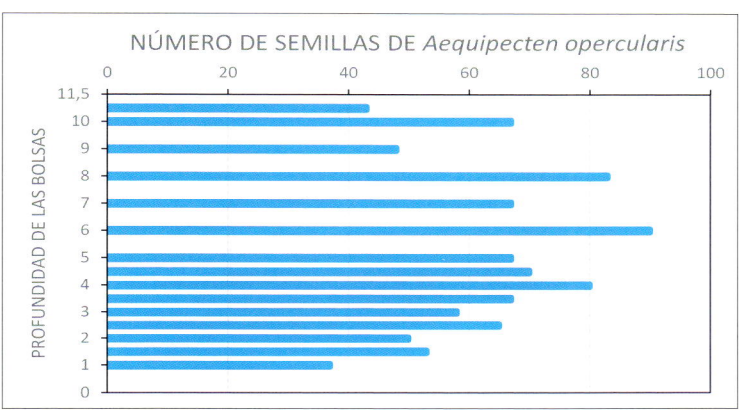

Figura 43: Número de semillas de *Aequipecten opercularis* según la distancia de las bolsas respecto al fondo en la playa del Mojón.

En los colectores fondeados en la playa del Mojón se recuperaron una media de 4,3 conchas de peregrino en cada bolsa, conteniendo de una a seis semillas, según la profundidad de la bolsa (Figura 42), pero no se observó mayor número en las bolsas más cercanas al fondo, como ocurrió en las bolsas del caladero Carreró (Figura 35).

Las bolsas recuperadas en la playa del Mojón contenían una media de 62,9 volandeiras, que en función de la profundidad de cada bolsa había de 38 a 90 semillas en cada una, independientemente de la profundidad en que estaba la bolsa (Figura 43). La mayor abundancia de semillas se registró entre 4 y 8 metros sobre el fondo marino.

En las líneas de colectores fondeadas en la playa del Mojón se asentaron una media de 10,7 semillas de zamburiña en cada bolsa (Figura 44). En este caso, una mayoría de semillas se concentraron entre uno y ocho metros sobre el fondo, con un máximo de 15 zamburiñas y un mínimo de seis semillas. Las zamburiñas en esta profundidad se fijaron en mayor número que en el caladero Carreró y, además, con mayor tendencia a quedarse en las bolsas cercanas al fondo.

En las tres líneas de colectores extraídas en la playa del Mojón se contabilizaron una media de 6,8 semillas de *Flexopecten flexuosus*, con un predominio entre dos y ocho metros sobre el fondo (Figura 45). El máximo detectado estaba a 4 m del muerto con 13 semillas, y un mínimo a 11 metros.

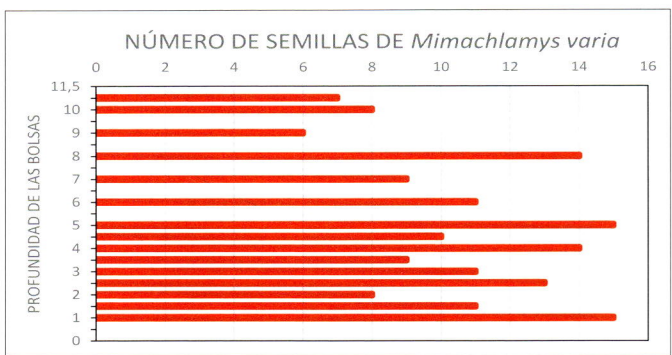

Figura 44: Número de semillas de *Mimachlamys varia* según la distancia de las bolsas respecto al fondo, en la playa del Mojón.

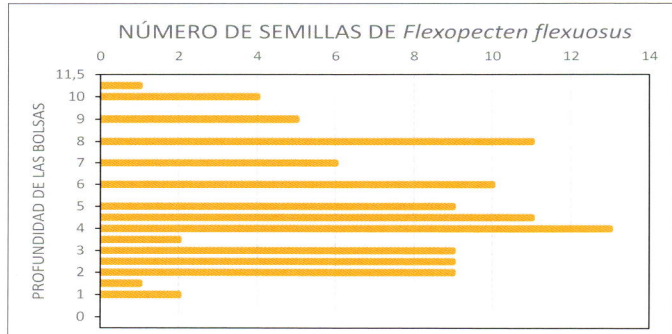

Figura 45: Número de semillas de *Flexopecten flexuosus* según la distancia de las bolsas respecto al fondo, en la playa del Mojón.

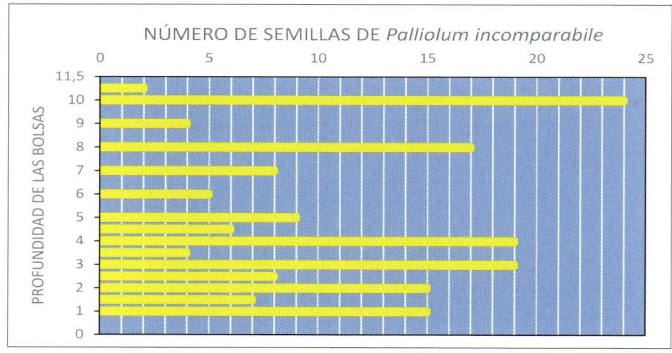

Figura 46: Número de semillas de *Palliolum incomparabile* según la distancia de las bolsas respecto al fondo, en la playa del Mojón.

En la playa del Mojón las semillas de *Palliolum incomparabile* se fijaron en las bolsas situadas a cualquier profundidad, con un mínimo de dos semillas a 11 metros y un máximo de 24 a 10 metros (Figura 46). La dispersión ha sido aleatoria, sin seguir una tendencia. El número medio de semillas fue de 10,8 en cada bolsa.

Debido a que las bolsas estaban en una profundidad similar en una zona somera, no se ha detectado una preferencia de las semillas por una profundidad concreta, sino que tienen una distribución dispar y desvinculada. Además, al estar las líneas de bolsas alejadas del banco natural de concha de peregrino del Carreró se han producido menos fijaciones de las especies con tendencia a una mayor profundidad, como la volandeira y la concha de peregrino.

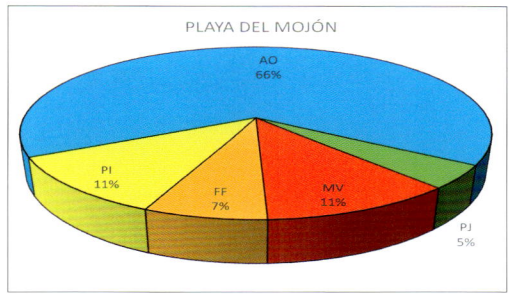

Figura 47: Porcentaje de semillas de los pectínidos asentadas sobre los colectores fondeados en la playa del Mojón. AO: *Aequipecten opercularis*, PJ: *Pecten jacobaeus*, MV: *Mimachlamys varia*, FF: *Flexopecten flexuosus* y PI: *Palliolum incomparabile*.

En las tres líneas de colectores recuperadas en la playa del Mojón se contabilizaron 64 semillas de concha de peregrino (4,5 %), 943 de volandeira (65,9 %), 161 de zamburiña (11,2 %), 102 de *Flexopecten flexuosus* (7,1 %) y 162 de *Palliolum incomparabile* (11,3 %) (Figura 47).

La distribución de las tallas de las semillas de *Aequipecten opercularis* capturadas en las bolsas fondeadas en la playa del Mojón se representa en la figura 48. De las 943 semillas encontradas se midieron una muestra al azar de 570 volandeiras. La talla más frecuente corresponde a los 6 mm, pero la altura media de todas las semillas medidas fue de 7,82 mm. La volandeira más pequeña medía 3,16 mm y la mayor 14,08 mm.

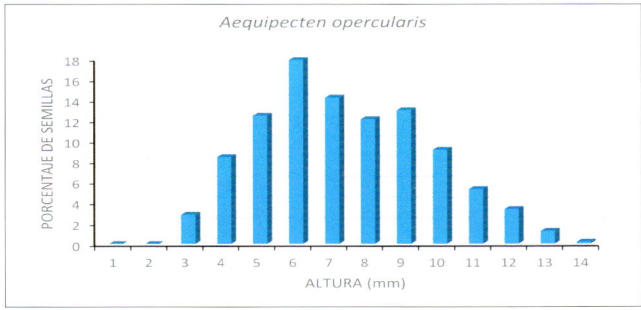

Figura 48: Distribución de frecuencias de las tallas (en milímetros) de las semillas de *Aequipecten opercularis* fijadas en la playa del Mojón.

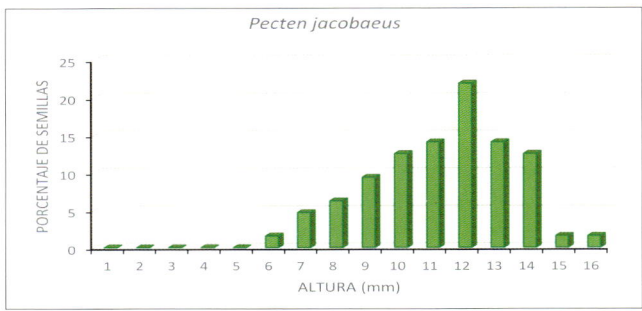

Figura 49: Distribución de frecuencias de las tallas (en milímetros) de las semillas de *Pecten jacobaeus* fijadas en la playa del Mojón.

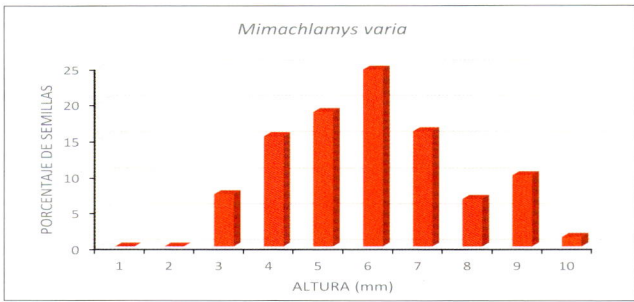

Figura 50: Distribución de frecuencias de las tallas (en milímetros) de las semillas de *Mimachlamys varia* fijadas en la playa del Mojón.

Las 64 semillas de concha de peregrino, asentadas en las bolsas recuperadas en la playa del Mojón, se midieron todas, proporcionando un valor medio de 11,72 mm y la distribución de las alturas de la concha se representan en la figura 49, donde se puede observar que la talla más frecuente fue de 12 mm. La concha de peregrino más grande medía 16,49 mm y la más pequeña 6,69 mm.

De las 161 semillas de zamburiña que se recuperaron de las bolsas fondeadas en la playa del Mojón se midieron una muestra de las 150 semillas que estaban en mejor estado, las 11 conchas restantes estaban rotas por la acción de algunos cangrejos que quedaron retenidos dentro de las bolsas, proporcionando una media de 6,4 mm. La distribución de las tallas de las semillas de zamburiña quedó restringida entre los 3 y los 10 mm (Figura 50), con una altura mínima de 3,11 mm y la máxima de 10,71 mm. La talla más frecuente fue de 6 mm.

Debido a que *Flexopecten flexuosus* no tiene valor comercial, solamente se midieron una muestra de 90 semillas, de las 162 colectadas en las bolsas fondeadas en la playa del Mojón. La distribución de frecuencias de las alturas de las semillas mostró dos picos en 7 y 10 mm (Figura 51). La talla media de las semillas tenía 8,82 mm y la concha más pequeña medía 3,83 mm, mientras que la mayor llegó a los 12,92 mm.

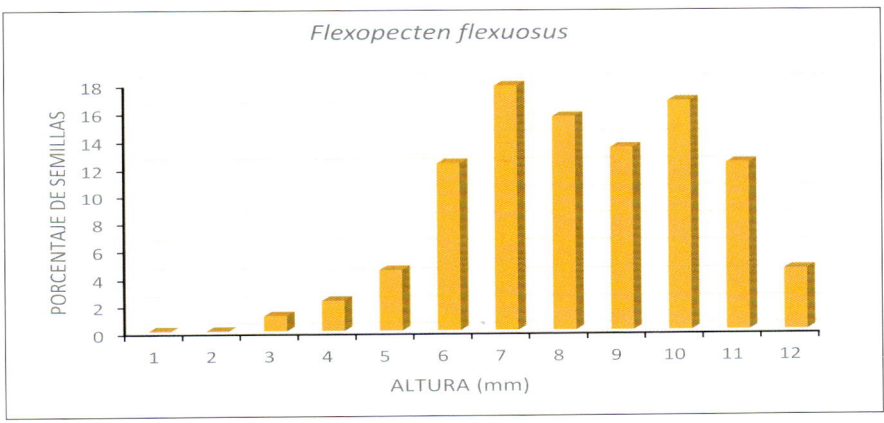

Figura 51: Distribución de frecuencias de las tallas (en milímetros) de las semillas de *Flexopecten flexuosus* fijadas en la playa del Mojón.

5.1.3. Fijación de semillas de pectínidos en el caladero Dàtil

Considerando que se aprovechó la veda de los barcos de arrastre, la inmersión de las 15 líneas de colectores se realizó justo al día siguiente de la entrada en vigor de dicha parada, pero la recuperación de las líneas se tenía que llevar a cabo el día antes de empezar a faenar los barcos, sin embargo, por el mal tiempo del día previsto, se esperaron unos días y cuando se salió al mar para recuperarlas, no se encontró ninguna línea completa.

El caladero Dàtil suele estar frecuentado por las embarcaciones de arrastre del Grao de Castellón y de Burriana, por consiguiente, las líneas de colectores fueron arrastradas por dichas embarcaciones, ya que en los contenedores de basura del puerto de Castellón unos días después se encontraron dos líneas incompletas, en una había seis bolsas y en la otra nueve.

Lógicamente, las semillas encontradas en las pocas bolsas recuperadas del contenedor estaban muertas, sin embargo, estas semillas se distribuyeron en frascos marcados según la línea y la situación de la bolsa.

El porcentaje de semillas de volandeira fijadas, con respecto al número total de pectínidos, fue del 83,2 % y la de las conchas de peregrino de un 9,1 % (Figura 52), proporciones mucho más elevadas que en los otros caladeros.

Este hecho posiblemente esté relacionado con la pérdida de algunas bolsas y el filamento de otras, pues muchas semillas de volandeira aparecieron fijadas en la parte externa de las bolsas, en lugar de estar adheridas en el monofilamento de nylon, como hacen las otras especies.

En estas bolsas recuperadas en el caladero Dàtil se encontraron muy pocas semillas de zamburiña (0,7 %) y de *Flexopecten flexuosus* (2,1 %), mientras que de *Palliolum incomparabile* se contabilizaron un 4,9 % (Figura 52).

Las tallas de las semillas capturadas en el Dàtil son muy heterogéneas, de ahí que la desviación estándar sea elevada (Tabla VII). El valor medio de la altura de la concha de peregrino fue de 14,9 ± 7,8 mm, muy similar a la encontrada en los colectores del grupo «A3» del caladero

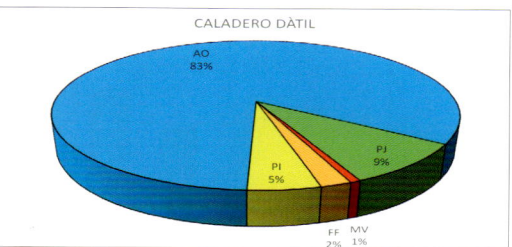

Figura 52: Porcentaje de semillas de los pectínidos asentadas sobre los colectores fondeados en el caladero Dàtil. AO: *Aequipecten opercularis*, PJ: *Pecten jacobaeus*, MV: *Mimachlamys varia*, FF: *Flexopecten flexuosus* y PI: *Palliolum incomparabile*.

Carreró con 15,4 mm (Tabla VI), fondeados en abril y recuperados en agosto, a pesar de que en el Dàtil se detectaron ejemplares más pequeños.

Tabla VII

Altura media de las semillas de *Pecten jacobaeus* y *Aequipecten opercularis*, en mm, asentadas en los colectores fondeados en el Dàtil.

Especie	Talla Media	Std	Máxima	Mínima
P. jacobaeus	14,92	7,796	29,3	2,5
A. opercularis	8,07	4,133	23,3	2,1

Las tallas de las semillas de *Aequipecten opercularis,* con una altura media de 8,1 ± 4,1 mm, fueron significativamente inferiores a las semillas medidas en el grupo «A3» del Carreró con 13,1 mm (Tabla V).

5.1.4. Comparación de las fijaciones de pectínidos en los tres caladeros

La proporción de conchas de peregrino fijadas en la playa del Mojón, con respecto al total de los pectínidos, fue de 4,5 % y la de volandeiras casi del 66 % (Figura 47), valores similares a los detectados en el caladero Carreró, 6,8 % y

52,2 %, respectivamente. Sin embargo, en la playa del Mojón destaca la frecuencia de zamburiñas con 11,2 %, muy superior a la encontrada en los otros caladeros, 2,8 % en el Carreró y 0,7 en el Dàtil. La proporción de *Flexopecten flexuosus* en la playa del Mojón es menor que en el Carreró, pero mayor que en el Dàtil. Otro dato que cabe destacar reside en que, tanto en la playa del Mojón como en el Dàtil no se fijaron semillas de *Perapecten commutatus*, por lo visto, esta especie tiene preferencia en fijarse a mayores profundidades.

Tabla VIII

Número medio de semillas de moluscos bivalvos fijadas en las 5 bolsas superiores, las 5 intermedias y las 5 inferiores en el Carreró y en la playa del Mojón.

Especies				Carr				Mojón
Bivalvos	Sup	Int.	Inf.	Total	Sup.	Int.	Inf.	Total
Musculus	336	526	654	1516	1335	1324	1095	3754
Mytilus	12	4	0	16	40870	8100	1644	50614
Pteria hirundo	12	15	10	37	0	0	1	1
Limea loscombi	0	0	5	5	32	66	43	141
Pododesmus	114	261	366	741	574	1074	1633	3281
Hiatella arctica	102	106	41	249	1829	3138	3469	8436
Plagiocardium	18	30	19	67	687	1916	2040	4643
Spisula subtrunc.	0	0	0	0	80	114	64	258
Corbula gibba	1	0	0	1	16	22	7	45
Atrina pectinata	0	5	1	6	0	0	0	0
Modiolula	6	0	0	6	0	0	0	0
Venerupis	1	1	0	2	45	50	7	102
P. jacobaeus	67,4	148,4	212	428,2	5,4	3,6	3,8	12,8
A. opercularis	428	972,4	1883	3283,4	61,6	74,8	52,6	189
M. varia	45,8	75,4	57,8	179	8,8	11,8	11,6	32,2
F. flexuosus	268	478,2	280	1026,8	7,4	13	12	32,4
P. commutatus	4,8	9	11,8	25,6	0	0	0	0
P. incomparabile	348	538,8	456	1343	11	8,6	12,8	32,4

En los colectores fondeados en el Carreró se asentaron principalmente especies de pectínidos, mientras que en la playa del Mojón y en el caladero Dàtil fueron menos frecuentes, predominando otras especies de moluscos bivalvos (Tabla VIII). En la playa del Mojón, los colectores estaban fondeados a 20 m de profundidad, donde se contabilizaron grandes cantidades de mejillones (*Mytilus galloprovincialis* Lamarck, 1819) adheridos a los filamentos de las bolsas y sobre los cabos que sujetaban las bolsas, llegando a más del 90 % de las semillas fijadas en los colectores.

La fijación de los mejillones y otros bivalvos sobre los colectores compiten por el espacio disponible para el asentamiento, de forma que son un factor limitante para las semillas de pectínidos. Por consiguiente, solamente se contabilizaron los bivalvos fijados en los filamentos de nylon y en las bolsas, descartando la gran cantidad de mejillones adheridos a los cabos y a las boyas de superficie.

En las bolsas colectoras recuperadas en el caladero Carreró y en la playa del Mojón se determinaron un total de 30 especies de moluscos, de las que 21 eran bivalvos (Tabla VIII) y nueve gasterópodos (Tabla IX). En estas tablas se han omitido las tres especies de bivalvos y una de gasterópodo que no se pudieron identificar.

Entre los bivalvos cabe destacar la presencia del mejillón (*Mytilus galloprovincialis*), especialmente en las bolsas de la playa del Mojón, con más de 50 000 semillas de media. Otras de las especies con mayor abundancia en las bolsas de la playa del Mojón que en el Carreró fueron *Musculus costulatus* (Risso, 1826), *Limea loscombi* (Sowerby G.B.I., 1823), *Pododesmus squamula* (Linné, 1758), *Plagiocardium papillosum* (Poli, 1795), *Hiatella arctica* (Linné, 1758), *Venerupis rhomboides* (Pennant, 1777), *Spisula subtruncata* (Da Costa, 1778) y *Corbula gibba* (Olivi, 1792).

Por otro lado, en las bolsas fondeadas a 70 m de profundidad se encontró un predominio de otras especies de bivalvos que no salieron o lo hicieron en muy poca cantidad, con respecto a las contabilizadas en la playa del Mojón, a saber, *Pteria hirundo* (Linné, 1758), *Atrina pectinata* (Linné, 1758) *y Modiolula phaseolina* (Philippi, 1844). Las seis especies de pectínidos fueron mucho más abundantes en el caladero Carreró que, en la playa del Mojón, teniendo en cuenta que *Perapecten commutatus* solamente se ha fijado en aquel caladero.

Generalmente, de las seis especies de pectínidos fijadas en el Carreró, *P. jacobaeus, A. opercularis* y *Perapecten commutatus* se asentaron en las cinco bolsas más cercanas al fondo, mientras que las otras tres especies prefieren las bolsas intermedias. Sin embargo, en los colectores recuperados en la playa del Mojón no se observaron diferencias significativas en las fijaciones de pectínidos entre las bolsas superiores, las intermedias y las inferiores.

Los gasterópodos más representativos en las bolsas recuperadas en la playa del Mojón fueron: *Pusillina inconspicua* (Alder, 1844), *Rissoa* spp., *Rissoa violacea* (Desmarest, 1814), *Bittium reticulatum* (Da Costa, 1778), *Natica hebraea* (Martin, 1784) y varias especies de caracoles de la familia Muricidae que no se pudieron identificar por su reducido tamaño (Tabla IX). Por el contrario, en el caladero Carreró, donde los gasterópodos eran poco frecuentes, se encontraron *Alvania punctura* (Montagu, 1803) y *Odostomia* spp.

La mayoría de las especies de gasterópodos se fijaron en pequeñas cantidades, siendo más frecuentes en los colectores de la playa del Mojón, especialmente importante fue la abundancia de *Pusillina inconspicua* en las bolsas inferiores.

Tabla IX

Número medio de semillas de moluscos gasterópodos fijadas en las 5 bolsas superiores, las 5 intermedias y las 5 inferiores en el Carreró y en la playa del Mojón.

Especies				Carre.				Mojón
Bivalvos	**Sup.**	**Int.**	**Inf.**	**Total**	**Sup.**	**Int.**	**Inf.**	**Total**
Rissoa violacea	0	0	0	0	0	4	0	4
Rissoa spp.	0	0	0	0	4	10	11	25
Pusillina	9	11	21	41	667	1162	1976	3805
Bittium	0	0	0	0	2	1	4	7
Alvania punctura	4	8	6	18	4	2	2	8
Odostomia	0	1	0	1	0	0	0	0
Muricidae	0	0	0	0	0	6	11	17
Natica hebraea	0	0	0	0	1	0	0	1

Aparte de los moluscos, que era el motivo del fondeo de los colectores, en el interior de las bolsas se encontraron varias especies de cangrejos, no muy abundantes, pero se notaba una disminución del número de semillas de pectínidos en las bolsas que contenían cangrejos.

5.2. Captación de semillas de pectínidos en la Sobarra

Además de los tres primeros caladeros ensayados en 1991, en años posteriores se han ido buscando nuevos caladeros, siguiendo las indicaciones de algunos pescadores que aseguraban que había un banco natural de concha de peregrino en dichos caladeros.

En 1992 se comparó la captación de semillas de pectínidos entre la playa del Mojón, por su proximidad con el Instituto de Acuicultura de Torre de la Sal, situado entre 20 y 25 m de profundidad y el caladero la Sobarra, situado frente a la costa de Peñíscola y Benicarló, entre 65 y 70 m de profundidad.

Como de costumbre, las líneas de colectores diferían solamente en la longitud del cabo, de unos 90 metros en las utilizadas en la Sobarra y de 30 metros en las de la playa del Mojón. En el extremo inferior se ataba un muerto de cemento y en el superior una boya de superficie para señalar su situación. A partir de un metro del lastre se ataba una bolsa colectora y otras seis bolsas separadas unos 50 cm entre ellas (Figura 53). A los 10 metros del bloque de cemento se colocaba una boya de inmersión que mantenía la parte de la cuerda con bolsas en posición vertical.

Se utilizaron bolsas de polietileno de 40 x 30 cm, usadas habitualmente para el embalaje de cebollas o naranjas, con una malla de 11 mm de luz, que contenían en su interior unos 35 a 40 g en peso seco de monofilamento de nylon o trozos de redes de pesca de este material usadas para la pesca del trasmallo.

Figura 53: Fondeo de líneas de colectores en la Sobarra.

Debido a que el caladero de la Sobarra está situado en una zona frecuentada por las embarcaciones de pesca del arrastre de Vinaroz y Benicarló, las líneas de colectores se fondearon durante el paro voluntario de la flota pesquera de los puertos de Castellón, el 4 de abril de 1992, y se recuperaron el 28 de mayo del mismo año, después de 54 días de inmersión.

Por consiguiente, los colectores permanecieron sumergidos menos de ocho semanas, por tanto, las semillas capturadas tenían una talla muy reducida y no eran manejables, de modo que, en la recuperación de los colectores, se optó por introducir cada bolsa en una botella de dos litros de capacidad con boca ancha, marcándola con el número de la línea y la posición de la bolsa en la línea. En cada botella se introdujo formaldehído al 4 %. Una vez en el laboratorio, las bolsas se lavaron con un chorro de agua dulce sobre un cedazo de 200 μm de poro, donde se recogían todas las semillas y se distribuían en frascos de 125 ml marcados y etiquetados, con una disolución de formaldehído al 4 %.

Posteriormente, las diferentes especies fijadas se identificaron, bajo la lupa binocular, se contaron y se midieron las especies más representativas, anotando la situación de la bolsa dentro de la línea.

Por el contrario, en la playa del Mojón el fondeo de las líneas de colectores se dividió en tres periodos cortos de 3 y 6 semanas, según las fechas de la inmersión y de la recuperación de los colectores. El primer lote se caló el 10 de abril y se recuperó el 1 de mayo de 1992, tras 3 semanas, el segundo lote también se fondeó el 10 de abril, pero se recobró el 22 de mayo, tras seis semanas, y el tercer lote se posicionó el 1 de mayo, al mismo tiempo que se sacaban las líneas del primer lote, y se subió el 22 de mayo, tras tres semanas.

En ambos fondeaderos se han identificado cinco especies de pectínidos, entre las semillas de moluscos bivalvos adheridas en los filamentos de los colectores, a saber: *Aequipecten opercularis*, *Pecten jacobaeus*, *Mimachlamys varia*, *Flexopecten flexuosus* y *Palliolum incomparabile*, coincidiendo con las especies encontradas en el caladero Dàtil.

La especie de pectínido más abundante en ambos caladeros fue *Aequipecten opercularis*, encontrándose una media de casi 1400 semillas en cada línea de las recuperadas en la Sobarra, mientras que, en las líneas del segundo lote de la playa del Mojón, con una permanencia parecida en inmersión, se registraron una media de 530 volandeiras (Tabla X).

Al comparar el número de semillas fijadas en ambos caladeros, las bolsas fondeadas en la Sobarra contenían, por término medio, mayor número de juveniles, del orden de 28,5 conchas de peregrino, frente a las capturadas en las bolsas del lote 2 de la playa del Mojón, con una media de 3,3 ejemplares.

Tabla X

Fijaciones medias de semillas de pectínidos. Número medio de semillas por línea. PNI: pectínido no identificado.

Especie	Sobarra	Playa Mojón		
		Lote 1	Lote 2	Lote 3
P. jacobaeus	199,5	-	23	4
A.opercularis	1397,5	276	530	164
M. varia	141,5	42	180	17
F. flexuosus	191,5	-	12	1
P. incomparabile	162	-	15	-
PNI	71,5	14	20	19
TOTAL	**2163,5**	**332**	**780**	**205**

De *Aequipecten opercularis* se contabilizaron una media de 199,6 juveniles en las bolsas recuperadas en la Sobarra, mientras que en la playa del Mojón se encontraron una media de 75,7 ejemplares en cada bolsa del lote 2.

Por el contrario, las zamburiñas fueron más abundantes en la playa del Mojón que en la Sobarra, encontrándose una media de 25,7 juveniles en las bolsas sacadas de la zona somera, frente a las 20,2 semillas de las bolsas de la Sobarra.

Las especies sin valor comercial, *Flexopecten flexuosus y Palliolum incomparabile,* en la playa del Mojón estuvieron muy poco representadas, encontrándose el doble de ejemplares sin identificar (53) que de aquellas dos especies en conjunto (28).

Debido a que las líneas de colectores se extrajeron a las pocas semanas de su inmersión, la mayoría de las semillas contabilizadas tenían escasos milímetros de altura y, en algunos casos, resultó difícil su identificación. Por consiguiente, aquellas semillas rotas o de pequeño tamaño, en las que no se podía distinguir la pertenencia a una especie en concreto, se incluyeron en un grupo aparte como pectínidos no identificados (PNI).

La proporción de las diferentes especies de pectínidos colectadas en el caladero la Sobarra se muestra en la figura 54, donde se aprecia el mayor porcentaje de semillas de *Aequipecten opercularis* que casi llegó al 65 % del total de los pectínidos fijados. La concha de peregrino estaba representada por más de un 9 % y la zamburiña por casi un 7 %. Las especies no comerciales también estaban presentes en buen número, con casi un 9 % de *Flexopecten flexuosus* y con más de un 7 % de *Palliolum incomparabile*. Las semillas de pectínidos que no se pudieron identificar llegaron a un 3 % del total de pectínidos.

En la playa del Mojón, la proporción de volandeiras fue la más abundante (Figura 55) con un 68 % del total de pectínidos, seguida por *Mimachlamys varia* con más de un 23 %. El resto de especie fue representativo con un 3 % de conchas de peregrino, un 2 % de *Palliolum incomparabile* y un 1 % de *Flexopecten flexuosus* y con un 3 % de pectínidos no identificados. Este alto porcentaje se debe al pequeño tamaño de las semillas.

La proporción de semillas de *Aequipecten opercularis* encontradas fue muy similar en ambos caladeros, con un 65 % y un 68 %, sin embargo, de *Pecten jacobaeus* en el caladero situado a mayor profundidad se colectaron muchos más ejemplares, y en una proporción triple, que la obtenida en la playa del Mojón. Por el contrario, *Mimachlamys varia* fue mucho más abundante en la zona somera, con un 23 % que, en la Sobarra, donde no se superó el 7 %. Por consiguiente, comparando estos dos caladeros,

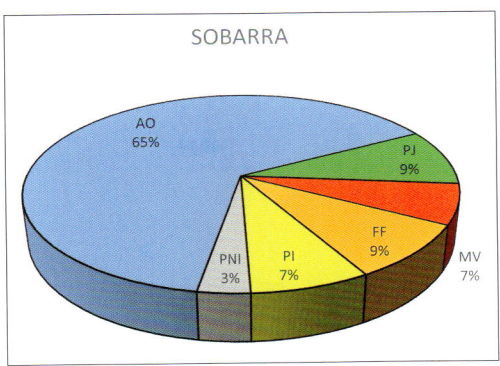

Figura 54: Porcentaje de las semillas de los cinco pectínidos fijados en los colectores fondeados en la Sobarra. PNI: pectínidos no identificados.

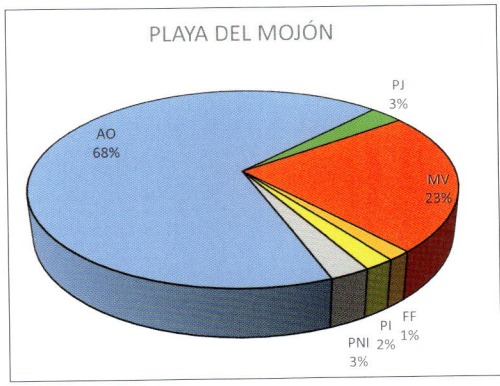

Figura 55: Porcentaje de las semillas de los cinco pectínidos fijados en los colectores fondeados en la playa del Mojón. PNI: pectínidos no identificados.

se puede concluir que la concha de peregrino tiene tendencia a fijarse en mayor proporción en aguas profundas, en caladeros como el Carreró y la Sobarra, mientras que la zamburiña prefiere distribuirse en las aguas someras.

En la mayoría de las semillas de volandeira y de la concha de peregrino se midió la altura de la concha mediante una lupa binocular. No se observaron diferencias significativas entre la altura de las semillas y la profundidad a la que se fijaron dentro del mismo caladero, por tanto, los juveniles de todas las bolsas se agruparon por especies. Los ejemplares de *Mimachlamys varia* tenían una talla muy pequeña y resultó muy difícil calcular, por lo que se optó por descartar su talla.

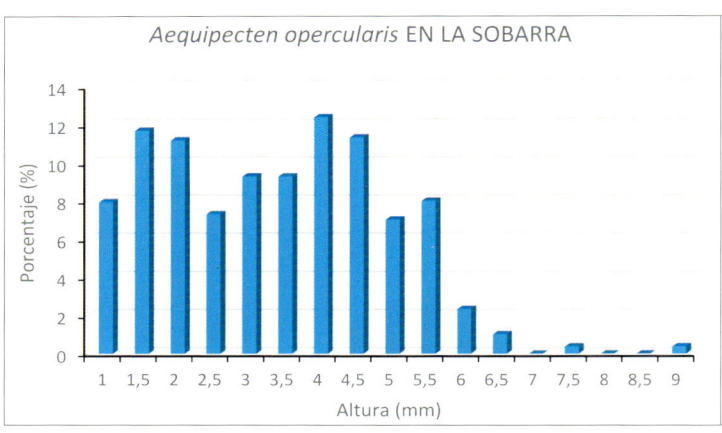

Figura 56: Distribución de frecuencias de la altura de las semillas de volandeira fijadas en los colectores fondeados en la Sobarra.

Las semillas de volandeira que se midieron en el caladero Sobarra se agruparon en clases de 0,5 mm y las distribuciones de las frecuencias se representan en la figura 56, donde se puede observar la presencia de tres cohortes. Las tres modas de esta distribución se encuentran en los 1,5, los 4 y los 5,5 mm de altura, con sus respectivos máximos de 11,7 %, de 12,4 % y del 8 %.

La altura media de las semillas de volandeira capturadas en el caladero Sobarra fue de 3,09 ± 1,51 mm, con un intervalo de 0,47 a 8,86 mm.

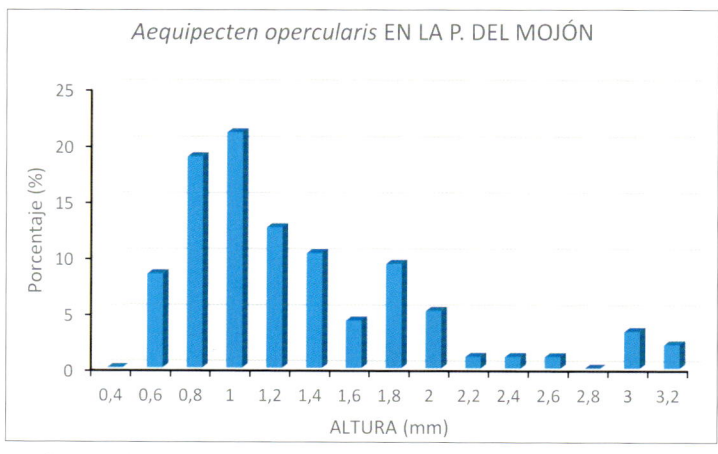

Figura 57: Distribución de frecuencias de la altura de las semillas de volandeira fijadas en los colectores fondeados en la playa del Mojón.

En la figura 57 se representan las distribuciones de frecuencias de las alturas de las semillas de *Aequipecten opercularis* capturadas en el lote 2, cuyas bolsas permanecieron sumergidas seis semanas, en la playa del Mojón, agrupadas en clases de 0,2 mm, donde se hacen patentes tres cohortes. Las modas están en 1, en 1,8 y en 3 mm de altura, con máximos de 21,3 %, 9,6 % y 3,2 %.

La altura media de las semillas de *Aequipecten opercularis* capturadas en el lote 2 de la playa del Mojón fue de 1,2 ± 0,6 mm, con un intervalo de 0,47 a 3,06 mm.

En la figura 58 se representan las distribuciones de frecuencias de las alturas de las semillas de *Pecten jacobaeus* que se fijaron en las bolsas de la Sobarra, mostrando una única moda en los 3 mm de altura, con un máximo de 24,7 %. La altura media de las semillas de concha de peregrino capturadas en el caladero Sobarra, después de 54 días de la inmersión de los colectores, fue de 3,53 ± 1,21 mm, con un intervalo de 0,53 a 6,53 mm.

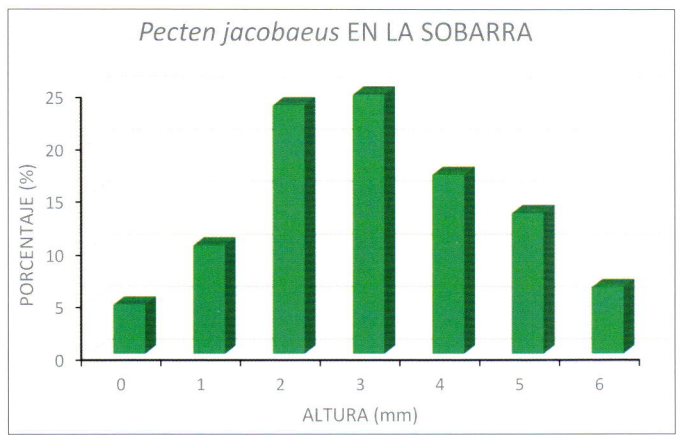

Figura 58: Distribución de frecuencias de la altura de las semillas de concha de peregrino fijadas en los colectores fondeados en la Sobarra.

Los juveniles de concha de peregrino que se midieron en la playa del Mojón se agruparon en clases de 0,5 mm y en la figura 59 se representan las distribuciones de las frecuencias, donde se puede observar una única cohorte. La moda de la distribución se halla en los 1,5 mm con un máximo de 26,1 %.

La altura de las 92 conchas de peregrino extraídas en los colectores de la playa del Mojón, tras las seis semanas de su inmersión, tenían una altura media de 1,88 ± 0,86 mm, con un intervalo de 0,93 a 3,73 mm.

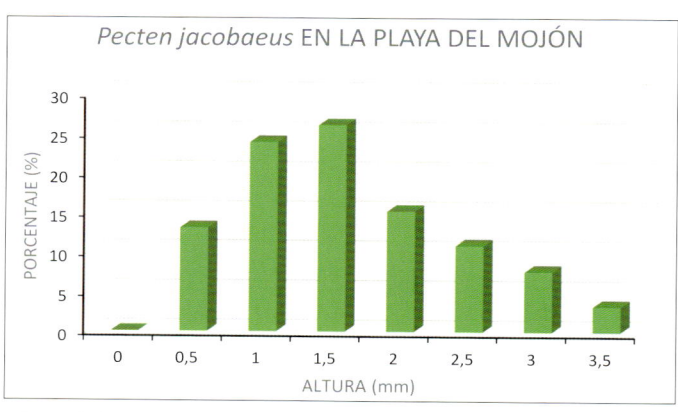

Figura 59: Distribución de frecuencias de la altura de las semillas de concha de peregrino fijadas en los colectores fondeados en la playa del Mojón.

5.3. Captación de semillas de pectínidos en la playa de Torre la Sal

Con el fin de conocer mejor el ciclo reproductor y la época natural del desove de las diferentes especies de pectínidos de la costa de Castellón, se fondearon dos líneas de colectores cada 28 días, desde el 10 de abril de 1992 hasta el 4 de junio de 1993.

En cada salida al mar, a excepción del 10 de abril, se recuperaron las dos líneas que habían permanecido fondeadas 4 semanas y, en el mismo lugar, se posicionaron otras dos líneas, repitiendo la operación durante 16 meses. El 2 de julio de 1993 solamente se extrajeron las dos líneas, dando por finalizada la experiencia.

Cada línea estaba compuesta por el bloque de cemento de 40 kg, un cabo de 25 m con una boya de superficie, una boya sumergida situada a unos 6 m del muerto y cuatro bolsas de malla, la primera a un metro del muerto y las otras tres a intervalos de un metro.

El lugar elegido para el estudio fue la playa de Torre la Sal, frente al Instituto de Acuicultura, por la facilidad de acceso y mejor control. Esta zona tenía una profundidad de 18 a 20 m, sobre un fondo de arena fina (40°07' N, 0°13' E).

Las dos primeras líneas sumergidas el 10 de abril de 1992 se denominaron «A», las dos que se fondearon el 8 de mayo se nombraron «B» y así sucesivamente hasta el 4 de junio de 1993 (Tabla XI). Se exceptuaron la «I» por confundirla con el «1» y las «O» y «Q» por ser parecidas y prestarse a enredos.

Tabla XI

Número de semillas de pectínidos asentadas en todas las bolsas

	Fondeo	Ao	Mv	Pj	Ff	Pni	Total
A	10/04/1992	136	792	0	0	56	984
B	8/05/1992	25	248	4	2	29	308
C	5/06/1992	118	19	9	28	0	174
D	3/07/1992	3	541	0	705	3	1.252
E	31/07/1992	17	340	0	11.371	28	11.756
F	28/08/1992	29	11	0	1.778	22	1.840
G	25/09/1992	157	7	0	1.834	35	2.033
H	23/10/1992	77	25	5	676	69	852
J	20/11/1992	88	13	0	125	66	292
K	18/12/1992	25	0	0	8	22	55
L	15/01/1993	274	0	14	0	99	387
M	12/02/1993	44	2	0	0	51	97
N	12/03/1993	151	109	4	2	232	498
P	9/04/1993	39	108	5	3	12	167
R	7/05/1993	797	809	79	868	77	2.630
S	4/06/1993	19	71	3	988	19	1.100
	Total	**1.999**	**3.095**	**123**	**18.388**	**820**	**24.425**

Se hizo coincidir la época natural de la puesta de la concha de peregrino con los colectores fondeados en abril («A» y «P») y en mayo («B» y «R»), pero solamente se observó una mayor fijación en los colectores «R». Por lo visto, la playa de Torre de la Sal no tiene una población de *Pecten jacobaeus*, sino que las larvas llegan arrastradas por la corriente de otras zonas donde se produce el desove. Sin embargo, nos ha permitido conocer que tanto la zamburiña como *Flexopecten flexuosus* se captan mejor en zonas someras. La volandeira desova todo el año, pues en todos los meses hubo fijaciones.

Debido al pequeño tamaño de las semillas por extraer los colectores a los 28 días de su inmersión en casi todos los meses, excepto en junio, hubo algunos ejemplares que no se pudieron identificar bajo la lupa binocular. Estas semillas se agruparon como pectínidos no identificados (PNI).

La especie más abundante en la playa de Torre de la Sal fue *Flexopecten flexuosus* con un 75,3 % de las 24 425 semillas de pectínidos asentadas. La zamburiña estuvo representada por un 12,7 %, la volandeira llegó a un 8,2 % y la concha de peregrino superó el 0,5 %. Los pectínidos no identificados alcanzaron el 3,4 % (Figura 60).

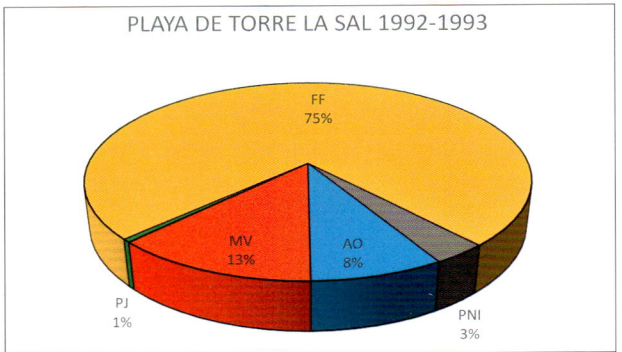

Figura 60: Porcentaje de semillas de los pectínidos fijados en los colectores fondeados en la playa de Torre la Sal. AO (*A. opercularis*), MV (*M. varia*), PJ (*P. jacobaeus*) y FF (*F. flexuosus*). PNI (pectínidos no identificados).

Las semillas de las tres especies comerciales, además de las de *Flexopecten flexuosus*, se midieron bajo la lupa binocular, agrupando las alturas en clases de 0,5 mm.

Las distribuciones de las frecuencias de las semillas de *Aequipecten opercularis* se representan en la figura 61, donde se observa una única cohorte con una moda en los 0,5 a 1 mm de altura, con un máximo de 65,6 % (Figura 61). La altura media de los 840 juveniles de volandeira medidos, de los capturados en la playa de Torre de la Sal, fue de 0,926 ± 0,434 mm, dentro de un intervalo de 0,32 a 2,93 mm.

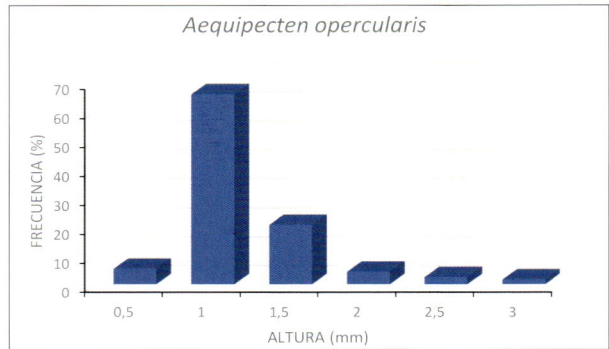

Figura 61: Distribución de frecuencias de la altura de las semillas de volandeira fijadas en los colectores fondeados en la playa de Torre la Sal.

En la figura 62 se representan las distribuciones de frecuencias de las alturas de las zamburiñas conseguidas en la playa de Torre de la Sal durante los 16 meses del estudio, agrupadas en clases de 0,5 mm, donde se hace patente una sola cohorte. La moda está en 0,5 a 1 mm de altura, con el máximo del 39,2 %. La altura media de las 811 zamburiñas que se midieron fue 1,198 ± 0,741 mm, con un intervalo de 0,34 a 7,5 mm.

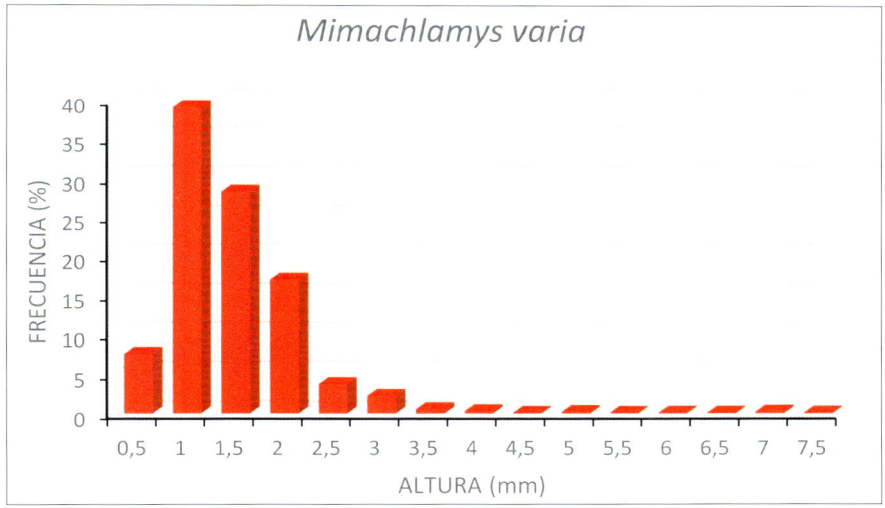

Figura 62: Distribución de frecuencias de la altura de las semillas de zamburiña fijadas en los colectores fondeados en la playa de Torre la Sal.

Las 123 semillas de concha de peregrino que se asentaron en los colectores en la playa de Torre de la Sal y se midieron en su totalidad, se agruparon en clases de 0,5 mm y se observaron dos cohortes. Las modas se situaron en 1,5 a 2 mm y entre 4 y 4,5 mm, con sus máximos de 32,5 % y de 4,9 %, respectivamente

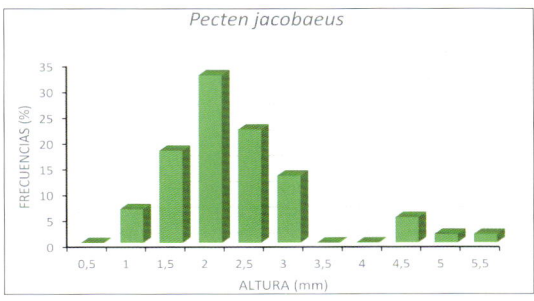

Figura 63: Distribución de frecuencias de la altura de las semillas de concha de peregrino fijadas en los colectores fondeados en la playa de Torre la Sal.

(Figura 63). La altura media de las semillas de *Pecten jacobaeus* fue de 2,062 ± 0,944 mm, con un intervalo de 0,51 a 5,5 mm.

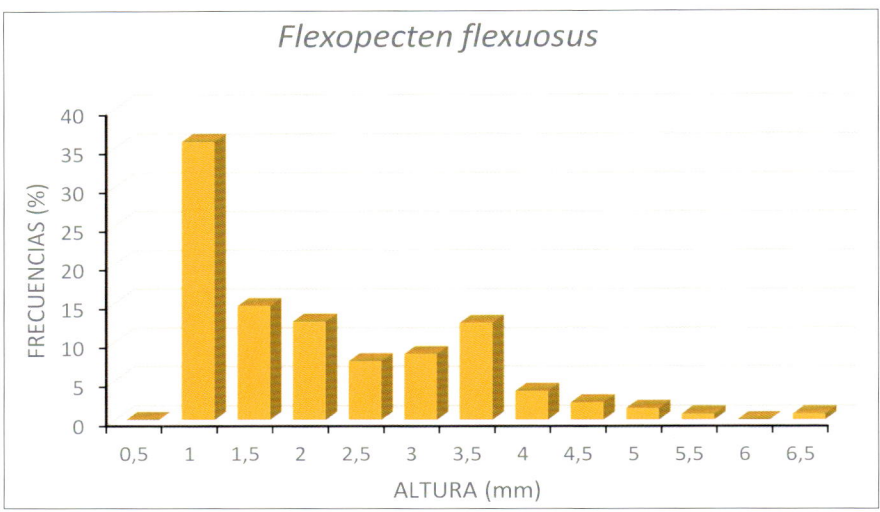

Figura 64: Distribución de frecuencias de la altura de las semillas de *Flexopecten flexuosus* fijadas en los colectores fondeados en la playa de Torre la Sal.

En la figura 64 se representan las distribuciones de frecuencias de las alturas de las 548 semillas de *Flexopecten flexuosus*, que se midieron de las capturadas en la playa de Torre de la Sal y se agruparon en clases de 0,5 mm, observándose dos cohortes. Las modas están en 0,5 a 1 mm y entre 3 y 3,5 mm, con unos máximos de 35,8 % y 12,4 %, respectivamente. La altura media de las semillas de *Flexopecten flexuosus* fue de 1,861 ± 1,191 mm, con un intervalo de 0,51 a 6,42 mm de altura.

5.4. Captación de semillas de pectínidos en el Volante

El 30 de abril de 2004 se fondearon 10 líneas de colectores en un nuevo caladero, conocido como Voltant o Volante, situado frente a la costa de Castellón y a una profundidad de 65 a 70 m, con un fondo de rocas por las que los barcos de la pesca del arrastre no suelen faenar, por consiguiente, se consideró como un caladero adecuado para el fondeo de los colectores para la captación de pectínidos.

Figura 65: Bloques de cemento.

Al bloque de cemento usado como lastre (Figura 65), armado con varillas de hierro antideslizamiento, se ató un cabo de 90 m de longitud y en el otro extremo una boya de superficie. En esta ocasión se dispusieron 14 bolsas colectoras en cada línea. La primera bolsa se amarró a 3 metros del muerto y las siguientes a intervalos de medio metro y a unos 12 metros del fondo se colocó una boya de inmersión.

En el caladero el Volante se ensayaron dos tipos de bolsas colectoras, las utilizadas en los años anteriores, de 40 x 30 cm de color rojo o amarillo, con una luz de malla de 11 mm y las nuevas de color verde y de 65 x 32 cm (Figura 66), con una malla más fina de 2 mm de poro.

Figura 66: Nuevas bolsas verdes.

El 30 de abril se fondearon 5 líneas con 14 bolsas amarillas (Figura 67) y otras 5 líneas con 14 bolsas verdes. El 14 de julio se sacaron al azar tres líneas de bolsas verdes y dos de bolsas amarillas, y el 28 de noviembre se extrajeron las 5 líneas restantes, tres de bolsas amarillas y dos de bolsas verdes.

Las bolsas, una vez a bordo de la embarcación, se iban colocando en frascos de plástico de dos litros de capacidad y boca ancha con agua de mar (Figura 68). La bolsa superior de la primera línea que se recuperaba se identificaba en el frasco marcado como 1A, la segunda bolsa como 2A y así sucesivamente, hasta la 14A. El resto de las líneas, a medida que se subían a bordo se nombraron con la extensión B, C, D y E, siguiendo el orden de la bolsa superior (1) hasta la inferior (14).

Figura 67: Línea de bolsas amarillas preparada para su inmersión en el Volante.

Además de las especies comerciales colectadas en anteriores prospecciones y en los otros caladeros ensayados, zamburiña, volandeira y concha de peregrino, en este caladero se encontraron nuevas especies de pectínidos, como *Pseudamusium clavatum* (Poli, 1795), *Talochlamys multistriata* (Poli, 1795), además de *Palliolum incomparabile* descrita anteriormente. En las bolsas recuperadas en julio se encontró *Flexopecten flexuosus*, ya hallada en los colectores de la playa del Mojón y del Carreró, mientras que las bolsas extraídas en noviembre tenían algunos ejemplares de *Perapecten commutatus*, que, hasta ahora, solo se habían encontrado en las bolsas colectoras fondeadas en el Carreró.

Comparando el porcentaje del total de los pectínidos contabilizados en julio (Figura 69) y en noviembre (Figura 70), se observa que la mayor diferencia se produjo en *Palliolum incomparabile* con un 21,5 % en julio y del 31,57 % en noviembre, compensado por el 58,45 % de *A. opercularis* en julio y el 53,55 % en otoño. Prácticamente, en el resto de las especies se observó un ligero descenso en noviembre respecto a los porcentajes del verano, así en *Pecten jacobaeus* descendió del 6,99 % al 5,85 %; en *Pseudamusium clavatum* bajó de 7,32 % al 5,96 % y en *Mimachlamys varia* de 2,8 % a 0,24 %.

Figura 68: Los científicos introduciendo las bolsas amarillas en frascos marcados según el orden de extracción y su posición en la línea.

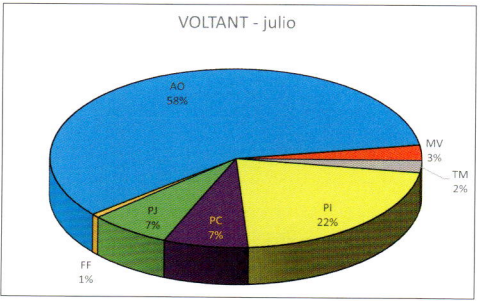

Figura 69: Porcentaje de las semillas de los siete pectínidos fijados en los colectores fondeados en el caladero Volante y recuperados en julio. AO (*A. opercularis*), MV (*M. varia*), TM (*T. multistriata*), PI (*P. incomparabile*), PC (*P. clavatum*), PJ (*P. jacobaeus*) y FF (*F. flexuosus*).

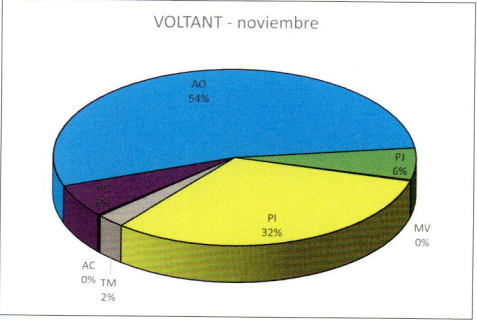

Figura 70: Porcentaje de las semillas de los siete pectínidos fijados en los colectores fondeados en el caladero Voltant, que se extrajeron en noviembre. AO (*A. opercularis*), PJ (*P. jacobaeus*), MV (*M. varia*), PI (*P. incomparabile*), TM (*T. multistriata*), AC (*Perapecten commutatus*) y PC (*P. clavatum*).

Todas las semillas de volandeira y de concha de peregrino se midieron con un pie de rey, pero en los ejemplares pequeños se utilizó la lupa binocular, mientras que de las 1343 zamburiñas se midieron una muestra de 30 ejemplares, tomados al azar, de cada bolsa. Las semillas de las tres especies sin valor comercial no se midieron, por lo que no se han realizado gráficas.

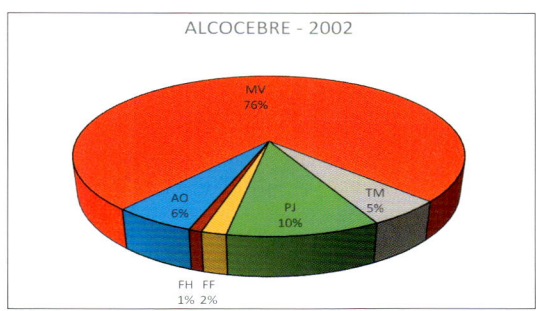

Figura 99: Porcentaje de las semillas de los seis pectínidos fijados en las bolsas fondeadas en las instalaciones de Alcocebre en 2002. AO (*A. opercularis*), MV (*M. varia*), TM (*T. multistriata*), PJ (*P. jacobaeus*), FF (*Flexopecten flexuosus*) y FH (*Flexopecten hyalinus*).

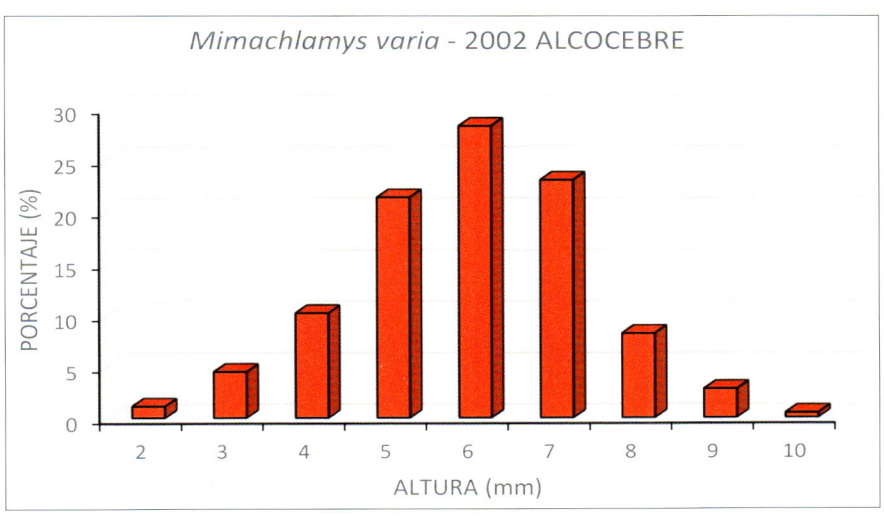

Figura 100: Distribución de las alturas de las zamburiñas colectadas en las instalaciones de Alcocebre en julio de 2002.

En la figura 100 se representan las distribuciones de frecuencias de las alturas de las semillas de zamburiña que se fijaron en las 56 bolsas recuperadas en las instalaciones de Alcocebre, mostrando una única moda en los 6 mm de altura, con un máximo de 28,3 %. La altura media de las semillas de zamburiña capturadas en Alcocebre, fue de 6,378 ± 1,418 mm, con un intervalo de 2,38 a 10,79 mm.

113

Las semillas de volandeira que se midieron en julio de 2002 en las instalaciones de la empresa TUN2000 de Alcocebre se agruparon en clases de 1 mm y las distribuciones de las frecuencias se representan en la figura 101, donde se puede observar la presencia de dos cohortes. Las dos modas de esta distribución se encuentran en los 10 y los 16 mm de altura, con sus respectivos máximos de 21,3 % y del 4 %. La altura media de las volandeiras fue de 10,942 ± 2,146 mm, con un intervalo de 4,95 a 16,69 mm.

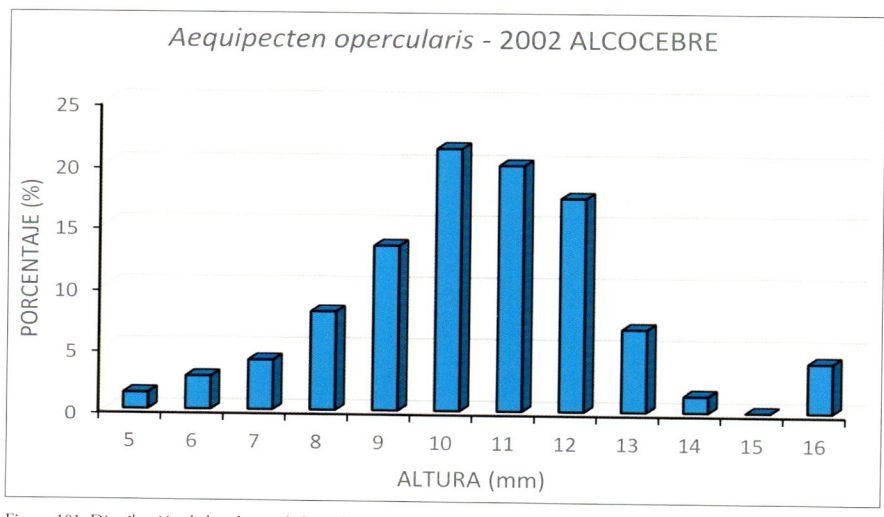

Figura 101: Distribución de las alturas de las volandeiras colectadas en las instalaciones de Alcocebre en julio de 2002.

Los 189 juveniles de concha de peregrino que se midieron en las instalaciones de Alcocebre en 2002 se agruparon en clases de 1 mm y en la figura 102 se representan las distribuciones de las frecuencias de las alturas, donde se pueden observar tres cohortes. Las tres modas de la distribución se hallan en los 9, 11 y 13 mm, con sus respectivos máximos de 18,1 %, 13,8 % y 16,7 %. La altura media de las conchas de peregrino fue de 11,911 ± 2,752 mm, con un intervalo de 4,24 a 18,63 mm.

En 2003 se realizó la captación de semillas de pectínidos en las mismas condiciones que los dos años anteriores, con el fin de comparar los resultados y comprobar que los asentamientos no fueron una cosa puntual. El fondeo de las diez líneas de los colectores se llevó a cabo el 21 de marzo y la extracción de nueve líneas se realizó el 24 de junio, tras 94 días desde la inmersión, con un total de 63 bolsas (no se perdió ninguna bolsa).

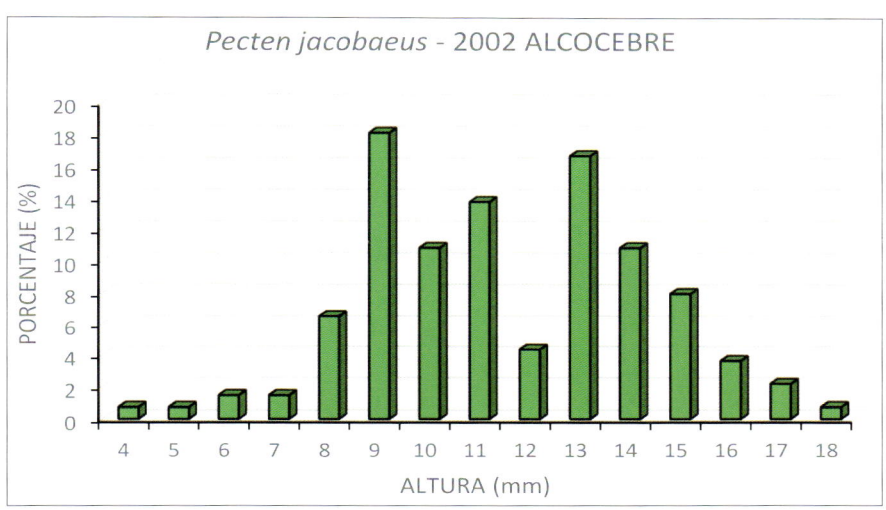

Figura 102: Distribución de las alturas de las conchas de peregrino colectadas en las instalaciones de Alcocebre en julio de 2002.

El porcentaje de las 2.440 semillas encontradas en los colectores suspendidos de las instalaciones de Alcocebre se muestra en la figura 103. Se observa un gran predominio de *Mimachlamys varia,* superior al 79,3 %, de volandeira había un 11,3 % y de concha de peregrino un 8,2 %. Las especies sin valor comercial estuvieron representadas por los ejemplares de *Flexopecten flexuosus* con un 1,27 %.

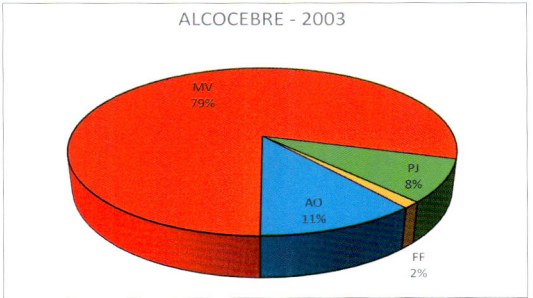

Figura 103: Porcentaje de las semillas de las cuatro especies de pectínidos fijados en las bolsas fondeadas en las instalaciones de Alcocebre en 2003. AO (*A. opercularis*), MV (*M. varia*), PJ (*P. jacobaeus*) y FF (*Flexopecten flexuosus*).

El número medio de semillas de zamburiña, en cada bolsa colectora, fue de 30,7 ejemplares, de concha de peregrino se contabilizaron 3,17 juveniles, de volandeira 4,37 y de *Flexopecten flexuosus* 0,49 individuos.

Todas las semillas de volandeira y de concha de peregrino se midieron con un pie de rey, mientras que de zamburiña se midieron una muestra de 30 ejemplares, tomados al azar, de cada bolsa, aunque en los ejemplares pequeños se utilizó la lupa binocular.

Las pocas semillas de *Flexopecten flexuosus* (31) se midieron, quedando en el rango de 2,66 a 5,16 mm de altura, pero no se ha hecho la gráfica.

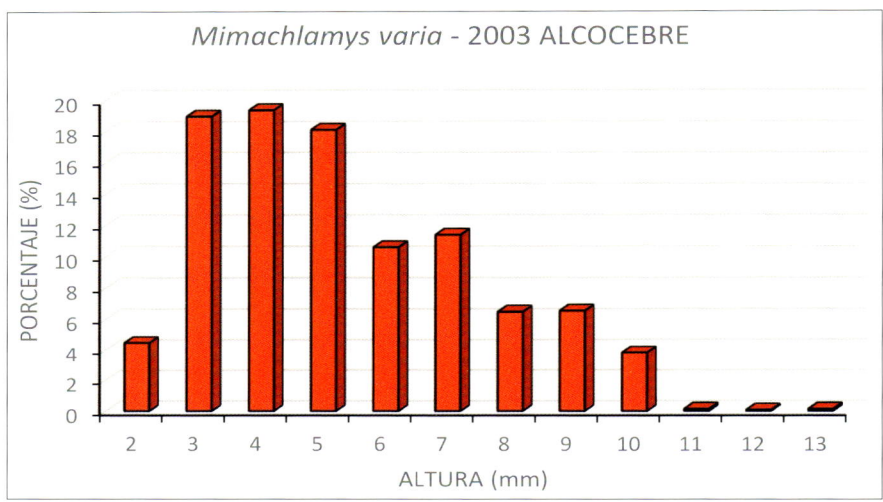

Figura 104: Distribución de las alturas de las zamburiñas colectadas en las instalaciones de Alcocebre en junio de 2003.

En la figura 104 se representan las distribuciones de las frecuencias de las alturas de las semillas de *Mimachlamys varia* capturadas en las instalaciones de Alcocebre, agrupadas en clases de 1 mm, donde se hacen patentes dos cohortes. Las modas están en 4 y en 7 mm de altura, con máximos de 19,4 % y 11,4 %, respectivamente.

La altura media de las 1934 semillas de zamburiña capturadas en la piscifactoría de Alcocebre fue de 5,714 ± 2.092 mm, con un intervalo de 2,13 a 13,25 mm.

Las 275 semillas de volandeira que se midieron de las líneas de colectores recuperadas en junio se agruparon en clases de 1 mm y las distribuciones de las frecuencias de las alturas se representan en la figura 105, donde se puede observar la presencia de dos cohortes. Las dos modas de esta distribución se encuentran en los 7 y los 9 mm de altura, con sus respectivos máximos de 17,7 % y del 18,2 %.

La altura media de las semillas de volandeira capturadas en las instalaciones de Alcocebre fue de 8,02 ± 2,12 mm, con un intervalo de 3,43 a 14,59 mm.

Los 200 juveniles de concha de peregrino que se midieron en las instalaciones de Alcocebre se agruparon en clases de 1 mm y en la figura 106 se representan las distribuciones de las frecuencias, donde se pueden observar tres cohortes. Las modas de la distribución de las alturas se hallan en los 7, en 9 y en 13 mm con sus respectivos máximos de 19,1 %, 19,1 % y 2,9 %.

La altura media de las 200 semillas de concha de peregrino capturadas en la piscifactoría de Alcocebre fue de 8,12 ± 1,941 mm, con un intervalo de 4,57 a 13,91 mm.

Comparando los resultados conseguidos

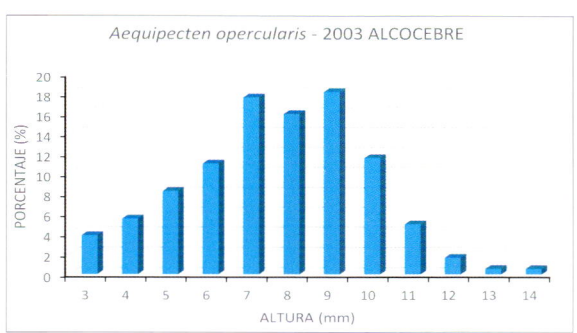

Figura 105: Distribución de las alturas de las volandeiras colectadas en las instalaciones de Alcocebre en junio de 2003.

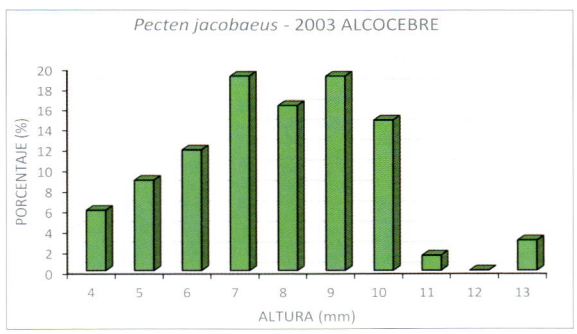

Figura 106: Distribución de las alturas de las conchas de peregrino colectadas en las instalaciones de Alcocebre en junio de 2003.

en los tres años consecutivos en las instalaciones de TUN2000 de Alcocebre, tras mantener sumergidos los colectores en el mar durante unos tres meses, se observa que, tanto *Talochlamys multistriata* como *Flexopecten hyalinus* solo aparecieron los dos primeros años (Tabla XII). Así, *T. multistriata* se mantuvo en un porcentaje parecido del 5,39 % y del 5,3 %, mientras que *Flexopecten hyalinus* el primer año estaba casi el doble (1,6 %), en proporción, que en 2002 (0,9 %).

Las volandeiras en 2001 y 2002 tenían un porcentaje similar, de 5,28 % y 5,75 %, respectivamente, sin embargo, en 2003 dicha proporción aumentó al 11,3 %. La ausencia de fijaciones de las dos especies sin valor comercial hizo que aumentara la proporción de las volandeiras.

Tabla XII

Número medio de semillas de pectínidos por bolsa recuperada y porcentaje de semillas

	2001		2002		2003	
	N/bolsa	%	N/bolsa	%	N/bolsa	%
M. varia	41,91	76,1	23,98	75,7	30,7	79,3
A. opercularis	2,91	5,28	1,82	5,75	4,37	11,3
P. jacobaeus	4,55	8,26	3,38	10,65	3,17	8,2
F. flexuosus	1,85	3,36	0,55	1,75	0,49	1,27
T. multistriata	2,97	5,39	1,68	5,3	-	-
F. hyalinus	0,88	1,6	0,29	0,9	-	-

La zamburiña fue la especie más abundante en Alcocebre en los tres años estudiados, con proporciones similares de 76,1 %, de 75,7 % y de 79,3 %. Este ligero incremento el último año, posiblemente, sea debido a la ausencia de las otras especies.

La concha de peregrino en 2001 y 2003 mostró una proporción parecida, del 8,26 % y del 8,2 %, respectivamente, mientras que en 2002 superó el 10,65 % (Tabla XII).

Las semillas de *Flexopecten flexuosus* fijadas en 2001 estaban en mayor proporción (3,36 %) que, en la suma de los otros dos años, con 1,75 % y 1,27 % (Tabla XII).

Respecto a la distribución de las frecuencias de las alturas de la concha, las semillas de zamburiña capturadas en los colectores fondeados en Alcocebre eran de talla inferior a las otras especies, así en 2001 el rango de las alturas era de 2,35 a 10,99 mm, con una media de 6,469 ± 1,623 mm (Tabla XIII). En 2002 las tallas de las zamburiñas se mantuvieron similares, entre los 2,38 y los 10,79 mm, con una media de 6,378 ± 1,418 mm. En 2003 las alturas todavía eran menores que en años anteriores, posiblemente por recuperar los colectores a finales de junio, en lugar de hacerlo en julio, como en los años anteriores. Así, la altura media de las zamburiñas era de 5,714 ± 2,092 mm y el intervalo estaba entre los 2,13 y los 13,25 mm.

En 2001 las semillas de volandeira medían una altura media de 7,55 ± 2,21 mm, con un intervalo de 3,56 a 14,17 mm. En 2002 se encontraron los ejemplares más grandes, con una media de 10,942 ± 2,146 mm, con un intervalo de 4,95 a 16,69 mm. En 2003 el rango de las alturas era de 3,43 a 14,59 mm, con una media de 8,02 ± 2,12 mm. Las semillas de *A. opercularis* se fijan en primavera, pero al recuperarlas en junio en lugar de julio, el efecto de la temperatura más agradable hizo que las tallas de las semillas recuperadas en 2003 fueran menores que las sacadas en julio.

Tabla XIII

Altura media de las semillas de pectínidos con sus desviaciones estándar

	2001	**2002**	**2003**
M. varia	6,469 ± 1,623	6,378 ± 1,418	5,714 ± 2,092
A. opercularis	7,55 ± 2,207	10,942 ± 2,146	8,02 ± 2,12
P. jacobaeus	8,903 ± 2,256	11,911 ± 2,752	8,12 ± 1,941

Las semillas de concha de peregrino, generalmente, suelen ser de mayor tamaño que las demás especies de pectínidos, así en 2001 la altura media calculada era de 8,903 ± 2,256 mm, con un intervalo de los 4,22 a los 14,59 mm. En 2002 las tallas de las semillas de concha de peregrino fueron las de mayor altura, manteniéndose en el rango de los 4,24 y los 18,63 mm, con una media de 11,911 ± 2,752 mm. En 2003 la altura media de las semillas era de 8,12 ± 1,941 mm, con un intervalo de los 4,57 a los 13,91 mm.

La zona situada frente al puerto de Alcocebre puede resultar buena para la captación de semillas de zamburiña por su elevado número, encontrándose una media de 23,98 a 41,91 juveniles en cada bolsa, según los años, mientras que de concha de peregrino se hallaron de 3,17 a 4,55 semillas por bolsa.

5.5.2. Fijaciones de semillas de pectínidos en Burriana

La empresa CRIMAR S.A. de Burriana disponía de 24 jaulas de 16 m de diámetro, en tres filas de ocho, para el engorde de lubinas, doradas y corvinas (Figura 107).

La posición geográfica de este polígono está en 39º 51' norte, 0º 01' oeste, sobre fondos de arena y rocas planas en una profundidad que abarca desde los 16 a los 20 metros.

El 11 de abril de 2001 se fondearon 10 líneas, con siete bolsas colectoras cada una, en las instalaciones de la piscifactoría de Burriana, situando dos líneas entre dos jaulas de peces. Estas

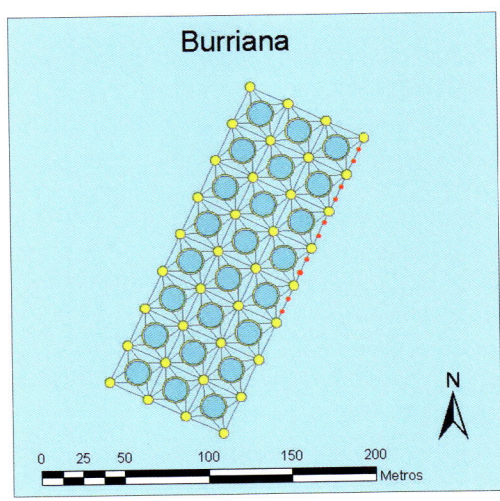

Figura 107: Esquema de la posición de las jaulas de peces de la empresa CRIMAR S.A. de Burriana mostrando las 24 jaulas con peces (círculos azules) y las 36 boyas (círculos amarillos). Las 10 líneas de colectores se dispusieron sobre el cable de acero externo (círculos rojos).

líneas se sujetaron del cable de acero horizontal, sumergido a unos 5 m de la superficie. El 18 de julio, tras 98 días de la inmersión, se recuperaron ocho líneas, con las siete bolsas.

En la figura 108 se muestra el porcentaje de las 2725 semillas encontradas en los colectores suspendidos de las instalaciones de CRIMAR S.A. Se observa un gran predominio de *Mimachlamys varia,* superior al 63,1 %, de volandeira había un 12,5 % y de concha de peregrino un 4,62 %. Las especies sin valor comercial estuvieron representadas por los ejemplares de *Talochlamys multistriata* de los que se contaron un 19,1 % y de *Flexopecten flexuosus* un 0,7 %.

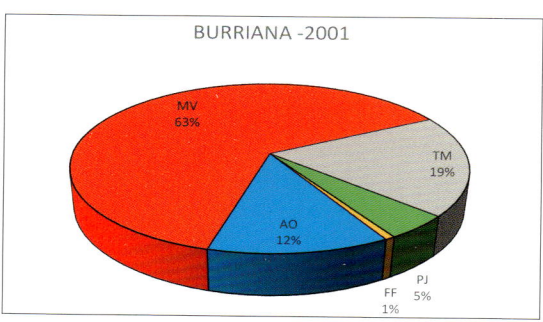

Figura 108: Porcentaje de las semillas de los cinco pectínidos fijados en las bolsas fondeadas en las instalaciones de Burriana en 2001. AO (*A. opercularis*), MV (*M. varia*), TM (*T. multistriata*), PJ (*P. jacobaeus*) y FF (*Flexopecten flexuosus*).

El número medio de semillas de zamburiña, en cada bolsa colectora, fue de 30,7 ejemplares, de concha de peregrino se contabilizaron 2,25 juveniles, de volandeira 6,07 semillas, de *Talochlamys multistriata* 9,3 conchas y de *Flexopecten flexuosus* 0,34 individuos.

En la mayoría de las semillas de volandeira, de zamburiña y de la concha de peregrino se midió la altura de la concha mediante un pie de rey electrónico Mitutoyo, con una precisión de 0,01 mm, pero en los ejemplares inferiores a 5 mm de altura se utilizó una lupa binocular. No se observaron diferencias significativas entre la altura de las semillas y la profundidad a la que se fijaron dentro de las mismas instalaciones, por tanto, los juveniles de todas las bolsas se agruparon por

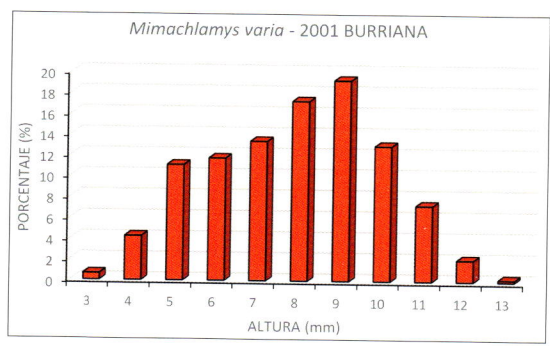

Figura 109: Distribución de las alturas de las zamburiñas colectadas en las instalaciones de Burriana en julio de 2001.

especies. Los ejemplares de *Talochlamys multistriata* tenían una talla muy pequeña y resultó muy difícil calcular, por lo que se optó por descartar su talla.

La distribución de las tallas de las semillas de zamburiña asentadas en las bolsas fondeadas en las instalaciones de Burriana se representa en la figura

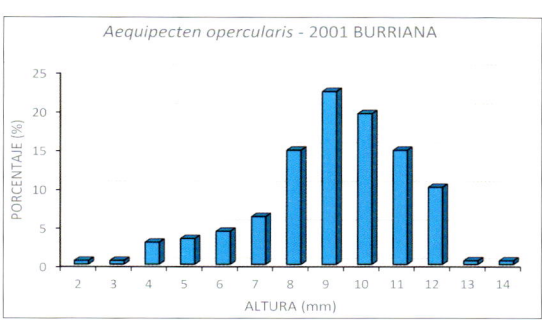

Figura 110: Distribución de las alturas de las volandeiras colectadas en las instalaciones de Burriana en julio de 2001.

109. De las 1719 semillas encontradas se midieron una muestra al azar de 30 zamburiñas de cada bolsa. La distribución de las frecuencias de las alturas muestra una única moda en los 9 mm de altura, con un máximo de 19,3 %. La altura media de las semillas de zamburiña capturadas en Burriana fue de 8,327 ± 2,01 mm, con un intervalo de 3,37 a 13,51 mm.

En la figura 110 se representan las distribuciones de las frecuencias de las alturas de las 340 semillas de *Aequipecten opercularis* asentadas en la piscifactoría de Burriana, cuyas bolsas permanecieron sumergidas 98 días, agrupadas en clases de un milímetro, donde se hace patente una única cohorte. La moda está en 9 mm de altura, con un máximo de 22,4 %. La altura media de todas las volandeiras medidas fue de 9,589 ± 2,079 mm. La volandeira más pequeña medía 2,87 mm y la mayor 14,44 mm.

Los 126 juveniles de concha de peregrino que se midieron en las instalaciones de CRIMAR S.A. se agruparon en clases de 1 mm y en la figura 111

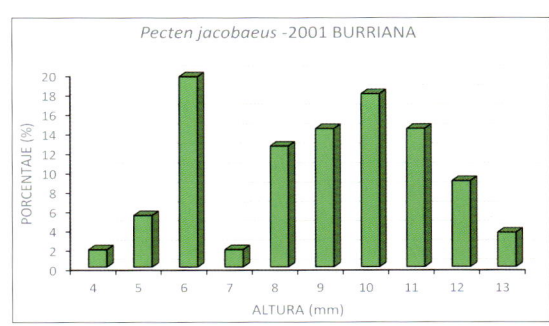

Figura 111: Distribución de las alturas de las conchas de peregrino colectadas en las instalaciones de Burriana en julio de 2001.

se representan las distribuciones de las frecuencias de las alturas, donde se pueden observar dos cohortes. Las modas de la distribución se hallan en los 6 y 10 mm, con sus respectivos máximos de 19,64 % y 17,86 %.

La altura media de todas las semillas de concha de peregrino capturadas en la piscifactoría de Burriana fue de 9,369 ± 2,352 mm, manteniéndose en el intervalo de 4,99 a 13,99 mm.

En 2002 se volvieron a sumergir líneas de colectores en las instalaciones de Burriana. El fondeo de las diez líneas de los colectores se llevó a cabo el 22 de abril y la extracción de ocho líneas incompletas se llevó a cabo el 22 de julio, tras 91 días desde la inmersión, recuperando solamente 50 bolsas.

El porcentaje de las 2198 semillas de pectínidos encontradas en los colectores suspendidos de las instalaciones de CRIMAR S.A. se muestra en la figura 112. En ella se observa un gran predominio de *Mimachlamys varia*, superior al 76,89 %, de volandeira había un 5,78 % y de concha de peregrino un 7,05 %. Las especies sin valor comercial estuvieron representadas por los ejemplares de *Flexopecten flexuosus* con un 4,87 % y de *Talochlamys multistriata* con un 5,41 %.

El número medio de semillas de zamburiña, en cada bolsa colectora, fue de 33,8 ejemplares, de concha de peregrino se contabilizaron 3,1 juveniles, de volandeira 2,54 semillas, de *Talochlamys multistriata* 2,38 conchas y de *Flexopecten flexuosus* 2,14 individuos.

Debido a que se recogieron 1690 semillas de zamburiña, solamente se midieron una muestra de 30 individuos en las bolsas que se superaba dicho número. Los juveniles de concha de peregrino, de volandeira y de *Flexopecten flexuosus*, bastante menos abundantes, se midieron todos mediante un pie de rey electrónico Mitutoyo, excepto los ejemplares menores de 5 mm que se midieron bajo la lupa

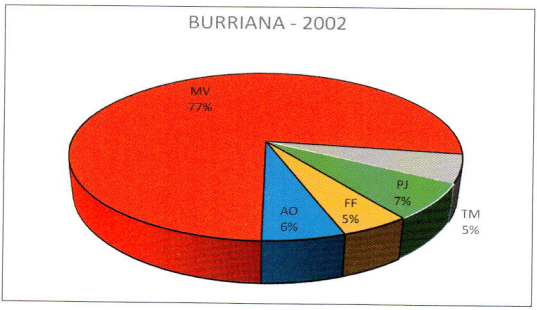

Figura 112: Porcentaje de las semillas de los cinco pectínidos fijados en las bolsas fondeadas en las instalaciones de Burriana en 2002.
AO (*A. opercularis*), MV (*M. varia*), TM (*T. multistriata*), PJ (*P. jacobaeus*) y FF (*Flexopecten flexuosus*).

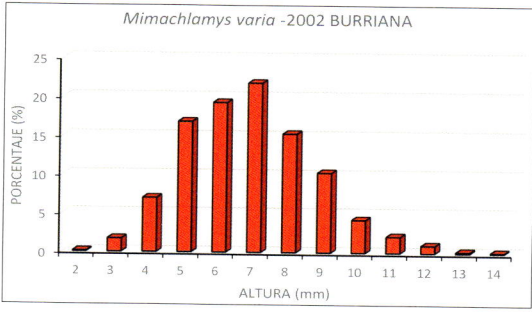

Figura 113: Distribución de las alturas de las zamburiñas colectadas en las instalaciones de Burriana en julio de 2002.

binocular. Las semillas de *Talochlamys multistriata* no se midieron por su talla pequeña.

En la figura 113 se representan las distribuciones de las frecuencias de las alturas de las 1690 semillas de *Mimachlamys varia* capturadas en las instalaciones de Burriana, agrupadas en clases de 1 mm, donde se hace patente una única cohorte. La moda está en 7 mm de altura, con un máximo de 21,83 %.

La altura media de las semillas de zamburiña capturadas en la piscifactoría de Burriana fue de 7,284 ± 1,809 mm, con un intervalo de 2,72 a 14,14 mm.

Las 127 semillas de volandeira que se midieron de las líneas de colectores, recuperadas en julio de

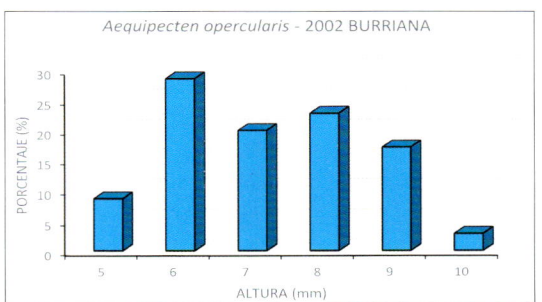

Figura 114: Distribución de las alturas de las volandeiras colectadas en las instalaciones de Burriana en julio de 2002.

2002, se agruparon en clases de 1 mm y las distribuciones de las frecuencias de las alturas se representan en la figura 114, donde se puede observar la presencia de dos cohortes. Las dos modas de esta distribución se encuentran en los 6 y los 8 mm de altura, con sus respectivos máximos de 28,57 % y del 22,86 %.

La talla más frecuente corresponde a los 6 mm, pero la altura media de todas las semillas medidas fue de 7,657 ± 1,228 mm. La volandeira más pequeña medía 5,67 mm y la mayor 10,11 mm.

Los 155 juveniles de concha de peregrino que se midieron en las instalaciones de CRIMAR S.A. en 2002 se agruparon en clases de 1 mm y en la figura 115 se representan las distribuciones de las frecuencias de las alturas,

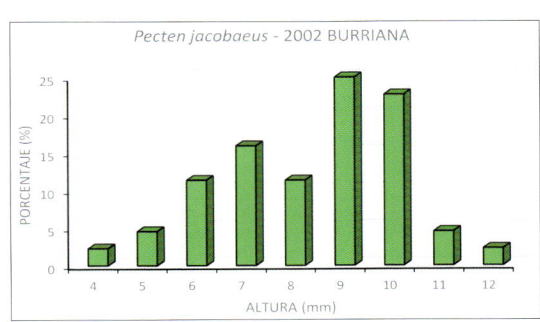

Figura 115: Distribución de las alturas de las conchas de peregrino colectadas en las instalaciones de Burriana en julio de 2002.

donde se pueden observar dos cohortes. Las dos modas de la distribución se hallan en los 7 y 9 mm, con sus respectivos máximos de 15,91 % y 25 %. La altura media de las conchas de peregrino fue de 8,736 ± 1,751 mm, con un intervalo de 4,59 a 12,37 mm.

En la figura 116 se representan las distribuciones de frecuencias de las alturas de las 107 semillas de *Flexopecten flexuosus* colectadas en las bolsas recuperadas en las instalaciones de Burriana, mostrando dos modas en los 4 mm y en los 7 mm de altura, con máximos de 16,22 % y 24,32 %, respectivamente. La altura media de las semillas de *F. flexuosus* capturadas en Burriana fue de 7,703 ± 1,875 mm, con un intervalo de 4,17 a 10,93 mm. Por lo visto, esta especie realizó una puesta más tardía, ya que algunos juveniles se quedaron en los 4 mm de altura, mientras que la mayoría de los individuos se distribuyó normalmente.

En 2003 se efectuó la captación de semillas de pectínidos en las instalaciones de Burriana, en las mismas condiciones que los dos años anteriores, con el fin de comparar los resultados y comprobar que las puestas y los asentamientos se repiten todas las primaveras. El fondeo de las diez líneas de los colectores se llevó a cabo el 20 de marzo y la extracción de nueve líneas se realizó el 19 de junio, después de 91 días desde la inmersión.

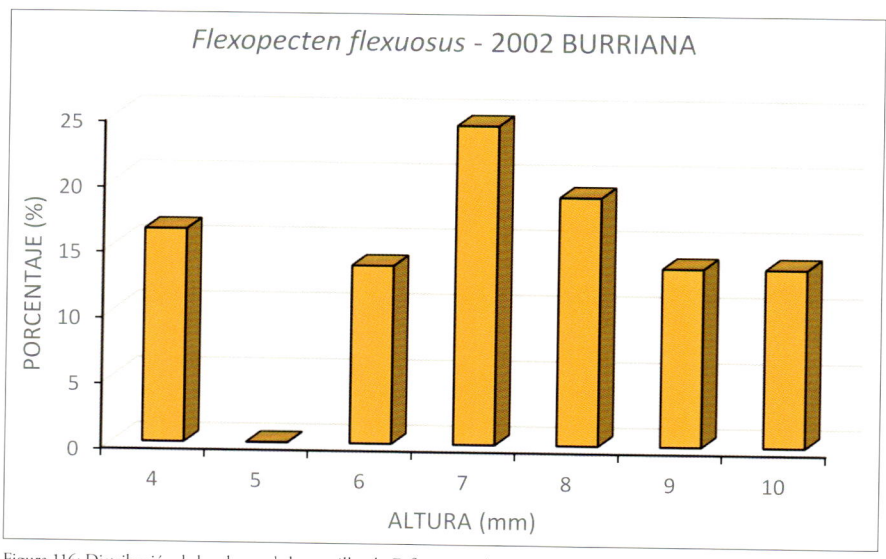

Figura 116: Distribución de las alturas de las semillas de *F. flexuosus* colectadas en las instalaciones de Burriana en julio de 2002.

El porcentaje de las 1.717 semillas encontradas en los colectores suspendidos de las instalaciones de Burriana se muestra en la figura 117. Se observa un gran predominio de *Mimachlamys varia*, superior al 77,9 %, de volandeira había un

12 % y de concha de peregrino un 10,1 %. No se encontraron las especies sin valor comercial.

En cada bolsa colectora recuperada se contabilizó una media de 21,22 zamburiñas, 2,76 conchas de peregrino y 3,27 volandeiras.

Del total de 1337 semillas de zamburiña recolectadas en junio de 2003, solamente se midió la altura de una muestra de 30 juveniles, tomada al azar de las bolsas que superaban este número. En las bolsas con pocos ejemplares se midieron todas las valvas, así como de las semillas de volandeira y de concha de peregrino.

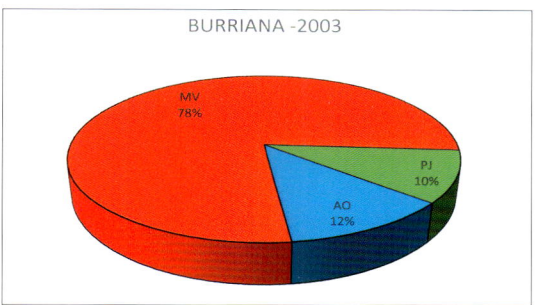

Figura 117: Porcentaje de las semillas de los tres pectínidos fijados en las bolsas fondeadas en las instalaciones de Burriana en 2003. AO (*A. opercularis*), MV (*M. varia*) y PJ (*P. jacobaeus*).

En la figura 118 se representan las distribuciones de frecuencias de las alturas de las semillas de zamburiña que se fijaron en las bolsas recuperadas en las instalaciones de Burriana, mostrando una única moda en los 4 mm de altura, con un máximo de 25,44 %. La altura media de las semillas de zamburiña capturadas en 2003 en las instalaciones de

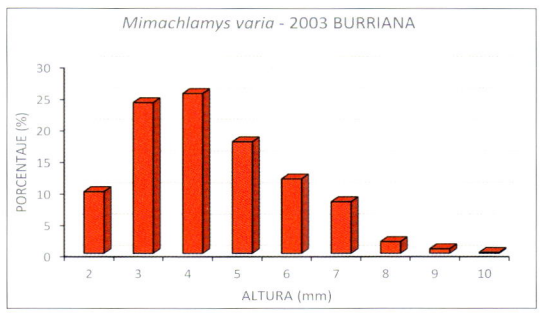

Figura 118: Distribución de las alturas de las zamburiñas colectadas en las instalaciones de Burriana en junio de 2003.

CRIMAR S.A., fue de 4,836 ± 1,543 mm, con un intervalo de 2,02 a 10,88 mm.

Las 206 semillas de volandeira que se midieron en junio de 2003 en las instalaciones de la empresa CRIMAR S.A. de Burriana se agruparon en clases de 1 mm y las distribuciones de las frecuencias se representan en la figura 119, donde se puede observar la presencia de una única cohorte. La moda de esta distribución se encuentra en los 7 mm de altura, con su máximo de 23,61 %. La altura media de las volandeiras fue de 6,568 ± 1,653 mm, con un intervalo de 2,98 a 9,44 mm.

Las 174 semillas de concha de peregrino que se midieron en las instalaciones de Burriana en 2003 se agruparon en clases de 1 mm y en la figura 120 se representan las distribuciones de las frecuencias de las alturas, donde se pueden observar tres cohortes. Las tres modas de la distribución se hallan en los 7, 10 y 14 mm, con sus respectivos máximos de 22,58 %, 9,68 % y 3,23 %. La altura media de las conchas de peregrino fue de 7,898 ± 2,441 mm, con un intervalo de 4,09 a 14,58 mm.

Comparando las fijaciones conseguidas en las instalaciones de CRIMAR S.A. de Burriana, durante los tres años consecutivos que los colectores se mantuvieron sumergidos en el mar durante unos tres meses, en primavera, se observa que, tanto *Flexopecten flexuosus* como *Talochlamys multistriata* solo aparecieron los dos primeros años. Así, *Flexopecten flexuosus* en 2001 apenas estuvo representada, con un 0,7 %, mientras que en 2002 había un 4,87 %. Por el contrario, *T. multistriata* el primer año estuvo bien presente con un porcentaje del 19,1 %, mientras que en 2002 la proporción fue de 5,41 %. Por otro lado, *Flexopecten*

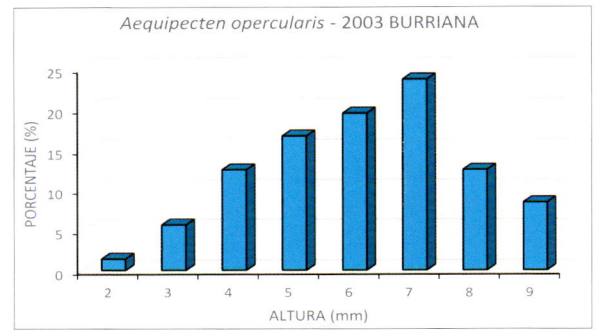

Figura 119: Distribución de las alturas de las volandeiras colectadas en las instalaciones de Burriana en junio de 2003.

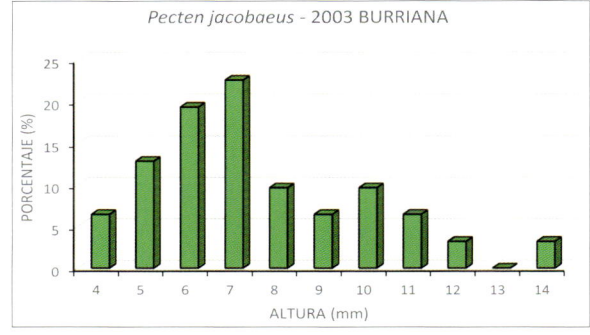

Figura 120: Distribución de las alturas de las conchas de peregrino colectadas en las instalaciones de Burriana en junio de 2003.

hyalinus no se fijó en ninguna bolsa colectora de las fondeadas en Burriana.

Tabla XIV

Número medio de semillas de pectínidos por bolsa recuperada y porcentaje de semillas

	2001		2002		2003	
	N/bolsa	%	N/bolsa	%	N/bolsa	%
M. varia	30,7	63,08	33,8	76,89	21,2	77,87
A. opercularis	6,07	12,48	2,54	5,78	3,27	12
P. jacobaeus	2,25	4,62	3,1	7,05	2,76	10,13
F. flexuosus	0,34	0,7	2,14	4,87	-	-
T. multistriata	9,3	19,12	2,36	5,41	-	-

La zamburiña fue la especie más abundante en el polígono de Burriana en los tres años estudiados, con proporciones similares de 76,9 % en 2002 y de 77,9 % en 2003, mientras que el primer año la proporción de zamburiñas fue inferior (63,1 %). Este ligero incremento el último año, posiblemente, sea debido a la ausencia de las especies de escaso valor comercial.

La volandeira en 2001 y 2003 tenían un porcentaje similar, de 12,5 % y 12 %, respectivamente, sin embargo, en 2002 dicha proporción se redujo al 5,78 % (Tabla XIV). En el segundo año, el incremento de la proporción de conchas de peregrino, de semillas de *Flexopecten flexuosus* y de zamburiña, condujo a una disminución de las semillas de volandeira y de *Talochlamys multistriata*.

La proporción de semillas de concha de peregrino fue incrementándose de 2001 a 2003, mostrando unos porcentajes del 4,62 %, del 7,05 y del 10,1 %, respectivamente. Este aumento está relacionado con la disminución de las volandeiras en 2002 y de la desaparición de las semillas de *Flexopecten flexuosus* y de *Talochlamys multistriata* en 2003.

Las semillas de *Flexopecten flexuosus* fijadas en 2002 estaban en mucha mayor proporción (4,87 %) que en 2001 (0,7 %). En 2003 no se fijó ninguna semilla de esta especie (Tabla XIV). Por lo visto, los desoves más abundantes se producen en años alternos.

Estas diferencias en la proporción de las fijaciones de las diferentes especies de pectínidos, probablemente están relacionadas con la fecha de fondeo y recuperación de los colectores. En 2003 se adelantó un mes la inmersión de los colectores (marzo) y, probablemente, algunas especies no habían desovado todavía.

Tabla XV

Altura media de las semillas de pectínidos con sus desviaciones estándar

	2001	2002	2003
M. varia	8,327 ± 2,01	7,284 ± 1,809	4,836 ± 1,543
A. opercularis	9,589 ± 2,079	7,657 ± 1,228	6,568 ± 1,653
P. jacobaeus	9,369 ± 2,352	8,736 ± 1,751	7,898 ± 2,441

En la distribución de las frecuencias de las alturas de la concha, las semillas de zamburiña capturadas en los colectores fondeados en Burriana en 2003 eran de talla inferior a los otros años, así en 2001 el rango de las alturas era de 3,37 a 13,51 mm, con una media de 8,327 ± 2,01 mm (Tabla XV). En 2002 las tallas de las zamburiñas se mantuvieron similares, entre los 2,72 y los 14,14 mm, con una media de 7,284 ± 1,809 mm. En 2003 las alturas todavía eran menores que en años anteriores, posiblemente por recuperar los colectores a finales de junio, en lugar de hacerlo en julio, como en los años anteriores. Así, la altura media de las zamburiñas era de 4,836 ± 1,543 mm y el intervalo estaba entre los 2,02 y los 10,88 mm, indicando que los desoves de zamburiña se produjeron en abril y, al recuperar los colectores a los dos meses, las tallas eran inferiores.

Las semillas de volandeira fueron disminuyendo de un año al siguiente, así en 2001 medían una altura media de 9,589 ± 2,079 mm, con un intervalo de 2,87 a 14,44 mm. En 2002 se encontraron los ejemplares más pequeños, con una media de 7,657 ± 1,228 mm, con un intervalo de 5,67 a 10,11 mm. En 2003 el rango de las alturas era de 2,98 a 9,44 mm, con una media de 6,568 ± 1,653 mm, que fue la más pequeña.

Las alturas de las semillas de concha de peregrino decrecieron con los años, así en 2001 la altura media calculada era de 9,369 ± 2,352 mm, con un intervalo de los 4,99 a los 13,99 mm. En 2002 las tallas de las semillas de concha de peregrino fueron algo menores, manteniéndose en el rango de los 4,59 y los 12,37 mm, con una media de 8,736 ± 1,751 mm. En 2003 la altura media de las semillas era de 8,021 ± 2,379 mm, con un intervalo de los 4,09 a los 14,58 mm.

La zona situada frente al puerto de Burriana puede resultar interesante para la captación de semillas de zamburiña por su elevado número, encontrándose una media de 21,2 a 33,8 juveniles en cada bolsa, según los años (Tabla XIV), mientras que de concha de peregrino se hallaron de 2,25 a 3,1 semillas por bolsa.

5.5.3. Fijaciones de semillas de pectínidos en Oropesa del Mar

La empresa PISCIMED S.L. de Oropesa del Mar disponía de 12 jaulas de 19 m de diámetro, colocadas en dos filas de seis, para el engorde de lubinas, doradas y corvinas (Figura 121). Este polígono estaba construido sobre fondos de arena fina en una profundidad entre 28 y 33 metros.

El 25 de abril de 2001 se fondearon 10 líneas con siete bolsas colectoras cada una (Figura 122), situando dos líneas entre dos jaulas de peces. Estas líneas se sujetaron del cable de acero horizontal, sumergido a unos 4,5 m de la superficie, en su posición en mar abierto. El 24 de julio, tras 90 días desde la inmersión, se recuperaron nueve líneas incompletas, con un total de 58 bolsas colectoras.

En la figura 123 se muestra el porcentaje de las 3930 semillas de pectínidos encontradas en los colectores suspendidos de las instalaciones frente a Oropesa en 2001. A diferencia de los resultados obtenidos en los colectores de Alcocebre y Burriana, se observa un gran predominio de *Aequipecten opercularis,* superior al 48,3 %, de zamburiña había un 14,8 % y de concha de peregrino un 12,6 %. Por primera vez se encontraron algunos

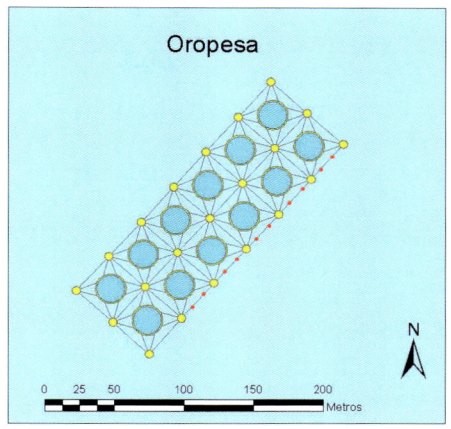

Figura 121: Esquema de la posición de las jaulas de peces de la empresa PISCIMED S.L. de Oropesa mostrando las 12 jaulas (círculos azules) y las 21 boyas (círculos amarillos). Las 10 líneas de colectores se dispusieron sobre el cable de acero externo (círculos rojos).

Figura 122: Buceador dispuesto a atar una de las líneas con siete bolsas colectoras en el entramado del polígono de Oropesa.

ejemplares de *Flexopecten hyalinus*, con un 0,3 % del total de semillas. De *Talochlamys multistriata* se contaron un 13,5 % y de *Flexopecten flexuosus* un 10,5 %.

En cada bolsa colectora analizada, el número medio de semillas de volandeira fue de 32,71 individuos, de zamburiña había 10,05 ejemplares, de concha de peregrino se contabilizaron 8,55 juveniles, de *Talochlamys multistriata* 9,12 semillas, de *Flexopecten flexuosus* 7,14 individuos y de *Flexopecten hyalinus* 0,19 conchas.

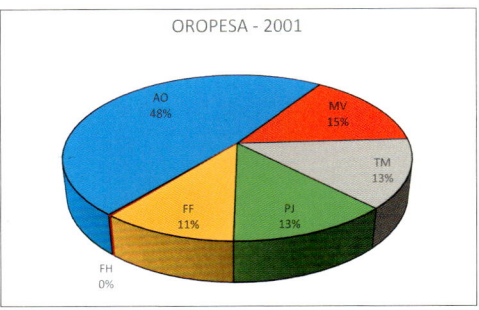

Figura 123: Porcentaje de las semillas de los seis pectínidos fijados en las bolsas fondeadas en las instalaciones de Oropesa en 2003. AO (*A. opercularis*), MV (*M. varia*), TM (*T. multistriata*), PJ (*P. jacobaeus*), FF (*Flexopecten flexuosus*) y FH (*Flexopecten hyalinus*).

En la mayoría de las semillas de volandeira, de zamburiña, de concha de peregrino y de *Flexopecten flexuosus* se midió la altura de la concha mediante un pie de rey electrónico Mitutoyo, pero en los ejemplares inferiores a 5 mm de altura se utilizó una lupa binocular. No se observaron diferencias significativas entre la altura de las semillas y la profundidad a la que se fijaron, dentro de la misma instalación, por tanto, los juveniles de todas las bolsas se agruparon por especies.

Los ejemplares de *Talochlamys multistriata* tenían una talla muy pequeña y se midieron bajo la lupa binocular. Las semillas de *Flexopecten hyalinus* aparecieron en pequeño número y no se midieron por no ser representativas.

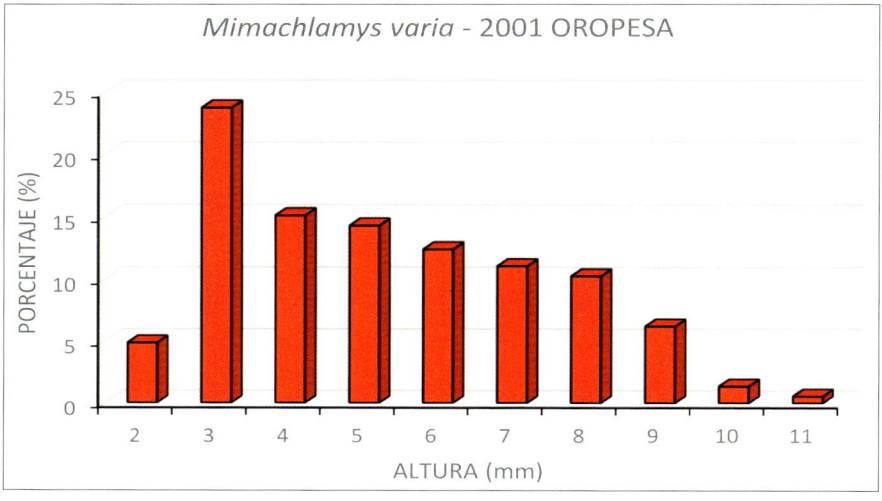

Figura 124: Distribución de las alturas de las zamburiñas colectadas en las instalaciones de Oropesa en julio de 2001.

Las tallas de las 583 semillas de zamburiña adheridas en las bolsas fondeadas en las instalaciones de la empresa PISCIMED S.L. se representa en la figura 124. La distribución de las frecuencias de las alturas, agrupadas en clases de un milímetro, muestra una única moda en los 3 mm de altura, con un máximo de 23,78 %. La altura media de las 583 semillas de zamburiña capturadas en Oropesa fue de 5,725 ± 2,148 mm, con un intervalo de 2,41 a 11,76 mm.

En la figura 125 se representan las distribuciones de las frecuencias de las alturas de las 1897 semillas de *Aequipecten opercularis* capturadas en la piscifactoría de Oropesa, de las que se midieron una muestra, tomadas al azar, de 30 volandeiras de cada bolsa, siempre que se supere dicho número, agrupadas en clases de un milímetro, donde se hace patente una única cohorte. La moda está en los 6 mm de altura, con un máximo de 18,34 %, pero en los 7 mm de altura se

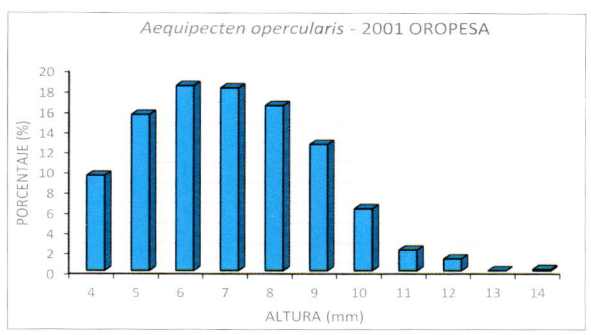

Figura 125: Distribución de las alturas de las volandeiras colectadas en las instalaciones de Oropesa en julio de 2001.

encontró otro 18,11 % que, influyen enormemente en el valor medio. La altura media de todas las volandeiras medidas fue de 7,468 ± 1,86 mm. La volandeira más pequeña medía 4,01 mm y la mayor 14,84 mm, aunque no se encontraron ejemplares de 13 mm de altura.

Los 496 juveniles de concha de peregrino que se midieron en las instalaciones de PISCIMED S.L. se agruparon en clases de 1 mm y en la figura 126 se representan las distribuciones de las frecuencias de las alturas, donde se pueden observar dos cohortes. Las modas de

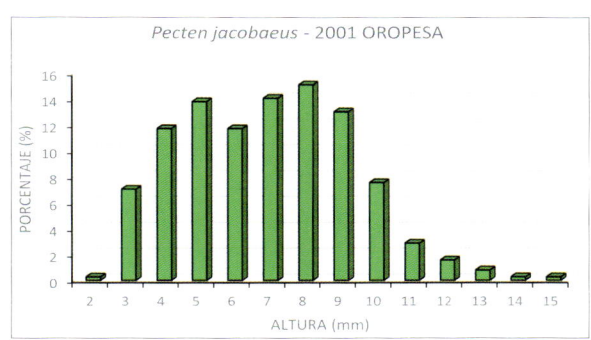

Figura 126: Distribución de las alturas de las conchas de peregrino colectadas en las instalaciones de Oropesa en julio de 2001.

la distribución se hallan en los 5 y 8 mm, con sus respectivos máximos de 13,8 % y 15,1 %. La altura media de todas las semillas de concha de peregrino capturadas en la piscifactoría de Oropesa fue de 7,373 ± 2,391 mm, con un intervalo de 2,95 a 15,01 mm.

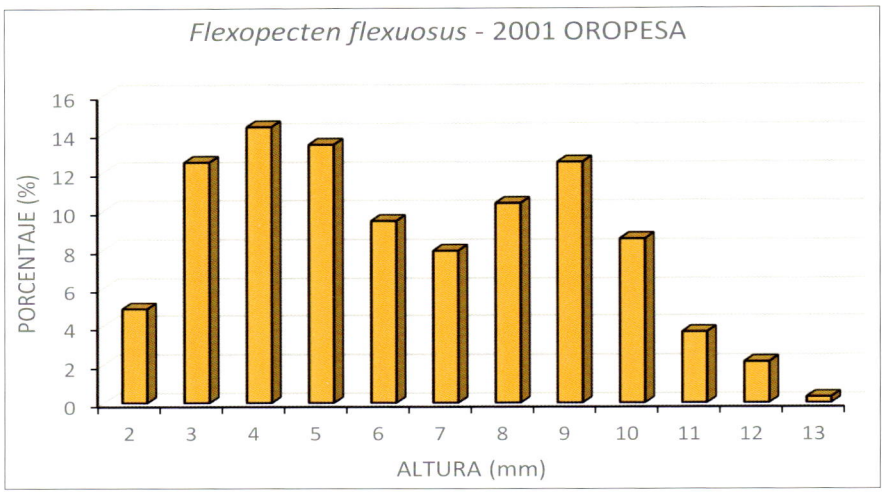

Figura 127: Distribución de las alturas de las semillas de *F. flexuosus* colectadas en las instalaciones de Oropesa en julio de 2001.

En la figura 127 se representan las distribuciones de frecuencias de las alturas de las 414 semillas de *Flexopecten flexuosus* colectadas en las bolsas recuperadas en las instalaciones de Oropesa, mostrando dos modas en los 4 mm y en los 9 mm de altura, con máximos de 14,33 % y 12,5 %, respectivamente. La altura media de las semillas de *F. flexuosus* capturadas en las instalaciones de PISCIMED S.L. fue de 6,801 ± 2,681 mm, con un intervalo de 2,11 a 13,6 mm.

En 2002 se volvieron a sumergir líneas de colectores en las instalaciones de Oropesa. El fondeo de las diez líneas, con siete bolsas colectoras, se llevó a cabo el 15 de abril y el 18 de julio, tras 94 días desde la inmersión, se recuperaron solo siete líneas incompletas, con un total de 43 bolsas colectoras.

El porcentaje de las 2946 semillas de pectínidos encontradas en los colectores suspendidos de las instalaciones de PISCIMED S.L. se muestra en la figura 128. En ella, se observa un gran predominio de semillas de volandeira, *Aequipecten opercularis,* superior al 54,9 %, de zamburiñas había un 14 % y de concha de peregrino un 11,9 %. Las especies sin valor comercial estuvieron representadas por los ejemplares de *Flexopecten flexuosus* con un 7,88 %, de *Talochlamys multistriata* con un 10,7 % y de *Flexopecten hyalinus* con un escaso 0,68 %.

El número medio de semillas de volandeira, en cada bolsa colectora, fue de 37,58 ejemplares, de concha de peregrino se contabilizaron 8,14 juveniles, de zamburiña 9,58 semillas, de *Talochlamys multistriata* 7,35 conchas, de *Flexopecten flexuosus* 5,39 individuos y de *Flexopecten hyalinus* 0,47 juveniles.

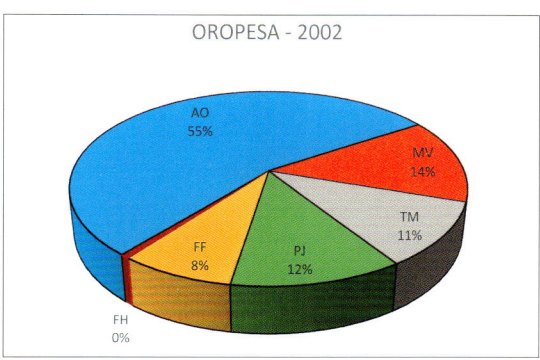

Figura 128: Porcentaje de las semillas de los seis pectínidos fijados en las bolsas fondeadas en las instalaciones de Oropesa en 2002. AO (*A. opercularis*), MV (*M. varia*), TM (*T. multistriata*), PJ (*P. jacobaeus*), FF (*Flexopecten flexuosus*) y FH (*Flexopecten hyalinus*).

Debido a que en las instalaciones de Oropesa se recogieron 1616 semillas de volandeira, solamente se midieron una muestra de 30 individuos en las bolsas que se superaba dicho número. Los juveniles de concha de peregrino, de zamburiña y de *Flexopecten flexuosus*, bastante menos abundantes, se midieron todos los ejemplares, mediante un pie de rey electrónico Mitutoyo, excepto los ejemplares menores de 5 mm que se midieron bajo la lupa binocular. Las semillas de *Talochlamys multistriata* no se computaron por su talla pequeña y las de *Flexopecten hyalinus* no se midieron por su escaso número y fragilidad.

En la figura 129 se representan las distribuciones de las frecuencias de las alturas de las 412 semillas de *Mimachlamys varia* capturadas en las instalaciones de Oropesa, agrupadas en clases de 1 mm, donde se hace patente una única cohorte. La moda está en 3 mm de altura, con un máximo de 30,37 %, pero en los 4 mm de altura se encontró otro 29,32 % que, influyen considerablemente en el valor medio. La altura media de las semillas de zamburiña capturadas en la piscifactoría de Oropesa fue de 4,519 ± 1,184 mm, con un intervalo de 2,21 a 7,16 mm.

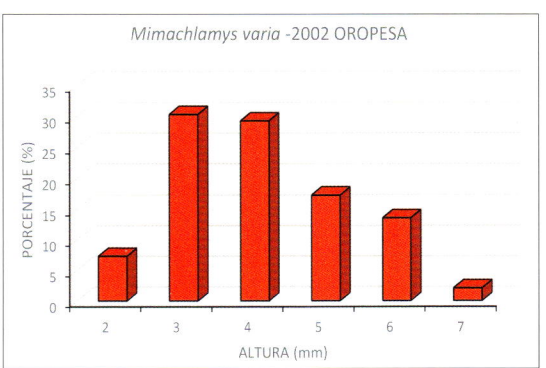

Figura 129: Distribución de las alturas de las zamburiñas colectadas en las instalaciones de Oropesa en julio de 2002.

Las semillas de volandeira que se midieron de las líneas de colectores, recuperadas en julio de 2002, se agruparon en clases de un mm y las distribuciones de las frecuencias de las alturas se representan en la figura 130, donde se puede observar la presencia de una única cohorte. La moda de esta

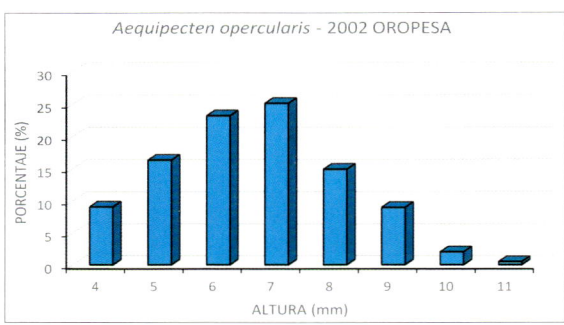

Figura 130: Distribución de las alturas de las volandeiras colectadas en las instalaciones de Oropesa en julio de 2002.

distribución se encuentra en los 7 mm de altura, con un máximo de 25,1 %. La altura media de todas las semillas medidas fue de 7,065 ± 1,499 mm. La volandeira más pequeña medía 4,04 mm y la mayor 11,95 mm.

Los 350 juveniles de concha de peregrino que se midieron en las instalaciones de PISCIMED S.L. en 2002 se agruparon en clases de 1 mm y en la figura 131 se representan las distribuciones de las frecuencias de las alturas, donde se puede observar una única cohorte. La moda de la distribución se halla en los 9 mm de altura, con un máximo de 24,67 %. La altura media de las conchas de peregrino fue de 8,395 ± 1,633 mm, con un intervalo de 4,09 a 12,27 mm.

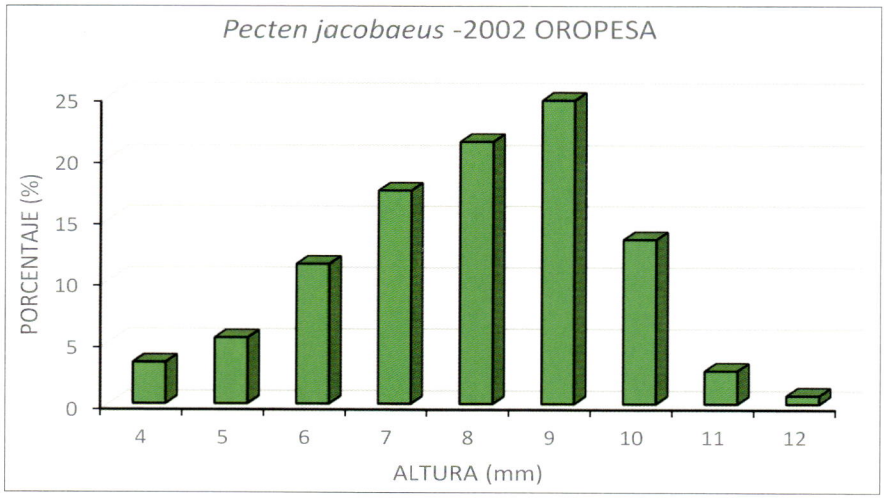

Figura 131: Distribución de las alturas de las conchas de peregrino colectadas en las instalaciones de Oropesa en julio de 2002.

En la figura 132 se representan las distribuciones de frecuencias de las alturas de los 232 juveniles de *Flexopecten flexuosus* colectadas en las bolsas recuperadas en las instalaciones de Oropesa, mostrando dos cohortes. Las dos modas se encuentran en los 4 mm y en los 8 mm de altura, con máximos de 6,36 % y 27,27 %, respectivamente. La altura media de las semillas de *F. flexuosus* capturadas en Oropesa fue de 8,126 ± 1,811 mm, con un intervalo de 4,09 a 15,01 mm. Por lo visto, esta especie realizó una puesta más tardía, ya que algunos juveniles se quedaron en los 4 mm de altura, mientras que la mayoría de los individuos se distribuyó normalmente, prolongándose hasta los 15 mm.

En las instalaciones de PISCIMED S.L. en 2002 se midieron también las semillas de *Talochlamys multistriata* a pesar de su reducido tamaño y no tener valor comercial, proporcionando una altura media de 3,611 ± 0,943 mm, dentro del intervalo de 2,12 a 6,12 mm, pero la distribución de las alturas no se ha proyectado en una gráfica.

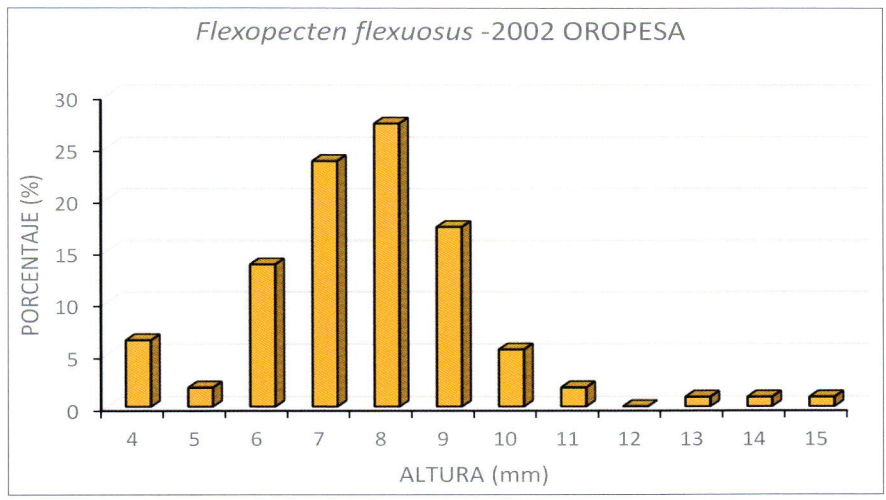

Figura 132: Distribución de las alturas de las semillas de *F. flexuosus* colectadas en las instalaciones de Oropesa en julio de 2002.

En 2003 se perpetró la tercera captación de semillas de pectínidos en las instalaciones de Oropesa, en las mismas condiciones que los dos años anteriores, con el fin de comparar los resultados y comprobar que las puestas y las fijaciones se repiten todas las primaveras. El fondeo de las diez líneas de los colectores se realizó el 14 de marzo y la extracción de siete líneas completas se llevó a cabo el 12 de junio, después de 90 días desde la inmersión.

El porcentaje de las 2.878 semillas encontradas en los colectores suspendidos de las instalaciones de PISCIMED S.L. se muestra en la figura 133. Se observa un gran predominio de semillas de volandeira, superior al 72,1 %, de zamburiñas había un 17,6 % y de concha de peregrino un 10,4 %. No se encontraron las especies sin valor comercial.

En cada bolsa colectora recuperada en Oropesa se registró una media de 30,5 volandeiras, 4,38 conchas de peregrino y 7,44 zamburiñas.

Del total de 2074 semillas de volandeira recolectadas en junio de 2003, solamente se midió la altura de una muestra de 30 ejemplares, tomadas al azar de las bolsas que superaban este número. En las bolsas con pocos ejemplares se midieron todas las valvas, así como de las semillas de zamburiña y de concha de peregrino que suelen aparecer en menor número.

En la figura 134 se representan las distribuciones de frecuencias de las alturas de las 506 semillas de zamburiña que se fijaron en las bolsas recuperadas en las instalaciones de Oropesa, mostrando una única cohorte. La moda estaba en los 4 mm de altura, con un máximo de 33,15 %. La altura media de las semillas de zamburiña capturadas en 2003 en las instalaciones de PISCIMED S.L. fue de 4,299 ± 1,115 mm, con un intervalo de 2,13 a 7,79 mm.

Las semillas de volandeira que se midieron en junio de 2003 en las instalaciones de la empresa PISCIMED S.L. de Oropesa se agruparon en clases de 1 mm y las distribuciones de las frecuencias se representan en la figura 135, donde se puede observar la presencia de una única cohorte. La moda de esta distribución se encuentra en los 6 mm de altura, con su máximo de 24,64 %. La altura media de las volandeiras fue de 6,659 ± 1,709 mm, con un intervalo de 2,78 a 11,64 mm.

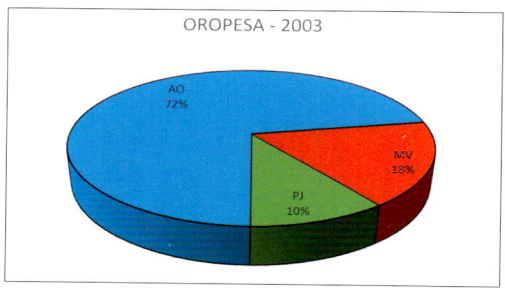

Figura 133: Porcentaje de las semillas de los tres pectínidos fijados en las bolsas fondeadas en las instalaciones de Oropesa en 2003. AO (*A. opercularis*), MV (*M. varia*) y PJ (*P. jacobaeus*).

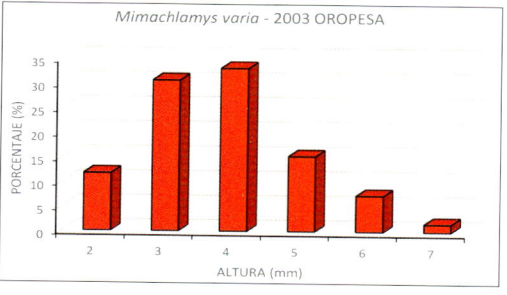

Figura 134: Distribución de las alturas de las zamburiñas colectadas en las instalaciones de Oropesa en junio de 2003.

Las 215 semillas de concha de peregrino que se midieron en las instalaciones de PISCIMED S.L. en 2003 se agruparon en clases de 1 mm y en la figura 136 se representan las distribuciones de las frecuencias de las alturas, donde se pueden observar dos cohortes. Las dos modas de la distribución se hallan en los 7 y 11 mm, con sus respectivos máximos de 24,65 %, y 6,05 %. La altura media de las conchas de peregrino fue de 8,038 ± 2,193 mm, con un intervalo de 3,59 a 14,94 mm.

Durante tres primaveras seguidas, de 2001 a 2003, se instalaron líneas de colectores en la piscifactoría PISCIMED S.L. frente a la costa de Oropesa, que permanecieron tres meses sumergidas con el fin de captar la fijación de los pectínidos de esta zona. Las tres especies comerciales se asentaron en todas las bolsas y los tres años, sin embargo, otras especies como *Flexopecten flexuosus, Flexopecten hyalinus* y *Talochlamys multistriata* solo aparecieron los dos primeros años, con diferentes porcentajes.

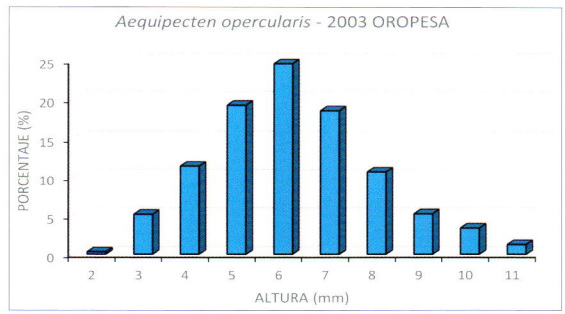

Figura 135: Distribución de las alturas de las volandeiras colectadas en las instalaciones de Oropesa en junio de 2003.

A diferencia de los resultados obtenidos en las otras instalaciones, de Alcocebre y de Burriana, donde la especie más abundante fue la zamburiña, en Oropesa se registró una mayor proporción de volandeira, con porcentajes medios del 48,3 % en 2001, del 54,9 % en 2002 y del

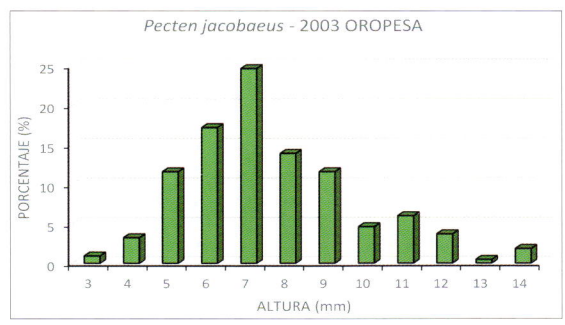

Figura 136: Distribución de las alturas de las conchas de peregrino colectadas en las instalaciones de Oropesa en junio de 2003.

72,1 % en 2003 (Tabla XVI). La disminución de los porcentajes de las otras especies ha permitido un ligero aumento de la proporción de volandeiras en 2002. Por otro lado, la ausencia de semillas sin valor comercial, en 2003, ha conducido a un mayor incremento de las proporciones de zamburiñas y volandeiras.

Tabla XVI

Número medio de semillas de pectínidos por bolsa recuperada y porcentaje de semillas

	2001		2002		2003	
	N/bolsa	%	N/bolsa	%	N/bolsa	%
M. varia	10,05	14,83	9,58	13,99	7,44	17,58
A. opercularis	32,71	48,27	37,58	54,85	30,5	72,06
P. jacobaeus	8,55	12,62	8,14	11,88	4,38	10,35
F. flexuosus	7,14	10,53	5,39	7,88	-	-
T. multistriata	9,12	13,46	7,35	10,73	-	-
F. hyalinus	0,19	0,28	0,47	0,68	-	-

Las semillas de concha de peregrino fueron disminuyendo en proporción con los años, así en 2001 había un 12,6, que pasó a un 11,9 en 2002 y a un 10,4 en 2003, a pesar de que este último año no se fijaron las especies sin valor comercial. Esta disminución en el porcentaje de las fijaciones de las conchas de peregrino se debe principalmente a la fecha de inmersión y recuperación de los colectores en Oropesa, así, en 2001 y 2002 se colocaron los colectores en abril, mientras que en 2003 se realizó en marzo. El número de semillas de concha de peregrino también disminuyó de las 496 en 2001, a las 350 en 2002 y las 215 en 2003. Por consiguiente, se deduce que el mejor mes para la inmersión de los colectores en Oropesa, para el asentamiento de los pectínidos, es abril.

La zamburiña se fijó con proporciones similares de 14,8 % en 2001 y de 14 % en 2002, mientras que el tercer año la proporción de zamburiñas fue superior (17,6 %). Este ligero incremento el último año, posiblemente, sea debido a la ausencia de las especies de escaso valor comercial.

Las semillas de *Flexopecten flexuosus* fijadas en 2001 estaban en mayor proporción (10,5 %) que en 2002 (7,88 %). En 2003 no se fijó ninguna semilla de esta especie, probablemente, por sacar los colectores en junio.

Las 529 semillas de *Talochlamys multistriata* fijadas en 2001 presentaron una mayor proporción (13,5 %) que en 2002 (10,7 %) con 316 juveniles. En 2003 no se fijó ninguna semilla de esta especie, probablemente, por fondear los colectores en marzo.

En la distribución de las frecuencias de las alturas de la concha, las semillas de volandeira fueron disminuyendo los dos primeros años, así en 2001 medían una altura media de 7,468 ± 1,86 mm, con un intervalo de 4,01 a 14,84 mm. En 2002 se encontraron los ejemplares más pequeños, con una media de 7,065 ± 1,499 mm, con un intervalo de 4,04 a 11,95 mm (Tabla XVII). Pero en 2003 el rango de las alturas fue de 2,78 a 11,64 mm, con una media de 6,659 ± 1,709 mm, cuyo mayor crecimiento se puede atribuir a que había menos semillas y tenían menor competencia por el alimento.

Tabla XVII

Altura media de las semillas de pectínidos con sus desviaciones estándar en Oropesa

	2001	2002	2003
M. varia	5,725 ± 2,148	4,519 ± 1,184	4,299 ± 1,115
A. opercularis	7,468 ± 1,86	7,065 ± 1,499	6,659 ± 1,709
P. jacobaeus	7,373 ± 2,391	8,395 ± 1,633	8,038 ± 2,193

Las semillas de concha de peregrino se mantuvieron en tallas similares los tres años (Tabla XVII), así la altura media calculada en 2001 era de 7,373 ± 2,391 mm, con un intervalo de los 2,95 a los 15,01 mm. En 2002 y 2003 las alturas de las semillas de concha de peregrino fueron algo mayores, con medias de 8,395 ± 1,633 mm y de 8,038 ± 2,193 mm, respectivamente, con intervalos de los 4,09 a los 12,27 mm en 2002 y de 3,59 a 14,94 mm en 2003.

Las alturas de las semillas de zamburiña asentadas en los colectores fondeados en Oropesa en 2001 eran de talla superior a los otros años, así en 2001 el rango de las alturas era de 2,41 a 11,76 mm, con una media de 5,725 ± 2,148 mm. En 2002 y 2003 las alturas de las zamburiñas se mantuvieron similares, con una media de 4,519 ± 1,184 mm dentro de un rango de los 2,21 a los 7,16 mm en 2002 y entre los 2,13 y los 7,79 mm, con una media de 4,299 ± 1,115 mm en 2003. No se ha encontrado una explicación a esta menor talla de las zamburiñas, ya que se fijaron en menor número y en los mismos meses que en 2001.

La zona situada frente al puerto de Oropesa puede interesar para la captación de semillas de volandeira por su elevado número, encontrándose una media de 30,5 a 37,58 juveniles en cada bolsa, según los años, mientras que de concha de peregrino se hallaron de 4,38 a 8,55 semillas por bolsa.

5.6. Problemas en la recuperación de los colectores

A lo largo de los muchos años de fondeo de colectores y su levantamiento en los dos caladeros más frecuentados, el Carreró y la playa del Mojón, tuvimos varios problemas durante la recuperación, pues en varias ocasiones estuvimos buscando las boyas de superficie, que estaban marcadas en el GPS de la embarcación, pero solamente encontramos unas pocas, o en una ocasión ninguna línea, después de estar varias horas rastreando la zona.

En 1995 se fondearon 15 líneas de colectores, con 15 bolsas en cada uno, en el caladero Roncabanes (39º 56' N, 0º 11' E) de los que no se recuperó ninguno. En 1996 se eligió un nuevo caladero, la Roca de Garbí (39º 55' N, 0º 07' E), donde se posicionaron otras 15 líneas de colectores, con 15 bolsas de malla, pero tampoco se encontró ninguna después de 5 meses. En 1997 se dejaron de fondear colectores para la captación natural de semillas de pectínidos.

En la playa del Mojón, en abril de 1998, se fondearon diez líneas de colectores sobre fondos de 20 m de profundidad, pensando en recuperarlas en octubre, pero en verano los diez cabos con las bolsas, las boyas de superficie y las boyas de inmersión se encontraron en un contenedor de basura del puerto de Castellón. Preguntando a los pescadores de este puerto, pudimos averiguar que la Guardia Civil del Mar vio las boyas de superficie siguiendo una línea recta paralela a la costa. Según nos confesaron, los números de la Guardia Civil pensaron que eran señales, que los contrabandistas habían dejado, marcando la situación de los alijos de drogas, de forma que fueron sacando una detrás de otra todas las líneas, cortando el cabo y dejando los muertos en el fondo del mar.

A partir de entonces, cada primavera tuvimos que ir a la Comandancia de Marina del puerto de Castellón a solicitar permiso para fondear los colectores, indicando la fecha de su inmersión y la probable fecha de su recuperación. De este modo, las autoridades portuarias pasaban aviso a todas las cofradías de pescadores de la provincia, con el fin de que los pescadores de arrastre respetaran las boyas, sin embargo, no había control de los tripulantes de los yates de los domingueros que, al ver la boya, se imaginaban que cada boya correspondía a una nasa para la captura de langostas, y las levantaban quedándose el cabo, porque el resto aparecía en los contenedores de basura del puerto de Castellón.

En 1999 y en 2000 se fondearon 15 líneas de colectores en el Carreró y en la playa del Mojón, respectivamente, pensando que estarían aseguradas y que los pescadores las respetarían, al haber avisado el día de la inmersión en la Comandancia de Marina y a las cofradías de pescadores de la provincia de Castellón. Sin embargo, a los seis meses no se recuperó ninguna línea de colectores a pesar de tener las boyas de superficie marcadas con las iniciales «IATS» y «CSIC».

Se supone que las pérdidas fueron debidas a un fuerte temporal de mar en el Carreró o por la acumulación de semillas de mejillón en las boyas de superficie y en la parte superior de los cabos, lo que provocó el hundimiento de las boyas, e impidió su localización.

5.6.1. Utilización de un «perro» para la recuperación de los colectores

Después de varios fracasos, en los que se recuperaron pocas líneas de colectores, a sugerencia del patrón de la embarcación de pesca *Arromangat* de Peñíscola, Manuel Beltrán, se optó por fondear las líneas sin dejar la boya de superficie a la vista. Así, en 2004, en el cabo de 90 m de longitud se ató la boya en su extremo superior, pero a unos 10 o 15 metros de aquella se colocaron varios quilogramos de plomadas, de forma que la boya no era visible, quedando a unos 5 metros de la superficie. La posición exacta de cada línea se marcaba en el GPS (Sistema de Posición Global, por sus siglas en inglés) del barco y se anotaba en una libreta, para saber su ubicación el día de la recuperación.

Como de costumbre, cada línea de colectores estaba compuesta de un muerto de cemento de unos 40 kg, al que se ataba un cabo de 90 m, al que se sujetaron dos bolsas juntas a intervalos de 50 cm, desde los 3 a los 10 metros del muerto de hormigón, colocando una boya de inmersión a los 12 m, de tal forma que en cada línea había 30 bolsas colectoras (Figura 137). En total se fondearon cinco líneas con sus 30 bolsas y la boya de superficie hundida.

Figura 137: En esta línea de colectores se ataron dos bolsas cada medio metro de cabo.

El día de la extracción de los colectores, en noviembre de 2004, la embarcación *Lluna* estaba provista de un «perro» (Figura 138). Utensilio que los pescadores utilizan cuando pierden la red de pesca y queda en el fondo o entre dos aguas. El «perro» consiste en un eje de hierro macizo del que salen ramas de hierro, terminadas en punta a su alrededor, en este caso tenían cuatro filas de cinco punzones, de forma que al arrastrar este artefacto había bastantes probabilidades de que se enganchara en la red y pudiera subirse a bordo.

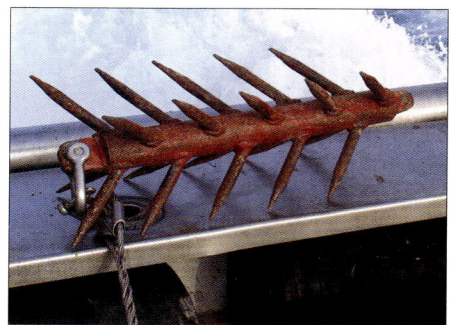

Figura 138: Artefacto para capturar redes a la deriva denominado «perro».

En el caso concreto que ensayamos por primera vez el uso del «perro», al tratarse de un cabo, en lugar de la red, fue muy difícil la recuperación, ya que estuvimos más de seis horas peinando la zona para encontrar solamente una línea (Figura 139).

Las 30 bolsas de esta línea se introdujeron en recipientes de plástico de 100 litros con agua de mar, con el fin de mantener vivas a las semillas, que se trasladaron al Instituto de Acuicultura de Torre de la Sal para la clasificación de las diferentes especies de pectínidos adheridas a los filamentos introducidos en las bolsas de malla.

Figura 139: Extracción de una de las líneas de colectores con el «perro».

Los ejemplares de concha de peregrino, de zamburiña, de volandeira y de *Flexopecten flexuosus* se clasificaron por especies y por tamaños. De este modo, se introdujeron en cestas de plástico

Figura 140: Fondeo de las semillas de pectínidos en columnas de varios pisos de cestas.

rígido, dentro de los cuarterones (*cubanitos*) con su correspondiente tapa, que se mantuvieron en acuarios y se alimentaron con una mezcla de microalgas hasta que se distribuyeron todas las semillas. Seguidamente se llevaron al Carreró, donde se fondearon en varias líneas, formando columnas de 6 a 10 pisos de cestas, con el fin de prolongar su engorde en condiciones naturales en el mar (Figura 140).

5.6.2. Diseño de un nuevo método de fondeo de los colectores

Debido a que resultó muy difícil encontrar la línea vertical mediante un «perro» se ideó posicionar las líneas de colectores sin que quede constancia de su presencia en la superficie del mar, pero en esta ocasión se fondearon cinco líneas que permanecían unidas, de forma que, al sacar una de las líneas salían las cinco, una detrás de otra.

En 2005 se compararon las fijaciones de los pectínidos en dos caladeros cercanos. El 23 de abril, en el Carreró se fondearon seis líneas de colectores estándar que constaban de un muerto de 40 kg, un cabo de 90 m de longitud y 8 mm de diámetro, con 14 bolsas, una boya de inmersión y la boya de superficie visible y marcada. En el Volante se posicionaron otras seis líneas de colectores estándar con 14 bolsas de malla, acabadas en las boyas de superficie marcadas, iguales a las del Carreró. Además, en este último caladero se sumergieron tres líneas de colectores múltiples con un total de 70 bolsas colectoras.

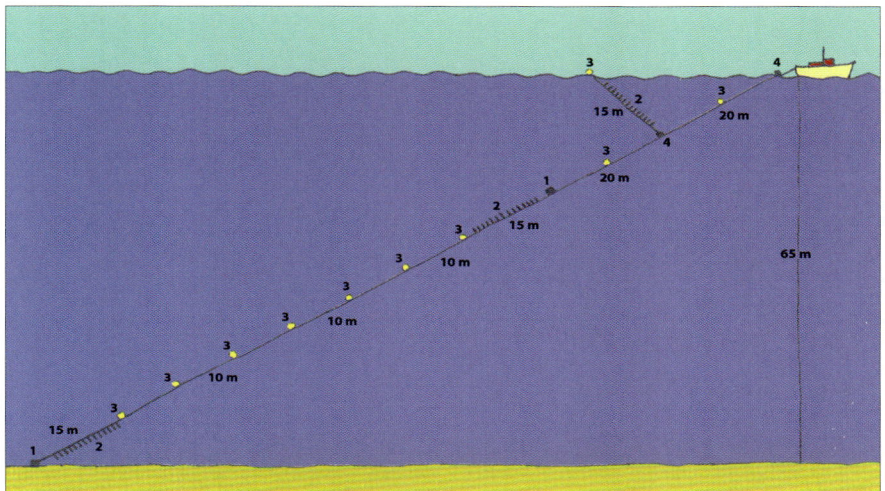

Figura 141: Esquema mostrando la disposición de los muertos (1 y 4), las boyas sumergidas (3) y las bolsas colectoras (2) a lo largo del cabo en el momento del fondeo.

Cada colector múltiple constaba de un muerto de cemento de 50-60 kg (A) al que se ataba una cuerda de 90 metros y 10 mm de grosor y, en el otro extremo se colocaba otro muerto de 50-60 kg (B). A 15 metros del primer muerto se sujetaba una boya de inmersión de 20 cm de diámetro, a espacios de 10 metros se fueron atando otras tantas boyas, hasta un total de siete (Figura 141). A unos tres metros del primer muerto se sujetó la primera bolsa colectora y a espacios de 60 cm una nueva bolsa hasta colocar 14 antes de la primera boya sumergida. Entre la séptima boya y el segundo muerto de 50-60 kg se sujetaron otras 14 bolsas de malla a intervalos de 60 cm. Desde el segundo muerto se ató una cuerda de 20 m y 10 mm de grosor hasta otro muerto de cemento de 40 kg (C), del que se anudó otro cabo de 20 m y 10 mm de grosor que acababa en otro muerto de 40 kg (D), seguido de otro segmento similar que terminaba en otro muerto de 40 kg (E).

Entre los muertos B y C, así como entre los C y D y los D y E, se ató una boya de inmersión de 20 cm de diámetro. De los muertos de cemento C, D y E salían sendos cabos de 8 mm de diámetro terminados en una boya de inmersión de 20 cm de diámetro, en los que se ataron un total de 14 bolsas de malla en cada cabo, empezando a unos 3 metros del muerto. Tras el fondeo del colector múltiple en arco, en teoría, la estructura quedaba como se muestra en la figura 142.

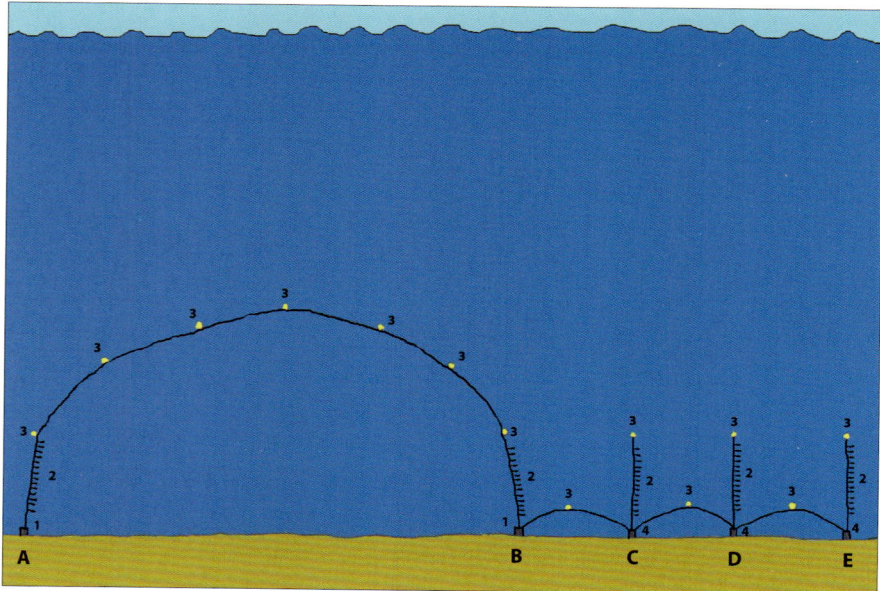

Figura 142: Esquema mostrando la disposición de los muertos (1 y 4), las bolsas colectoras (2) y las boyas sumergidas (3) a lo largo del cabo en arco para facilitar la extracción mediante el «perro» en el Volante.

El 26 de noviembre de 2005 se recuperaron los colectores fondeados en abril. En el Carreró, de las seis líneas caladas se sacaron dos (33,3 %), mientras que en el Volante de las seis líneas estándar solo se recuperó una (16,7 %). Sin embargo, en este caladero, con la ayuda del «perro» se pudieron recobrar dos líneas múltiples (66,7 %) con 70 bolsas cada una.

En las bolsas recuperadas en el Volante se encontraron siete especies de pectínidos, las tres con valor comercial (concha de peregrino, zamburiña y volandeira), *Palliolum incomparabile*, *Pseudamussium clavatum*, *Perapecten commutatus* y *Talochlamys multistriata*. En el Carreró, además de las siete especies citadas, se hallaron algunos ejemplares de *Flexopecten flexuosus*.

En ambos caladeros la especie más abundante resultó ser *Aequipecten opercularis*, en la línea estándar del Volante se encontró una media de 60,21 ± 8,18 semillas en cada bolsa y un porcentaje del 55,87 % de todos los pectínidos; en las líneas múltiples en arco fondeadas en el Volante se sacó una media de 60,65 ± 1,47 volandeiras en cada bolsa y un porcentaje de un 54,99 %, y en las líneas estándar recuperadas en el Carreró había una media de 110,29 ± 9,24 volandeiras en cada bolsa (Tabla XVIII), que representaba un 51,5 % de todos los pectínidos.

Tabla XVIII

Número medio de semillas en cada bolsa colectora con el error estándar de la media (SEM)

	VOLANTE Estándar	VOLANTE Múltiple en arco	CARRERÓ Estándar
A. opercularis	60,214 ± 8,175	60,65 ± 1,47	110,286 ± 9,242
Mimachlamys varia	0,143 ± 0,097	0,15 ± 0,03	4,464 ± 0,427
T. multistriata	2,286 ± 0,485	2,35 ± 0,106	27,143 ± 4,059
P. commutatus	0,214 ± 0,114	0,25 ± 0,038	3,857 ± 0,414
P. incomparabile	32,643 ± 4,174	35,78 ± 1,874	53,357 ± 4,877
P. clavatum	7 ± 0,902	4,764 ± 0,256	5,893 ± 0,579
Pecten jacobaeus	5,286 ± 0,922	6,35 ± 0,273	8,75 ± 1,174
F. flexuosus	-----	-----	0,393 ± 0,077

Al comparar las fijaciones de las siete especies de pectínidos asentadas en los colectores instalados en el Volante, tanto en el estándar como en los múltiples en arco, los resultados son muy similares en la volandeira, la zamburiña y la concha de peregrino (Figuras 143 y 144). Sin embargo, *Palliolum incomparabile* fue más abundante en las líneas múltiples con un 36 % que en la línea estándar (30,29 %), mientras que de *Pseudamussium clavatum* en estos

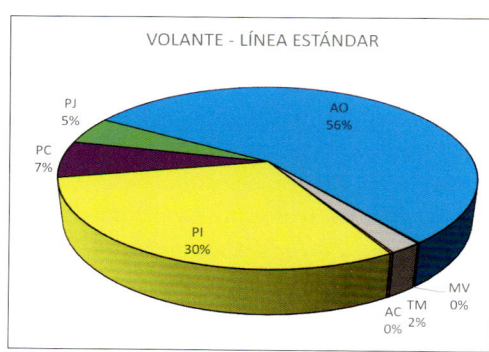

Figura 143: Porcentaje de las semillas de los siete pectínidos adheridas a las bolsas fondeadas en el caladero Volante en la línea estándar. AO (*A. opercularis*), MV (*M. varia*), TM (*Talochlamys multistriata*), AC (*Perapecten commutatus*), PI (*P. incomparabile*), PC (*P. clavatum*) y PJ (*P. jacobaeus*).

colectores había un 6,49 % y en las múltiples apenas se superó el 4,35 %.

En la única línea estándar de colectores recuperada en el Volante se contabilizaron 74 semillas de concha de peregrino (4,9 %), 843 de volandeira (55,87 %), 2 de zamburiña (0,13 %), 32 de *Talochlamys multistriata* (2,12 %), 3 de *Perapecten commutatus* (0,2 %), 98 de *Pseudamussium clavatum* (6,49) y 457 de *Palliolum incomparabile* (30,29 %) (Figura 143).

En las dos líneas múltiples de colectores en arco recobradas en el Volante se registraron 889 semillas de concha de peregrino (5,76 %), 8491 de volandeira (54,99 %), 21 de zamburiña (0,14 %), 35 de *Perapecten commutatus* (0,23 %), 667 de *Pseudamussium clavatum* (4,32 %), 329 de *Talochlamys multistriata* (2,13 %) y 5009 de *Palliolum incomparabile* (32,44 %) (Figura 144).

En las dos líneas de colectores sacadas del caladero Carreró se anotaron un total de 245

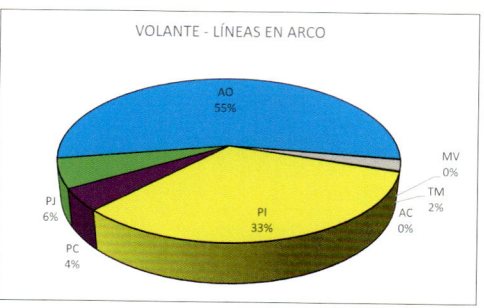

Figura 144: Porcentaje de las semillas de los siete pectínidos fijados en las bolsas colocadas en arco en el caladero Volante. AO (*A. opercularis*), MV (*M. varia*), TM (*Talochlamys multistriata*), AC (*Perapecten commutatus*), PI (*P. incomparabile*), PC (*P. clavatum*) y PJ (*P. jacobaeus*).

semillas de concha de peregrino (4,09 %), 3088 de volandeira (51,5 %), 125 de zamburiña (2,08 %), 108 de *Perapecten commutatus* (1,8 %), 165 de *Pseudamussium clavatum* (2,75 %), 760 de *Talochlamys multistriata* (12,68 %) 11 de *Flexopecten flexuosus* (0,18 %) y 1494 de *Palliolum incomparabile* (24,92 %) (Figura 145).

En las semillas de volandeira y de concha de peregrino se midió la altura de la concha mediante un pie de rey electrónico Mitutoyo. No se observaron diferencias significativas entre la altura de las semillas y la profundidad a la que se fijaron, dentro de la misma instalación.

El resto de las especies de pectínidos no se midieron ya que las zamburiñas, *Perapecten commutatus* y *Flexopecten flexuosus* se fijaron en pequeño número y tenían tallas

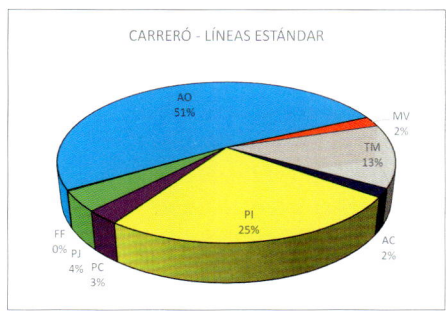

Figura 145: Porcentaje de las semillas de los ocho pectínidos fijados en las bolsas fondeadas en el caladero Carreró. AO (*A. opercularis*), MV (*M. varia*), TM (*Talochlamys multistriata*), AC (*Perapecten commutatus*), PI (*P. incomparabile*), PC (*P. clavatum*), PJ (*P. jacobaeus*) y FF (*Flexopecten flexuosus*).

pequeñas. Las semillas de *Palliolum incomparabile* fueron muy abundantes (5009 individuos en las líneas múltiples, 457 en las líneas estándar en el Volante y 1494 en las líneas del Carreró), pero esta especie es de escaso valor y muy pequeña. Los juveniles de *Pseudamussium clavatum* y de *Talochlamys multistriata* se fijaron en una proporción bastante alta, especialmente abundante esta última en el Carreró, pero también son pequeñas y sin valor comercial, por lo que se dejaron de medir.

De las 8491 semillas de *Aequipecten opercularis* capturadas en noviembre de 2005 en los colectores fondeados en forma de arco en el Volante, solamente se midió la altura de una muestra de 25 ejemplares, tomadas al azar de cada una de las bolsas. En la figura 146 se representan las distribuciones de las frecuencias de las alturas agrupadas en clases de dos milímetros, donde se hace patente una única cohorte. La moda está en los 18 mm de altura, con un máximo del 22 %. La altura media de todas las volandeiras medidas fue de 16,673 ± 3,586 mm. La volandeira más pequeña medía 7,49 mm y la mayor 27,57 mm de altura.

Las 350 semillas de volandeira que se midieron

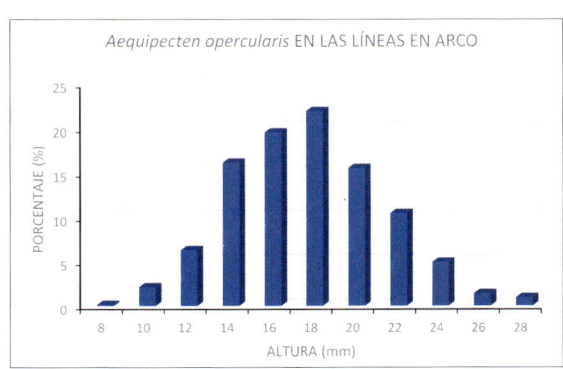

Figura 146: Distribución de frecuencias de la altura de las semillas de la volandeira fijadas en los colectores múltiples colocados en arco en el Volante.

147

de la única línea de colectores estándar, recuperada en el Volante, se agruparon en clases de dos milímetros y las distribuciones de las frecuencias de las alturas se representan en la figura 147, donde se puede observar la presencia de dos cohortes. Las modas de esta distribución se encuentran en los 16 mm de altura, con un máximo de 21,4 % y en 22 mm, con un máximo de 10 %. La altura media de todas las semillas medidas fue de 15,37 ± 4,1 mm. La volandeira más pequeña medía 6,11 mm y la mayor 24,55 mm de altura.

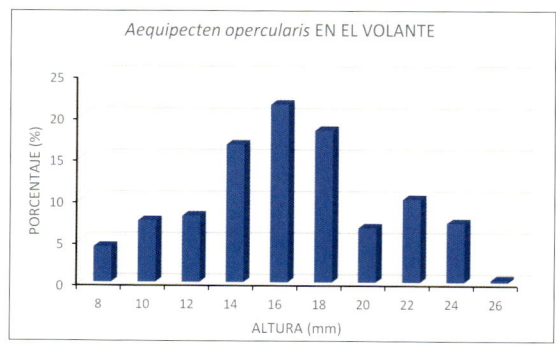

Figura 147: Distribución de frecuencias de la altura de las semillas de la volandeira fijadas en el colector estándar recuperado en el Volante.

En la figura 148 se representan las distribuciones de frecuencias de las alturas de los 700 juveniles de *Aequipecten opercularis* colectados en las bolsas de las dos líneas estándar recuperadas en el caladero Carreró, mostrando dos cohortes. Las dos modas se encuentran en los 18 mm y en los 22 mm de altura, con máximos de 18,71 % y 16,71 %, respectivamente. La altura media de las semillas de volandeira capturadas en el Carreró fue de 17,193 ± 4,496 mm, con un intervalo de 5,49 a 25,64 mm.

Los 890 juveniles de concha de peregrino, que se midieron en las bolsas de las líneas múltiples en arco caladas en el Volante, se agruparon en clases de dos milímetros y en la figura 149 se representan las distribuciones de las frecuencias de las alturas, donde se puede observar una única cohorte. La moda de la distribución se halla en los 18 mm de altura, con un máximo de 22,81 %. La altura media de las conchas de peregrino fue de 17,04 ± 3,696 mm, con un intervalo de 7,86 a 26,59 mm.

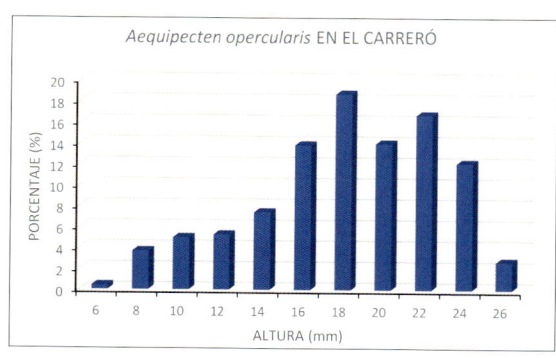

Figura 148: Distribución de frecuencias de la altura de las semillas de la volandeira fijadas en los colectores estándar recuperados en el caladero Carreró.

148

Las 74 semillas de concha de peregrino, que se sacaron de la línea estándar fondeada en el caladero Volante, se midieron y se agruparon en clases de dos milímetros. En la figura 150 se representan las distribuciones de las frecuencias de las alturas, donde se pueden observar una sola cohorte. La moda de la distribución se halla en los 14 mm, con su respectivo máximo de 25,68 %. La altura media de las conchas de peregrino fue de 15,72 ± 3,31 mm, con un intervalo de 9,96 a 24,53 mm.

En la figura 151 se representan las distribuciones de las frecuencias de las alturas de las 245 semillas de concha de peregrino que se recuperaron en las dos líneas de colectores estándar en el caladero Carreró, que se midieron y agruparon en clases de dos milímetros, donde se pueden observar una cohorte. La moda de la distribución se halla en los 14 mm, con su máximo de 25,71 %. La altura media de todas las semillas de concha de peregrino capturadas en el Carreró

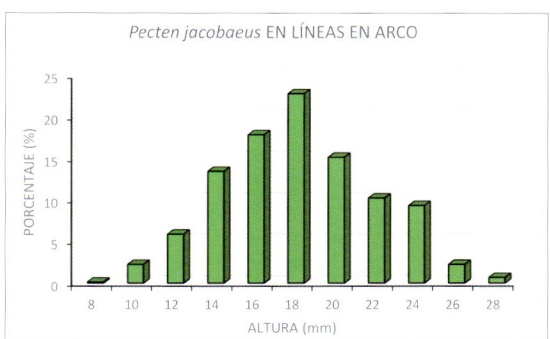

Figura 149: Distribución de frecuencias de la altura de las semillas de la concha de peregrino fijadas en los colectores múltiples colocados en arco en el Volante.

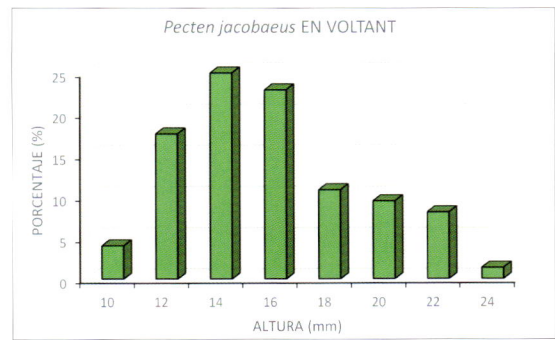

Figura 150: Distribución de frecuencias de la altura de las semillas de la concha de peregrino fijadas en el colector estándar fondeado en el Volante.

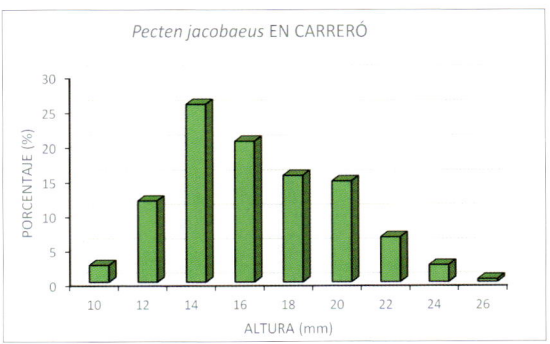

Figura 151: Distribución de frecuencias de la altura de las semillas de la concha de peregrino fijadas en los colectores estándar fondeados en el Carreró.

fue de 16,37 ± 3,25 mm. La concha de peregrino más pequeña medía 9,17 mm y la mayor 25,14 mm de altura.

5.6.3. Fondeo y recuperación de los colectores mediante buceadores

Finalmente, la Comandancia de Marina nos prohibió alquilar embarcaciones de pesca de arrastre para realizar el fondeo y recuperación de las líneas de colectores, ya que estas embarcaciones tienen una subvención para el gasoil que consumen durante la pesca y no se debería de utilizar para otros trabajos. A partir de entonces, tuvimos que alquilar embarcaciones de recreo.

Durante dos años, 2006 y 2007, recurrimos a alquilar un barco a la empresa Barracuda del puerto deportivo de Alcocebre para fondear diez líneas de colectores en el Volante en abril y extraer la mitad en julio y las otras cinco líneas en octubre (Figura 152). La técnica del fondeo de los colectores se modificó, por cambiar las condiciones del yate, respecto al barco de pesca.

En la bibliografía, así como en las experiencias que habíamos realizado anteriormente, se considera que las semillas de pectínidos se fijan en los colectores cercanos al fondo, independientemente de la profundidad de la zona. Sin embargo, se nos ocurrió que algunas especies se podrían fijar en las zonas superiores.

De este modo, en 2007 se prepararon diez líneas de colectores en las que al muerto de cemento se ató un cabo de 65 m de longitud, en el extremo inferior se fueron colocando una bolsa colectora a los tres metros del muerto y las siguientes 14 bolsas a intervalos de 50 cm, de forma que quedaban 15 bolsas en los 10 m cercanos al fondo marino, como se dejaban habitualmente. A partir de los 10 metros y hasta los 60 m del fondo se sujetaron 10 bolsas a intervalos de 5 metros, de forma que, en cada línea, había 25 bolsas colectoras. En el extremo superior se ató la boya de superficie, que quedaba sumergida a unos cinco metros de la superficie.

Una vez alcanzada la zona de inmersión de cada línea, se lanzaba al mar la boya de superficie hermética sujetando el cabo, al que estaban atadas las 50 bolsas, que se quedaban flotando en la superficie (Figura 153) y, finalmente, una vez marcado el punto mediante el GPS, se soltaba el

Figura 152: Fondeo de las líneas de colectores en el Volante desde un yate en 2007.

muerto y las bolsas iban hundiéndose rápidamente. La boya de posición o *gallo* quedaba sumergida a unos cinco a diez metros de la superficie, según la profundidad del lugar elegido. De esta forma, cualquier embarcación podía pasar por encima de las líneas de colectores y no eran detectadas ni disturbadas.

Para la recuperación de las líneas de colectores, en julio, la embarcación se situaba sobre uno de los puntos marcados en el GPS, entonces, un submarinista provisto de escafandra de aire comprimido descendía en busca de la boya de color rojo anaranjado que, en algunas ocasiones, eran visibles desde la embarcación. Al submarinista se le echaba un cabo para atarlo a la boya y el colector se subía a bordo.

Este método de captación de semillas de pectínidos ha dado buen rendimiento, teniendo en cuenta que, al no tener las boyas en la superficie, las líneas de colectores no eran detectadas por los pescadores ni por los domingueros. De las diez líneas fondeadas en abril, en julio se pudieron recuperar cinco, proporcionando suficiente material y se dejaron las otras líneas para extraerlas en otoño.

Las 50 bolsas de cada línea se introdujeron en tres contenedores de plástico de unos 100 litros de capacidad (Figura 154), que se llenaron con agua de mar, con el fin de mantener vivas las semillas en el interior de las bolsas.

Figura 153: Momento del fondeo de un colector con 50 bolsas en el Volante.

Figura 154: Las 50 bolsas de una línea recuperada en el Volante en julio.

Figura 155: Clasificación de las bolsas de cada línea para ordenarlas.

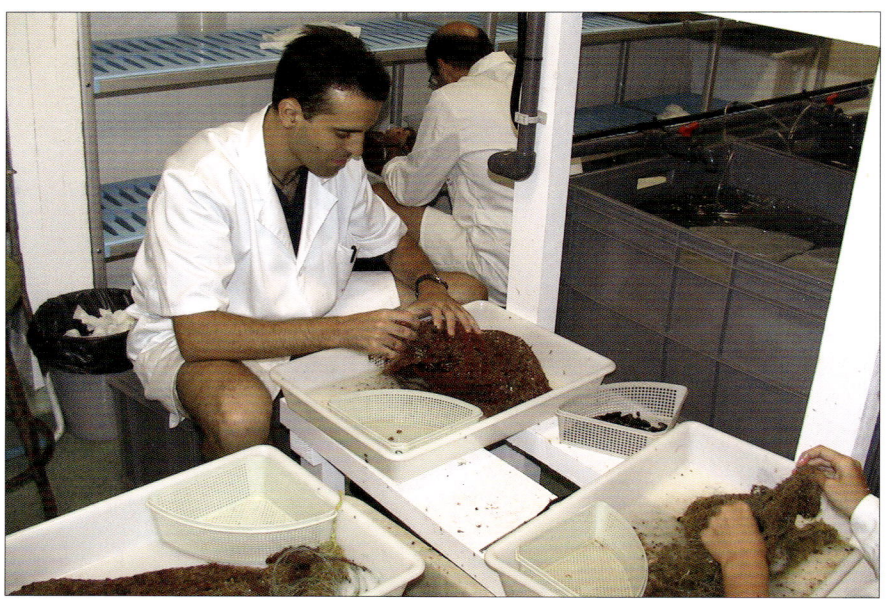

Figura 156: Separación y clasificación de las semillas de moluscos de cada bolsa por separado, que se mantienen en el interior de cuarterones en agua de mar.

Una vez en las instalaciones del Instituto de Acuicultura de Torre de la Sal las bolsas de cada línea se alinearon y se marcaron en el orden de su posición respecto al fondo (Figura 155), antes de introducirlas en tanques de 500 litros con agua de mar.

En las instalaciones del Instituto de Acuicultura de Torre de la Sal se clasificaron y retiraron las conchas de las especies de bivalvos que interesaba conservar, separándolas de la malla del interior de cada bolsa (Figura 156).

En la malla o en el monofilamento que se introduce en la bolsa se encontró gran variedad de especies de bivalvos, de gasterópodos y de cangrejos. Algunas especies de bivalvos, como el mejillón (*Mytilus galloprovincialis*) y la *Hiatella arctica*, eran bastante abundantes (Figura 157), especialmente en las bolsas situadas cerca de la superficie, pero se desecharon, conservando solamente los pectínidos.

El contenido de bivalvos de cada bolsa se introducía en un cuarterón de plástico con la marca de la posición de la bolsa en la línea (Figura 158), así la primera línea que se extraía se denominaba «A», la segunda «B» y así sucesivamente. La posición de la bolsa respecto a la distancia al muerto se empezó a numerar desde el 1 (junto al muerto) al 25 (la más cercana a la superficie).

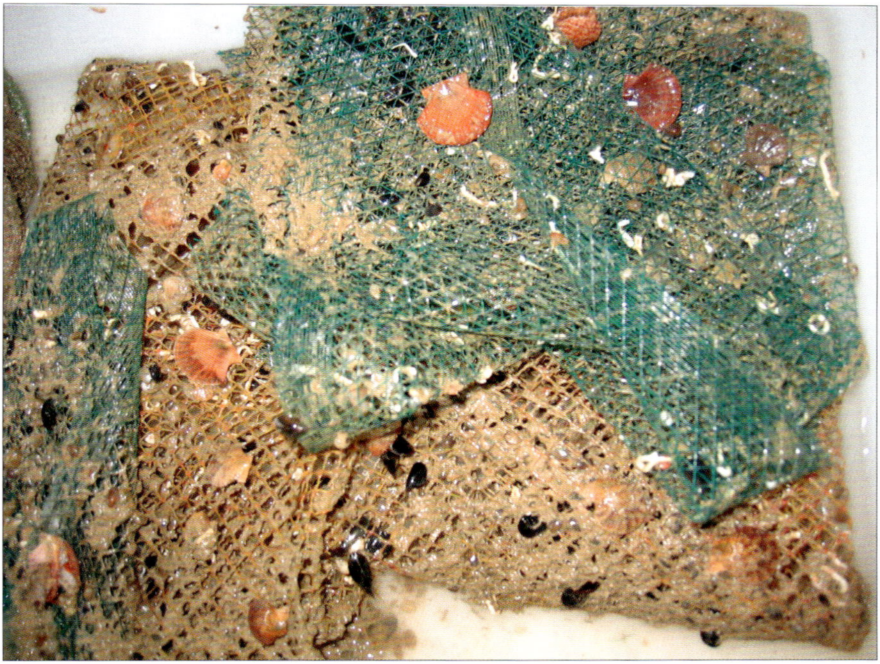

Figura 157: Contenido de una de las bolsas antes de su clasificación.

Debido a que cada cuarterón tiene tapa, las semillas se almacenaban en el cuarterón cerrado en un tanque de 500 litros con agua de mar. Posteriormente, los juveniles se clasificaban y una vez aislados los pectínidos del resto de bivalvos, se anotó el número de cada especie y se midió la altura de las valvas de las especies comerciales.

En el caladero del Volante se realizó el fondeo de las diez líneas con las 25 bolsas colectoras el 25 de abril y la extracción de cinco líneas se llevó a cabo el 13 de julio, después de 79 días desde la inmersión.

Figura 158: Contenido de los bivalvos fijados en una de las bolsas, antes de contar el número de cada especie.

Las otras cinco líneas se dejaron para recuperarlas en noviembre, pero después de varias horas de búsqueda, los submarinistas no lograron encontrar ninguna boya sumergida. Probablemente los mejillones y otros bivalvos que se fijaron durante el verano crecieron y hundieron las boyas unos metros más, lo suficiente para que no fueran visibles.

De las 10 432 semillas de pectínidos asentadas en las 125 bolsas, recuperadas en julio de 2007, la mayor proporción correspondió a la volandeira con un 52,39 %, seguida de la concha de peregrino con un 16,84 %. La zamburiña solamente estuvo representada por un 2,69 %, destacando también *Pseudamussium clavatum* y *Palliolum incomparabile* con un 13,73 % y un 13,43 %, respectivamente. Las menores proporciones se dieron en *Flexopecten flexuosus* y en *Talochlamys multistriata* con un 0,57 % y un 0,36 %, respectivamente (Figura 159).

El número de volandeiras dentro de cada bolsa, en promedio, alcanzó las 43,72 semillas, de conchas de peregrino se contabilizaron una media de 14,06, de zamburiñas se sacaron 2,25 juveniles, de *Pseudamussium clavatum* había 11,46 y de *Palliolum incomparabile* 11,21. Las especies con menor número en las bolsas fueron *Flexopecten flexuosus* (0,47) y *Talochlamys multistriata* (0,3).

Se han encontrado diferencias en la tendencia o preferencia en fijarse las diferentes especies de pectínidos. Así, las volandeiras se han adherido en todas las

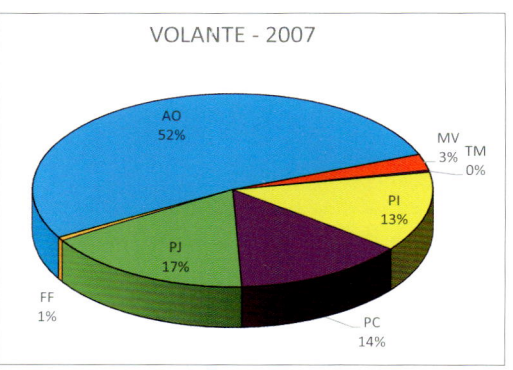

Figura 159: Porcentaje de las semillas de las siete especies de pectínidos fijados en las bolsas fondeadas en el caladero Volante en 2007. AO (*A. opercularis*), MV (*M. varia*), TM (*Talochlamys multistriata*), PI (*Palliolum incomparabile*), PC (*Pseudamussium clavatum*), PJ (*Pecten jacobaeus*) y FF (*Flexopecten flexuosus*).

bolsas, hasta en las cercanas a la superficie, con un predominio en las 15 bolsas más profundas. La concha de peregrino también prefiere asentarse cerca del fondo, aunque se encontraron algunos ejemplares en las capas intermedias y superiores. La zamburiña tiene tendencia a fijarse en la zona intermedia, desde los 11 a los 20 metros del fondo marino, aunque algunas semillas llegaron cerca de la superficie.

Las semillas de volandeira en las bolsas eran muy abundantes, contabilizando un total de 5465 conchas y, en lugar de medir la altura de todos los ejemplares, como se hizo con las semillas de la concha de peregrino y de la zamburiña, en las bolsas con gran número de semillas, solamente se midieron 30 individuos, tomados al azar de cada bolsa. Los juveniles se midieron mediante un pie de rey electrónico Mitutoyo, pero en las semillas menores de 5 mm se calculó la altura bajo la lupa binocular.

De todas las semillas de volandeira extraídas en julio de 2007, procedentes del caladero Volante, se midieron 837 que se agruparon en clases de 1 mm y las distribuciones de las frecuencias se representan en la figura 160, donde se puede observar la presencia de una única cohorte. La moda de esta distribución se encuentra en los 7 mm de altura, con su máximo de 16,01 %. La altura media de las volandeiras medidas fue de 8,031 ± 2,371 mm, con un intervalo de 3,16 a 14,06 mm.

Las 212 semillas de concha de peregrino que se midieron en el caladero Volante en 2007 se agruparon en clases de 1 mm y en la figura 161 se representan las distribuciones de las frecuencias de las alturas, donde se puede observar una única cohorte. La moda de la distribución se halla en los 9 mm, con su respectivo máximo de 15,57 %. La altura media de las conchas de peregrino fue de 9,926 ± 2,424 mm, con un intervalo de 5,31 a 16,49 mm.

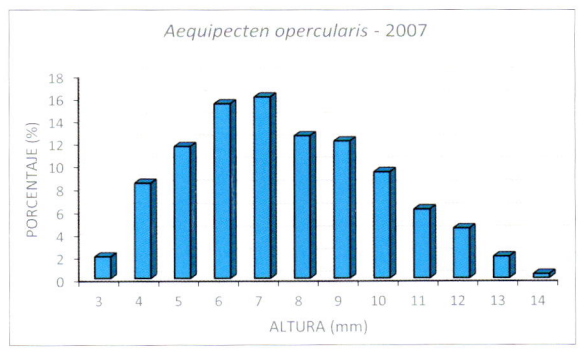

Figura 160: Distribución de las frecuencias de las alturas de las volandeiras fijadas en el caladero Volante en julio de 2007.

En la figura 162 se representan las distribuciones de las frecuencias de las alturas de las 70 semillas de *Mimachlamys varia* capturadas en el caladero Volante en 2007, que se

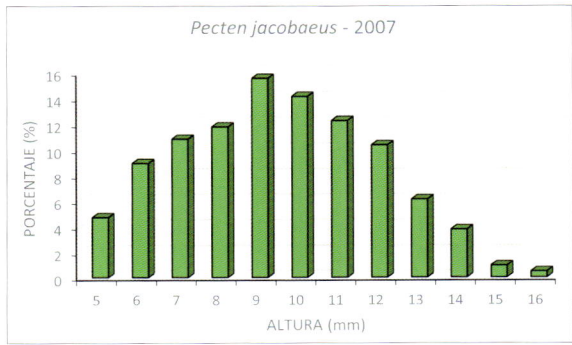

Figura 161: Distribución de las frecuencias de las alturas de las conchas de peregrino colectadas en el caladero Volante en julio de 2007.

midieron y agruparon en clases de 1 mm, donde se hace patente una única cohorte. La moda está en 6 mm de altura, con el máximo de 21,43 %. La altura media de las semillas de zamburiña cogidas en el Volante fue de 6,929 ± 1,834 mm, con un intervalo de 3,11 a 10,71 mm.

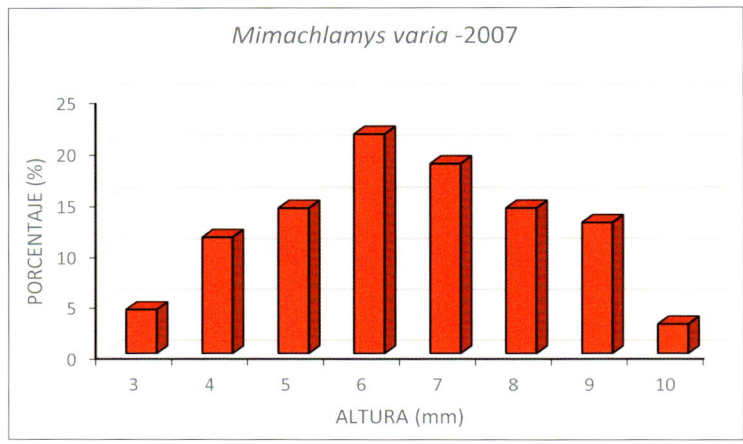

Figura 162: Distribución de las frecuencias de las alturas de las zamburiñas cosechadas en el caladero Volante en julio de 2007.

5.7. Comparación de la fijación de las semillas de pectínidos en los siete caladeros

A lo largo de la costa de Castellón se han ensayado siete caladeros o zonas que han proporcionado fijaciones de pectínidos. Se ha descartado el caladero Dàtil por recuperar solamente dos líneas incompletas. De las siete zonas el Carreró y la playa del Mojón han sido las más frecuentadas y donde mayor número de colectores se han calado y recuperado.

En los 18 años sumergiendo colectores para la captación de semillas de pectínidos, en el caladero Sobarra solamente se realizó una prospección, mientras que en el Volante y en las tres piscifactorías se llevaron a cabo tres captaciones. En la playa del Mojón, por la proximidad al Instituto de Acuicultura de Torre de la Sal, se instalaron colectores todos los años, hasta el 2000, lo mismo se puede decir del Carreró, por encontrarse la población de concha de peregrino en su alrededor.

En las siete gráficas que muestran las proporciones de cada una de las especies, recolectadas en cada uno de los caladeros, se han recopilado los datos de los diferentes años de prospección. Estos caladeros se han asociado en dos grupos, los situados en aguas profundas: Carreró, Volante y Sobarra y los de aguas someras: la playa del Mojón y las piscifactorías de Alcocebre, de Burriana y de Oropesa.

En los caladeros situados entre 60 y 75 metros de profundidad la especie de pectínidos más abundante es la volandeira con un 55,04 % en el Carreró y 55,03 % en el Volante, pero se incrementa a un 62,38 % en la Sobarra.

El porcentaje de la concha de peregrino estuvo representada en un 4,9 % en el Carreró, pero pasó a más de un 8,3 % en la Sobarra y a 8,5 % en el Volante.

Las zamburiñas mostraron un porcentaje del 2,4 % en el Carreró y de un 1,5 % en el Volante, pero en la Sobarra superó el 7,5 %. Este incremento de la proporción de zamburiñas está relacionado con la menor presencia de *Palliolum incomparabile*, comparado con los otros dos caladeros.

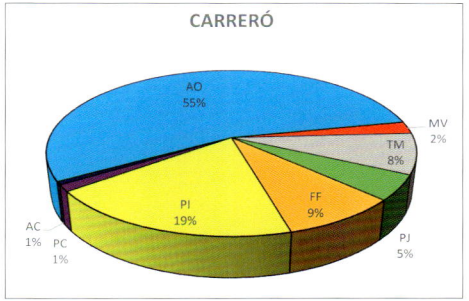

Figura 163: Porcentaje de las semillas de los ocho pectínidos fijados en las bolsas fondeadas en el caladero Carreró. AO (*A. opercularis*), MV (*M. varia*), TM (*T. multistriata*), PJ (*Pecten jacobaeus*), FF (*Flexopecten flexuosus*), PI *(Palliolum incomparabile)*, PC (*Pseudamussium clavatum*) y AC (*Perapecten commutatus*).

De las especies sin valor comercial cabe destacar *Palliolum incomparabile* que en el Carreró superó el 19,1 % y en el Volante alcanzó el 24,9 %, mientras que en la Sobarra apenas llegó al 6,5 %.

El porcentaje de *Flexopecten flexuosus* era muy abundante en el caladero Carreró con un 8,7 %, mientras que en la Sobarra apenas llegó al 2 % y en el Volante se quedó en un escaso 0,3 %.

La especie *Pseudamussium clavatum* fue muy abundante en la Sobarra con un 12,2 %, que descendió en el Volante hasta un

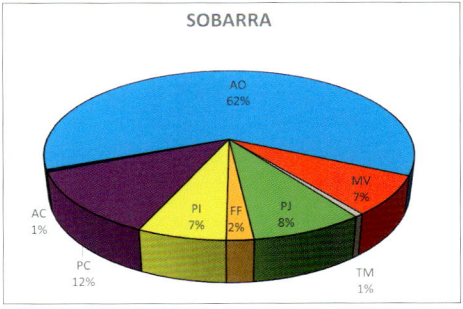

Figura 164: Porcentaje de las semillas de las ocho especies de pectínidos fijadas en las bolsas fondeadas en el caladero Sobarra. AO (*A. opercularis*), MV (*M. varia*), TM (*T. multistriata*), PJ (*Pecten jacobaeus*), FF (*Flexopecten flexuosus*), PI (*Palliolum incomparabile*), PC (*Pseudamussium clavatum*) y AC (*Perapecten commutatus*).

7,7 %, mientras que en el Carreró solamente se encontró un 1,3 %.

Perapecten commutatus está considerada una especie rara, pues se fija en muy pocas cantidades. En el Carreró se sacaron un 0,6 %, en la Sobarra se quedó en un 0,5 %, mientras que en el Volante apenas superó el 0,1 %.

Una de las especies de pectínidos con la talla más pequeña, *Talochlamys multistriata*, se fijó en todos los caladeros ensayados. En la Sobarra se asentaron 0,6 % de las semillas, en el Volante un 1,9 % y en el Carreró fueron un 8 %.

Como se puede observar en las figuras 163, 164 y 165, en los tres caladeros de las zonas más profundas se fijaron semillas de *Pseudamussium clavatum* y de *Perapecten commutatus* que no se detectaron en los otros cuatro caladeros de zonas someras. Por lo visto, estas dos especies solamente frecuentan las aguas más alejadas de la costa y profundas.

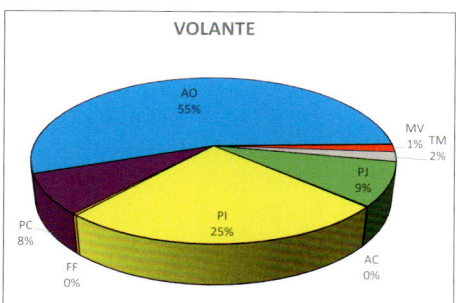

Figura 165: Porcentaje de las semillas de los ocho pectínidos fijados en las bolsas fondeadas en el caladero Volante. AO (*A. opercularis*), MV (*M. varia*), TM (*T. multistriata*), PJ (*Pecten jacobaeus*), AC (*Perapecten commutatus*), PI (*Palliolum incomparabile*), FF (*Flexopecten flexuosus*) y PC (*Pseudamussium clavatum*).

Por el contrario, en las aguas someras se encontraron semillas de *Flexopecten glaber* (L. 1758) y de *Flexopecten hyalinus* que no aparecieron en las bolsas fondeadas en los tres caladeros más profundos. El resto de las especies, las tres explotadas comercialmente, *Palliolum incomparabile*, *Flexopecten flexuosus* y *Talochlamys multistriata* estaban presentes en mayor o menor proporción en todos los caladeros.

En las zonas someras, las zamburiñas fueron las semillas más abundantes en casi todos los puntos de fondeo, así, en las instalaciones de Alcocebre llegaron al 77,3 % de todos los pectínidos y en las de Burriana superaron el 71,5 %, mientras que en la playa del Mojón solamente se encontraron un 17 % y en la

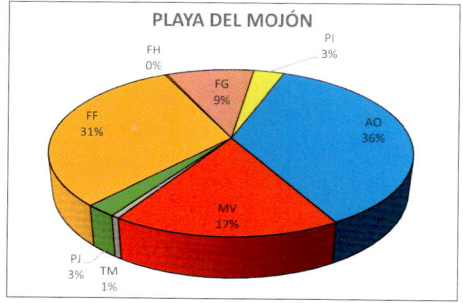

Figura 166: Porcentaje de las semillas de las ocho especies de pectínidos fijadas en las bolsas fondeadas en la playa del Mojón. AO (*A. opercularis*), MV (*M. varia*), TM (*Talochlamys multistriata*), PJ (*Pecten jacobaeus*), FF (*Flexopecten flexuosus*), FH (*Flexopecten hyalinus*), FG (*Flexopecten glaber*) y PI (*Palliolum incomparabile*).

piscifactoría de Oropesa apenas llegaron al 15,4 %.

Las semillas de volandeira fueron muy abundantes en la playa del Mojón y en las instalaciones de Oropesa con porcentajes del 36,3 % y 57,3 %, respectivamente. En menor proporción se encontraron en las piscifactorías de Burriana (10,1 %) y de Alcocebre (7,8 %).

El porcentaje de la concha de peregrino estuvo representada desde un 2,3 % en la playa del Mojón (Figura 166) hasta los 11,7 % en las instalaciones de Oropesa, pero pasó a más de un 6,9 % en la piscifactoría de Burriana y de 8,9 % en la de Alcocebre (Figura 167).

Las semillas de *Flexopecten flexuosus* se mantuvieron en porcentajes bajos en las piscifactorías de Alcocebre y de Burriana con un 2 % y un 1,9 %, respectivamente, pero en la de Oropesa se incrementó a un 6,6 %. En la playa del Mojón se calculó un 31,1 %, valor similar al de volandeiras (Figura 166).

Talochlamys multistriata se fijó en poca proporción en el caladero de la playa del Mojón (0,6 %), pero en las piscifactorías de Alcocebre con un 3,2 %, la de Burriana (Figura 168) con un 9,6 % y la de Oropesa con un 8,7 % (Figura 169) estuvieron mejor representadas.

Las semillas de *Flexopecten hyalinus* se fijaron solamente en las bolsas fondeadas en las instalaciones de Alcocebre (0,7 %) y de Oropesa (0,3 %) y en la playa del Mojón con un 0,2 %. En la piscifactoría de Burriana, en los tres años que se fondearon colectores, no se contabilizaron juveniles de esta especie.

En la playa del Mojón también se asentaron semillas de *Palliolum incomparabile* y de *Flexopecten glaber*, que no se hallaron en las bolsas suspendidas en las tres piscifactorías, con porcentajes de 3,2 % y de 9,2 %, respectivamente.

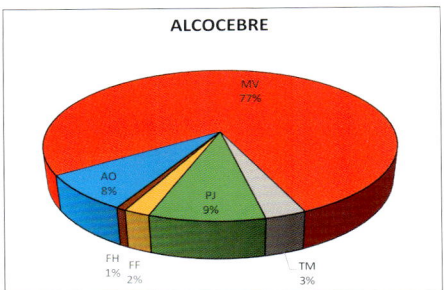

Figura 167: Porcentaje de las semillas de las seis especies de pectínidos fijadas en las bolsas fondeadas en las instalaciones de Alcocebre. AO (*A. opercularis*), MV (*M. varia*), TM (*Talochlamys multistriata*), PJ (*Pecten jacobaeus*), FF (*Flexopecten flexuosus*) y FH (*Flexopecten hyalinus*).

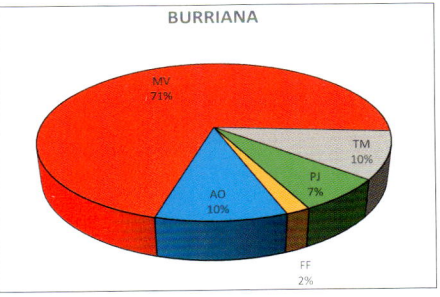

Figura 168: Porcentaje de las semillas de las cinco especies de pectínidos fijadas en las bolsas fondeadas en la piscifactoría de Burriana. AO (*A. opercularis*), MV (*M. varia*), TM (*T. multistriata*), PJ (*Pecten jacobaeus*) y FF (*Flexopecten flexuosus*).

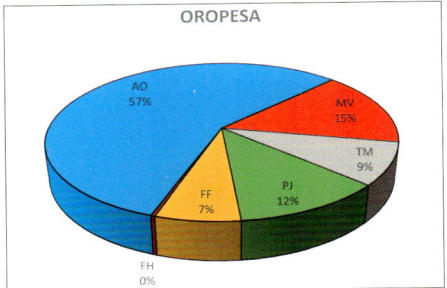

Figura 169: Porcentaje de las semillas de los seis pectínidos fijados en las bolsas fondeadas en el polígono de PISCIMED S.L. AO (*A. opercularis*), MV (*M. varia*), TM (*Talochlamys multistriata*), PJ (*Pecten jacobaeus*), FF (*Flexopecten flexuosus*) y FH (*Flexopecten hyalinus*).

6. ENGORDE DE LAS SEMILLAS DE PECTÍNIDOS

Durante varios años, desde 1992 hasta 1998, a finales del mes de marzo y principios de abril, se instalaron líneas de colectores en el Carreró y en la playa del Mojón, con el fin de obtener masivamente semillas de las diferentes especies de pectínidos presentes en esta zona. A lo largo de los meses de octubre y noviembre se recuperaron varias líneas en cada salida al mar.

Figura 170: Trabajos de separación de las semillas de pectínidos del filamento de nylon.

La clasificación de las diferentes especies de pectínidos se realizaba a bordo de la embarcación (Figura 170), dejándolas en agua de mar hasta su distribución en los cuarterones de plástico, que disponen de tapa hermética. Cuatro cuarterones ocupan una bandeja de plástico rígido apilable, de tal forma que, se podían colocar diez o más pisos. Los cuarterones tienen unos 3,5 mm de luz para el paso del agua y de las microalgas para la alimentación de los pectínidos. En el interior de cada cuarterón se colocaron semillas cubriendo, aproximadamente, la mitad del fondo del cuarterón. Los cuarterones apilados en las cestas se sumergieron en la misma zona del Carreró, marcando la posición mediante el GPS y con dos boyas de superficie para diferenciar la línea del preengorde de las que tienen bolsas colectoras.

Estas cestas apiladas se dejaron en el mar en el denominado *preengorde*, desde el otoño hasta la primavera siguiente, cuando se recuperaron para realizar un desdoble, distribuyendo las semillas de cada cuarterón en dos y continuar su crecimiento en diferentes sistemas suspendidos. Cuando los juveniles superaron los 30 mm de altura, se eliminaron los cuarterones y las semillas se dejaron directamente en las bandejas.

6.1. Engorde de las semillas de pectínidos en la playa del Mojón

6.1.1. Cultivo sobre el fondo

En la playa del Mojón, debido a su menor profundidad, se ensayaron solamente las cestas de plástico. Por un lado, se construyeron dos bloques de cemento armado (1), con cuatro asas de acero inoxidable en la cara superior (2), sobre las que reposaba el paquete de cinco cestas de plástico con su tapadera (3). En la parte central del bloque de cemento se fijaba una varilla de acero inoxidable (4) por la que se introducían las cestas (Figura 171).

Los dos bloques de cemento con la varilla de acero inoxidable se fondearon a 12 m de profundidad, frente a la playa del Mojón, entre Oropesa del Mar y Torre de la Sal. En cada bloque se instalaron 5 cestas con las semillas de concha de peregrino, de volandeira y de *Flexopecten flexuosus* capturadas en la última línea de colectores que se extrajeron del Carreró el 12 de noviembre.

El 11 de diciembre de 1991 las semillas de estas especies, que se

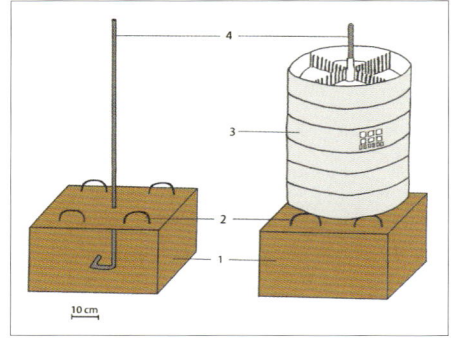

Figura 171: Cultivo de pectínidos sobre el fondo.

midieron y pesaron el día anterior en las instalaciones del Instituto de Acuicultura de Torre de la Sal, se dispusieron en 20 cuarterones colocados en las 5 cestas. En cada paquete se distribuyeron 118 ejemplares de *Pecten jacobaeus* a razón de un lote con los 20 individuos mayores, dos lotes de 25 semillas y otro lote con los 48 juveniles de menor talla, de forma que escasamente llegaban a cubrir toda la superficie del cuarterón. Al inicio y al final del experimento se midieron todos los ejemplares vivos (Tabla XIX).

Un total de 675 semillas de *Aequipecten opercularis* se colocaron en cada paquete de 5 cestas, que se agruparon en 12 cuarterones, según su talla, tres cuarterones con las 30 semillas mayores, dos cuarterones con 40 individuos, tres con 60 animales, tres con 75 ejemplares y uno con los 100 juveniles más pequeños. Al inicio del experimento se midió la altura de 200 juveniles de los diferentes cuarterones.

En los cuatro cuarterones restantes se distribuyeron unas 100 semillas de *Flexopecten flexuosus* en cada uno, debido a su talla pequeña, llenando completamente el fondo del cuarterón, sin tener en cuenta sus tallas.

Dentro de cada paquete la bandeja con los cuatro cuarterones con semillas de *Flexopecten flexuosus* se situaron en la parte inferior, justo encima del bloque de cemento. Las tres bandejas con los 12 cuarterones con juveniles de volandeira se colocaron en la parte intermedia y en la bandeja superior se ubicaron los ejemplares de concha de peregrino.

Tabla XIX
Alturas de las semillas al inicio del experimento en diciembre de 1991

	Especie	Altura Media	Máxima	Mínima	Número
A	*P. jacobaeus*	22,36 ± 2,23	26,3	15,07	118
	A. opercularis	22,16 ± 3,11	36,09	16,29	200
B	*P. jacobaeus*	22,41 ± 3,03	29,54	15,76	118
	A. opercularis	22,99 ± 4,79	34,86	16,42	200

Tabla XX
Alturas de las semillas al final del experimento en abril de 1992

	Especie	Altura Media	Máxima	Mínima	Número
A	*P. jacobaeus*	30,12 ± 8,78	50,13	18,02	118
	A. opercularis	34,27 ± 4,45	41	27,6	17
B	*P. jacobaeus*	36,93 ± 8,42	54,96	19,75	118
	A. opercularis	35,57 ± 5,6	46,17	20,33	84

El 11 de abril de 1992 se extrajeron todos los ejemplares de las cestas para medir su altura. Los cuarterones de las tres bandejas inferiores, con las semillas de volandeira y de *Flexopecten flexuosus* se encontraron llenos de arena y con fragmentos de conchas, que había arrastrado la corriente tras algún temporal, cubriendo parcialmente los paquetes de cestas. Lógicamente, la totalidad de las semillas de estos cuarterones aparecieron muertas. A consecuencia del resultado negativo, se llevaron todos los individuos vivos al Instituto de Acuicultura de Torre de la Sal, donde se midieron y pesaron (Tabla XX).

La altura media de las 118 conchas de peregrino del paquete de cestas «A» era de 30,12 ± 8,78 mm, la longitud media estaba en 32,5 ± 4,83 mm y el peso total medio era de 4,18 ± 2,49 g. La concha de peregrino más grande medía 50,13 mm de altura y pesaba 28,5 g, mientras que el ejemplar más pequeño medía 18,02 mm de altura y pesaba 1,1 g.

En la estructura fija «A» de la playa del Mojón se extrajeron solamente 17 ejemplares vivos de *Aequipecten opercularis*. La altura media de estas volandeiras era de 34,27 ± 4,45 mm, la longitud media era de 34,59 ± 4,13 mm y el peso total medio era de 4,64 ± 1,58 g. El individuo que mostraba la máxima altura medía 41 mm con un peso de 7,87 g y el ejemplar más pequeño medía 27,6 mm y pesaba 2,4 g.

En el paquete de cinco bandejas «B» se encontraron las 118 semillas vivas de concha de peregrino cuya altura media era de 36,93 ± 8,42 mm (Tabla XX). La concha de peregrino más grande medía 54,96 mm de altura y pesaba 32,15 g, mientras que el ejemplar más pequeño medía 19,75 mm de altura y pesaba 1,4 g.

En el paquete «B» de 5 cestas se obtuvieron 84 semillas de volandeira vivas. La altura media de estas volandeiras era de 35,57 ± 5,6 mm, la longitud media era de 36,49 ± 4,73 mm y el peso total medio era de 4,94 ± 1,98 g. El individuo que mostraba la máxima altura medía 46,17 mm con un peso de 8,27 g y el ejemplar más pequeño medía 20,33 mm y pesaba 1,9 g.

El engorde de pectínidos sobre el fondo marino se suele llevar a cabo en lagunas costeras y bahías, pero en mar abierto resulta más arriesgado. En nuestro caso las corrientes marinas y el oleaje removieron el fondo de arena fina que cubrió parcialmente las estructuras con las cestas de plástico. Si se hubiera fondeado dichas estructuras sobre un fondo rocoso plano, posiblemente se hubieran obtenido mejores resultados.

6.1.2. Cultivo suspendido en cestas de plástico rígido

Por otro lado, se fondearon seis paquetes de tres cestas, con los cuatro cuarterones en cada bandeja, más una cuarta que hace de tapadera. Dos paquetes se dejaron a dos metros del fondo, otros dos paquetes se ataron a cinco metros del fondo y otros dos paquetes se fijaron a partir de los 10 m (Figura 172). En cada cuarterón se introdujeron 10 semillas de concha de peregrino.

Desde la inmersión de los seis paquetes de cestas de plástico rígido, una vez al mes o cada dos meses, dependiendo de las condiciones ambientales se realizaron muestreos midiendo los ejemplares contenidos en los paquetes de cestas. En cada muestreo se cambiaban las cestas por otras limpias de organismos incrustantes, que suelen impedir el paso del agua al interior de las cestas.

Tabla XXI
Alturas de las semillas de concha de peregrino al inicio del experimento el 11 de diciembre de 1991

	Altura media	Máxima	Mínima	Número
Cesta 1-1	15,81 ± 4,84	23,83	5,04	120
Cesta 1-2	15,35 ± 3,99	22,36	5,07	120
Cesta 2-1	15,17 ± 4,11	23,53	7,05	120
Cesta 2-2	15,52 ± 2,63	22,61	8,5	120
Cesta 3-1	15,1 ± 2,45	22,75	8,08	120
Cesta 3-2	15,18 ± 2,71	22,46	8,2	120

En cada viaje se extraían dos líneas con las tres cestas de plástico iniciales y se medían todos los ejemplares de concha de peregrino. A medida que la talla de los individuos aumentaba, las semillas se redistribuían en una cuarta cesta, disminuyendo la densidad dentro del cuarterón.

Los paquetes de cestas situados a 10 metros sobre el fondo marino se denominaron líneas 1 (cestas 1-1 y 1-2), los paquetes de cestas situados a 5 metros sobre el fondo se asignaron como líneas 2 (cestas 2-1 y 2-2) y los dos paquetes de cestas situadas a dos metros sobre la arena se conocieron como líneas 3 (cestas 3-1 y 3-2).

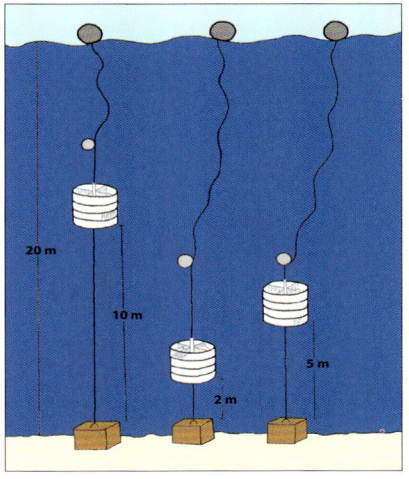

Figura 172: Cultivo de pectínidos en cestas de plástico, fondeadas a diferentes distancias del fondo marino, en la playa del Mojón.

167

El 11 de diciembre de 1991 se fondearon los seis paquetes de cestas de plástico rígido con las conchas de peregrino previamente medidas en las instalaciones del Instituto de Acuicultura de Torre de la Sal, con una altura media de unos 15 mm en cada paquete de cestas (Tabla XXI). Al mismo tiempo se calaron otros paquetes de cestas con semillas de volandeira y de *Flexopecten flexuosus*, pero en estas dos especies no se midió la altura de la concha, ya que inicialmente, solo interesaba conocer el crecimiento en suspensión de la concha de peregrino, por su valor comercial y las otras dos especies simplemente queríamos mantenerlas vivas.

De acuerdo con Cropp y Hortle (1992) la extracción de las cestas con semillas del agua causa en aquellas un estrés lo suficientemente grande para detener su crecimiento durante unos días, llegando incluso a formar una línea de interrupción del crecimiento sobre la concha. Por este motivo, se aconseja medir los mismos individuos cada dos o tres meses, o bien, cada mes muestrear los ejemplares de una línea distinta para tener una aproximación del crecimiento global y, solo al final del experimento, medir la totalidad de las conchas.

Por este motivo, el 15 de enero de 1992 se sacaron los paquetes de las cestas C1-1 y de las cestas C2-2, el 19 de febrero se extrajeron las cestas C2-1 y C3-2, el 2 de abril se obtuvieron las cestas C3-1 y C1-2 y el 14 de mayo se seleccionaron las cestas C2-2 y C3-2 (Tabla XXII). En estos muestreos se midieron las alturas de las 240 semillas, a bordo de la embarcación, y se volvieron a fondear en la misma zona.

Tabla XXII
Alturas de las semillas de concha de peregrino según la fecha del muestreo

Fecha		Altura media	Máxima	Mínima	Número
15-01-92	**Cesta 1-1**	19,49 ± 4,78	30,65	12,05	120
15-01-92	**Cesta 2-2**	19,21 ± 4,74	29,87	11,24	120
19-02-92	**Cesta 2-1**	25,26 ± 5,32	36,32	16,04	120
19-02-92	**Cesta 3-2**	24,72 ± 3,43	34,7	16,58	120
2-04-92	**Cesta 3-1**	26,76 ± 5,59	40,42	18,74	120
2-04-92	**Cesta 1-2**	31,39 ± 5,51	40,87	19,12	120
14-05-92	**Cesta 2-2**	35,72 ± 5,06	44,84	25,64	120
14-05-92	**Cesta 3-2**	34,59 ± 4,74	41,69	25,99	115

Al mismo tiempo se sacaban y contaban las conchas muertas, que resultaron ser en su mayoría de *Flexopecten flexuosus* y *Aequipecten opercularis*, tal como sucedió en las cestas fijadas al fondo en la playa del Mojón. Por tanto, se puede deducir que estas especies son más sensibles a los cambios ambientales al sacarlas del fondo y dejarlas en la superficie, sobre la cubierta de la embarcación.

El 25 de junio de 1992 se sacaron los seis paquetes de cestas que se trasladaron al IATS para medir su altura y continuar su engorde en tanques de cultivo situados en una habitación isotérmica, donde se mantenía la temperatura del agua alrededor de los 20 ºC, alimentándolas con una mezcla de microalgas a base de *Tetraselmis suecica*, *Isochrysis galbana* y *Skeletonema costatum*.

Durante los meses estivales, de julio a septiembre, no se suelen realizar muestreos para que los ejemplares no sufran el estrés producido por el calor, pues en el manejo para medir las alturas y distribuir las conchas en las cestas, aquellas quedan expuestas durante unas horas a unos 25-27 ºC y a una fuerte insolación en la cubierta de la embarcación, lo que les puede provocar la muerte.

En la Tabla XXIII se muestran las alturas medias, la máxima y la mínima de las conchas de peregrino que quedaban en cada paquete de cestas. Por los resultados obtenidos en este primer ensayo de engorde de semillas de concha de peregrino en cultivo suspendido, se ha observado un incremento medio mensual de unos 5 mm, lo que equivale a 6 cm al año (Figura 173). Sin embargo, se ha descrito que el crecimiento disminuye con la edad, siendo elevado los primeros meses y hasta los dos años, después se estabiliza y el incremento es muy pequeño.

Tabla XXIII
Alturas de las semillas de concha de peregrino al final del experimento en junio de 1992

	Altura media	Máxima	Mínima	Número
Cesta 1-1	43,91 ± 5,35	51,02	30,95	119
Cesta 1-2	43,85 ± 5,01	51,73	31,83	120
Cesta 2-1	41,49 ± 5,11	50,07	29,69	114
Cesta 2-2	40,56 ± 5,21	49,05	30,63	110
Cesta 3-1	36,31 ± 4,93	49,46	29,81	103
Cesta 3-2	38,91 ± 5,78	50,09	29,19	90

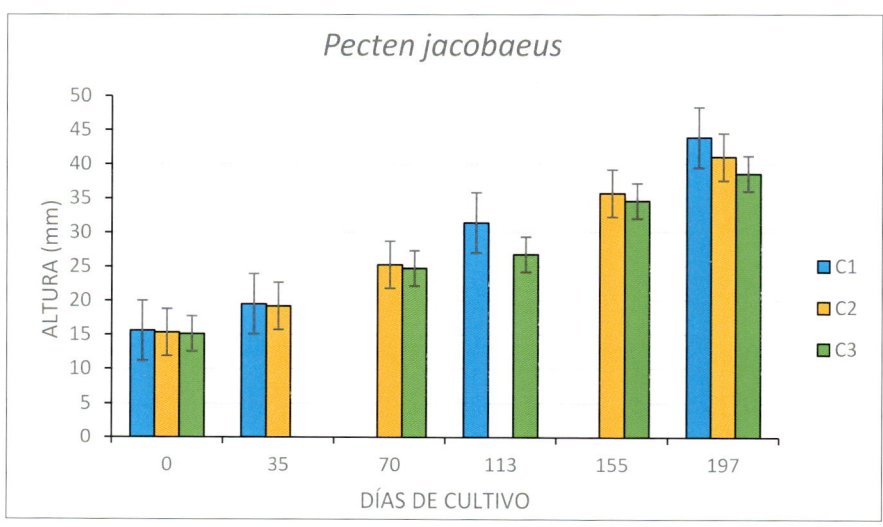

Figura 173: Crecimiento de las semillas de concha de peregrino en la playa del Mojón en cestas situadas a tres profundidades respecto al fondo.

Se ha observado un incremento ligeramente superior en las conchas de peregrino introducidas en las cestas situadas a 10 metros del fondo marino respecto a las que estaban a cinco y dos metros de los bloques de cemento. Por otro lado, la supervivencia también ha sido superior en las cestas más cercanas a la superficie (99,6 %) después de 197 días de cultivo, mientras que en las cestas C2 la supervivencia ha sido del 93,3 % y en las cestas situadas a dos metros del fondo solo de un 80,4 %. Esta mayor mortalidad se deduce que fue por la proximidad al fondo y la presencia de cangrejos en el interior de las cestas.

6.2. Engorde de las semillas de la concha de peregrino en el Carreró

Los sistemas de cultivo ensayados en el Carreró fueron de cinco tipos: cestas de plástico rígido, bolsas de malla, *linternas* japonesas, suspensión por las *orejas* y pegadas con una bola de cemento.

Basándonos en uno de los métodos de engorde de las ostras, que se pegan en grupos de tres en una cuerda, mediante una bola de cemento, que se utiliza en las bateas gallegas y en el delta del Ebro, en 1993, se pegaron tres conchas de peregrino en una cuerda secundaria (Figura 174), que se sujetó a un cabo principal, en tramos de uno a dos metros, en cuyos extremos estaban el muerto de cemento y la boya de superficie.

Se prepararon dos cuerdas en las que se colocaron 50 grupos de tres conchas de peregrino en cada una (Figura 175). La distancia entre cada grupo de conchas de peregrino era de 20 a 25 cm. En total se utilizaron 300 conchas de peregrino. Para que el cemento secara convenientemente, las semillas se dejaron al aire varias horas, salpicando periódicamente los animales con agua de mar.

La cuerda con las conchas de peregrino se mantuvo en paralelo al cabo principal. De tal forma que, por el roce de un cabo con el otro, tras varios meses de cultivo suspendido, la mayoría de las conchas se perdieron y, consecuentemente, no se volvieron a preparar cabos con las conchas de peregrino pegadas con las bolas de cemento. En la figura 175 se puede observar el hueco que dejaron algunas conchas de peregrino en la bola de cemento.

Figura 174: Grupos de tres conchas de peregrino con la bola de cemento.

Figura 175: Fondeo de un cabo con las conchas de peregrino pegadas a las bolas de cemento, tras medir la altura de las conchas supervivientes.

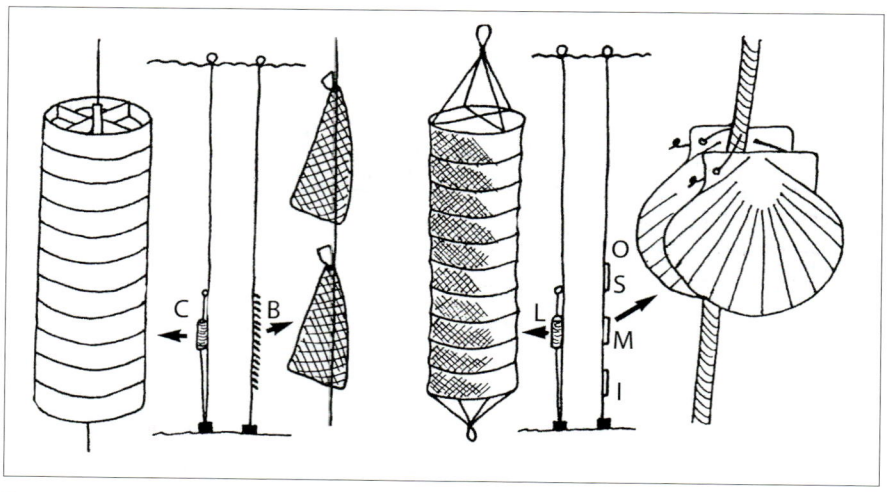

Figura 176: Sistemas de engorde de semillas de pectínidos: cestas de plástico (C), bolsas (B), linternas (L) y suspendidas por las orejas (O).

Los cuatro sistemas de engorde más usados se exponen en el esquema de la figura 176, que se describirán en detalle en los próximos apartados.

6.2.1. Engorde en cestas de plástico apiladas

Debido a que la freza primaveral de *Pecten jacobaeus* en el caladero Carreró está localizada de mediados de febrero a finales de abril (Mestre *et al.*, 1990), los colectores se instalaron a finales de marzo y primeros de abril de 1992, en esa misma zona, con objeto de obtener las larvas de la parte central de la época de desove.

La extracción de los colectores se llevó a cabo en octubre y noviembre del mismo año, realizándose la clasificación de las diferentes especies de pectínidos, de forma que las semillas de concha de peregrino se distribuyeron en paquetes de cestas de plástico rígido (cubanitos), usadas para el engorde de la ostra plana (*Ostrea edulis* L. 1758) y el ostrón u ostra japonesa

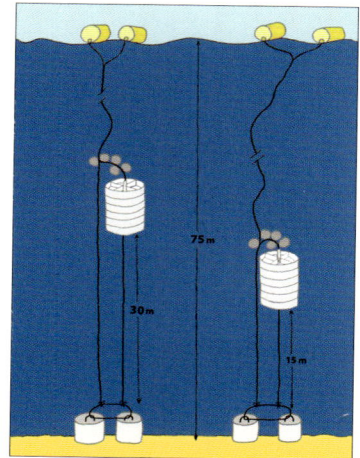

Figura 177: Sistema de engorde mediante cestas de plástico rígido.

(*Crassostrea gigas* Thunberg, 1793) en las rías gallegas, con el fin de seguir su preengorde hasta alcanzar una talla adecuada para continuar el engorde en los diferentes sistemas de cultivo, por lo que se dejaron desde el otoño a la primavera siguiente en cultivo suspendido en las cestas.

En otoño las semillas tenían una talla pequeña y se introdujeron en los cuarterones dotados de tapa hermética de unos 3,5 mm de luz. Periódicamente se realizaron desdobles, disminuyendo la densidad de semillas en cada cuarterón, hasta que las semillas superaron los 30 mm de altura y fueron manejables.

En el experimento del engorde de las conchas de peregrino en cestas de plástico rígido apiladas se ensayaron dos profundidades (Figura 177), en una, la cesta más profunda distaba 15 metros de los bloques de cemento y en la otra, las cestas estaban a partir de los 30 metros. Para el engorde se colocaron dos muertos de 40 kg en cada línea con los paquetes de cestas y un grupo de cinco boyas de inmersión, con el fin de mantener el cabo bien tenso. En la superficie también se señalaba su situación con dos boyas, para diferenciarlas de las líneas de colectores.

Cada concha de peregrino estaba marcada con una etiqueta de plástico «Dymo», con un número del 0 al 99, en tres colores diferentes, 100 en azul, 100 en verde y 100 en rojo, que se pegaron sobre la valva izquierda, la plana, que queda en la posición superior.

Al inicio del experimento, en el Instituto de Acuicultura de Torre de la Sal, se midió la altura de los 300 ejemplares, mediante un pie de rey electrónico Mitutoyo, con una precisión de 0,01 mm, cuya altura media fue de 39,42 ± 5,69 mm, dentro del intervalo de 24,49 a 60,25 mm, colocando en las 10 cestas del cabo «A» los 100 individuos marcados con etiquetas en rojo y 50 de los marcados de color azul, y en el paquete de cestas «B» los otros 50 ejemplares marcados en azul y los 100 con etiquetas verdes.

Figura 178: Cestas apiladas con los cuarterones y sus tapas.

Las cestas de plástico en un principio se dispusieron con los cuarterones y sus respectivas tapas herméticas (Figura 178), colocando 10 cestas apiladas y con otra cesta a modo de tapadera. En cada cesta se introdujeron 15 conchas de peregrino marcadas, de forma que en total se fondearon 150 conchas de peregrino en cada cabo, pero a medida que los ejemplares crecían se aumentaba el número de pisos (Figura 179).

Para el experimento se usaron las conchas de peregrino de un año de edad, capturadas en otoño de 1993, en los colectores que se fondearon en marzo de 1992 y se dejaron crecer en cestas suspendidas hasta que alcanzaran una talla adecuada en la primavera siguiente.

El fondeo de los dos cabos con las cestas de plástico se realizó el 31 de marzo de 1993, aproximadamente cada mes se sacaron las cestas para medir la altura de todas las conchas de peregrino, excepto los meses de agosto y septiembre, para evitar el estrés producido en los animales al pasar de 13 ºC del fondo a la temperatura ambiente de 25 ºC a 30 ºC. Después de calcular la altura, las conchas de peregrino se introducían en los cuarterones y se volvían a fondear las cestas apiladas.

El 31 de marzo, la altura media de los 100 ejemplares marcados en rojo fue de 37,94 ± 9,92 mm, dentro del intervalo de 24,49 a 60,25 mm, mientras que las conchas de peregrino marcadas en verde tenían una altura media de 41,03 ± 6,98 mm, con un intervalo de 28,32 a 53,09 mm. Las conchas con la etiqueta azul (Figura 180) también se midieron, dando una altura media de 39,28 ± 9,07 mm, dentro del intervalo de 24,51 a 54,01 mm.

En los muestreos realizados a bordo, para simplificar la labor de medir un número representativo de ejemplares, se optó por medir solamente las conchas de peregrino de un solo color, bien las 100 marcadas en verde o las 100 en rojo, según el paquete de cestas que se hubiera extraído.

Figura 179: Cestas apiladas preparadas para la inmersión.

174

En el muestreo de mayo se midieron los 100 ejemplares marcados en rojo, en junio se calculó la altura de las conchas de peregrino marcadas en verde, en julio y en octubre se volvió a extraer el paquete de los ejemplares en verde, pensando que el cabo con los ejemplares marcados en rojo se había perdido, pero en febrero de 1994 se recuperaron las conchas de peregrino marcadas en rojo que habían alcanzado una altura media de 88,18 ± 8,64 mm, con un intervalo de 73 a 120 mm y habían sobrevivido 83 ejemplares.

Figura 180: Conchas de peregrino marcadas.

Los primeros meses se midieron las conchas de peregrino mediante el pie de rey electrónico Mitutoyo, pero en los sucesivos muestreos, cuando las conchas habían crecido bastante y la tarea resultaba lenta, los animales se colocaron encima de una tablilla cuadriculada y plastificada (Figura 181), que apreciaba los milímetros, de forma que el cálculo de la altura se podía hacer mucho más rápido, mientras dos biólogos medían las conchas, otros iban anotando la altura.

Figura 181: Biólogos midiendo y anotando las alturas de las conchas de peregrino.

Generalmente, en los muestreos mensuales, a medida que los ejemplares aumentaban de tamaño, se fueron eliminando los cuarterones para favorecer una mejor renovación del agua en el interior de las cestas.

Durante el proceso del cálculo de la altura de las conchas de peregrino, estas se introducían en una cesta y a medida que se determinaba la altura se amontonaban en otra cesta (Figura 182). Al finalizar la operación se volvían a distribuir en las cestas apiladas, abarcando aproximadamente la mitad de la superficie del cuarterón, así, en cada cesta se reducía el número de conchas, de 12 a 20, según su talla, de forma que se tenían que añadir nuevas cestas, así en los desdobles, de las 10 cestas iniciales se pasó a once o doce (Figura 183).

Figura 182: Cestas con las conchas preparadas para medir la altura.

Figura 183: Cestas de plástico rígido preparadas para su inmersión.

Las conchas de peregrino rojas no se pudieron desdoblar desde mayo de 1993, por eso, cuando se recuperaron en febrero de 1994, se encontraron 17 ejemplares rojos muertos y cuatro marcados en azul, probablemente debido al hacinamiento en el espacio reducido de los cuarterones. En muchas ocasiones se han observado conchas de peregrino que se habían *mordido* mutuamente, o sea, no podían soltarse porque ambas tendían a cerrar sus valvas y, finalmente, morían.

Tabla XXIV

Altura de las conchas de peregrino en las cestas según la fecha de muestreo

Fecha	Marca	Media	Sd	Min	Max	N
31-03-93	Roja	37,94	9,917	24,49	60,25	100
31-03-93	Verde	41,03	6,981	28,32	53,09	100
31-03-93	Azul	39,28	9,072	24,51	54,01	100
8-05-93	Roja	40,13	6,816	28,05	63,13	100
1-06-93	Verde	45,58	6,693	34,24	61,05	100
9-07-93	Verde	51,47	6,79	39,85	65,25	100
11-10-93	Verde	59,17	7,191	48,91	74,14	98
14-02-94	Roja	88,18	10,45	73	120	83

La supervivencia de las conchas de peregrino en las cestas ha sido elevada hasta octubre, con los muestreos mensuales, a excepción de los meses más calurosos, proporcionando también buenos resultados de aumento del tamaño, como se refleja en la tabla XXIV.

Los ejemplares marcados con etiquetas rojas en unos diez meses y medio pasaron de medir 37,94 mm de media a 88,18 mm, el individuo más grande dobló su altura, pasando de 60,25 a 120 mm y la concha más pequeña triplicó su tamaño al pasar de 24,49 mm a 73 mm de altura.

6.2.2. Engorde suspendidas por las *orejas*

A las conchas de peregrino, mediante un taladro, se les practicaba un agujero en ambas aurículas posteriores de las valvas, manteniendo al animal vivo. Para ello, las conchas de peregrino se conservaban en una bandeja con agua de mar, se colocaba un ejemplar sobre un taco de madera y con un taladro fijo se realizaba un agujero de 1 mm de diámetro, volviendo a colocar la concha de peregrino en el agua de mar en otra bandeja en cuestión de segundos.

Posteriormente, se pasaba un fragmento de hilo de nylon por el orificio de una concha de peregrino, se hacía un nudo en un extremo y el otro extremo se pasaba por el interior del cabo y luego, se atravesaba otro ejemplar, practicando un nuevo nudo en el extremo del hilo de nylon. De este modo, las conchas se suspendían a pares a lo largo del cabo.

Las conchas de peregrino utilizadas para el engorde en este sistema de cultivo deberían de tener una talla mínima de 25 mm, aunque se recomienda que se les practique el agujero de la aurícula posterior a partir de los 30 mm. De hecho, en algunos ejemplares con alturas inferiores a este tamaño, al realizar la perforación se producía la rotura de la aurícula y quedaban descartadas para seguir su engorde.

Las conchas de peregrino con las orejas perforadas se colgaron en tres cabos de cinco metros de longitud, en los que se dispusieron 25 pares de conchas de peregrino, a intervalos de 25 a 30 cm (Figura 184). Los tres cabos se ataron al cabo principal, el primero desde los 5 m del muerto a los 10 m, grupo inferior («I», en la figura 176), dejando un espacio de 5 m entre los grupos, así el grupo intermedio («M», en la figura 176) estuvo situado entre 15 y 20 m y el grupo superior («S», en la figura 176) entre 25 y 30 m sobre el fondo. De este modo, en cada cabo se

Figura 184: Las conchas de peregrino atadas de dos en dos en el cabo de 5 metros.

instalaron 150 conchas de peregrino. Para este estudio se utilizaron dos líneas con las boyas de superficie marcadas como «C» y «D», para diferenciarlas de las que llevaban cestas («A» y «B»).

Las conchas de peregrino no se marcaron con etiquetas de colores, ya que mensualmente, al medirlas, se tomaba la referencia de su situación en el cabo. Inicialmente, en las instalaciones del Instituto de Acuicultura de Torre de la Sal se calculó la altura de las 300 conchas de peregrino que proporcionaron una media de 40,85 ± 6,12 mm, con un intervalo de 25,55 mm a 54,99 mm.

Este sistema de engorde es uno de los más utilizados en la bahía de Mutsu (Japón) superando el 60 % de los cultivos suspendidos que se llevan a cabo en dicha bahía (Body, Murai, 1986). Los costes de infraestructura de este método son muy reducidos, además se reduce la acumulación de organismos incrustantes, por estar continuamente en movimiento y permite un mayor flujo de agua entre las conchas de peregrino (Figura 185).

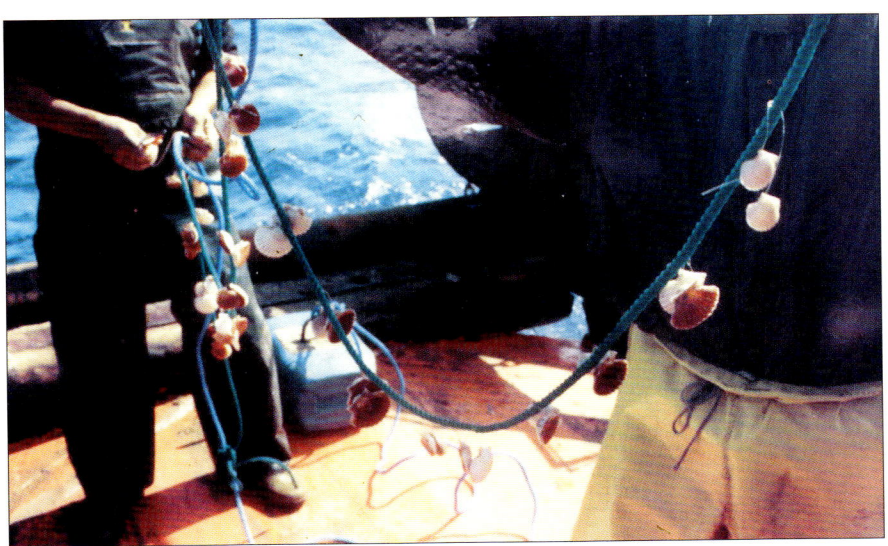

Figura 185: Las conchas de peregrino atadas de dos en dos en el cabo de 5 metros.

En la tabla XXV se muestran las alturas medias de las 50 conchas de peregrino de cada fragmento según su ubicación a lo largo de los cabos «C» y «D», colocados en su situación superior, intermedia e inferior, antes de su inmersión en el Carreró el 31 de marzo de 1993.

Durante los muestreos para calcular la altura de las conchas de peregrino, todos los ejemplares suspendidos por sus orejas en el cabo se medían con el pie de rey electrónico, con una precisión de 0,01 mm, según el orden que mantenían en el cabo (Figura 186).

Tabla XXV

Altura inicial de las conchas de peregrino en suspensión por las orejas

31-03-93	Media	Desv.est.	Mínimo	Máximo	Número
C-Superior	39,47	5,41	28,94	51,09	50
C-Intermedia	40,1	6,08	25,55	53,42	50
C-Inferior	43	9,15	26,66	54,99	50
D-Superior	40,57	5,07	29,37	51,28	50
D-Intermedia	41,52	5,42	32,55	52,65	50
D-Inferior	40,44	5,61	30,39	50,38	50

179

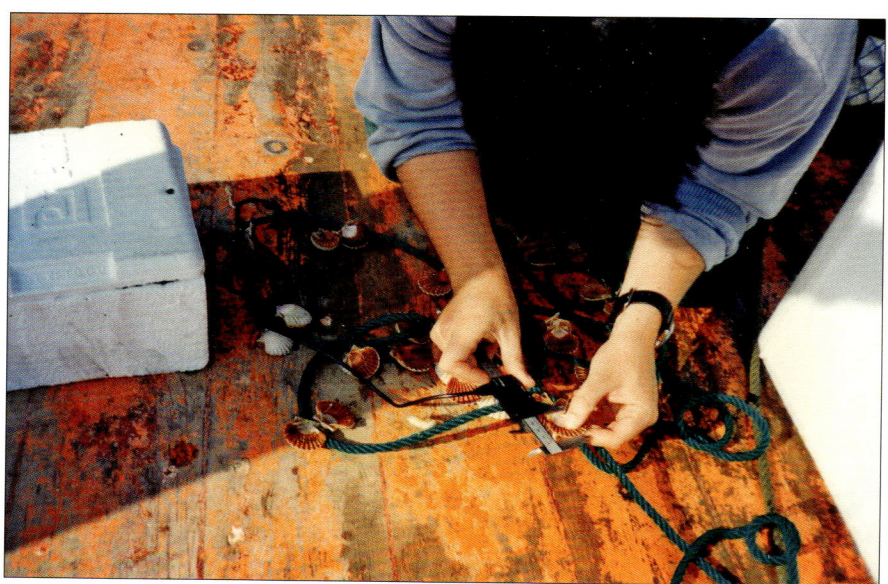

Figura 186: Midiendo las conchas de peregrino con un pie de rey electrónico.

TABLA XXVI

Altura de las conchas de peregrino en suspensión por las orejas en mayo y junio

8-05-93	Media	Desv.est.	Mínimo	Máximo	Número
C-Superior	41,98	5,42	30,39	56,48	47
C-Intermedia	41,12	5,18	27,82	51,92	31
C-Inferior	45,46	9,61	30,11	59,04	43
1-06-93					
D-Superior	42,07	4,87	30,87	52,11	50
D-Intermedia	43,04	5,66	33,34	53,15	44
D-Inferior	41,05	5,32	31,29	52,1	39

En los muestreos mensuales solamente se extrajo un cabo con las conchas de peregrino, bien la línea «C» o la «D». Se procuró hacerlo en meses alternos, así en mayo se sacó el cabo marcado como «C», en junio la línea «D» (Tabla XXVI), y así sucesivamente, hasta diciembre de 1993 (Tablas XXVII y XXVIII), en que no se localizó el cabo «D», pero se extrajo el «C» para el seguimiento de su crecimiento.

180

En enero de 1994 no se encontró ninguno de los dos cabos con las conchas de peregrino suspendidas por las orejas.

Tabla XXVII
Altura de las conchas de peregrino en suspensión por las orejas en julio y octubre

9-07-93	Media	Desv.est.	Mínimo	Máximo	Número
C-Superior	46,63	4,68	34,2	56,95	46
C-Intermedia	49,43	5,75	36,61	58,32	31
C-Inferior	57,37	7,06	42,36	64,14	6
11-10-93					
D-Superior	61,35	7,67	38,42	75,74	39
D-Intermedia	59,65	9,49	34,45	73,09	31
D-Inferior	57,08	3,6	53,55	63,95	6

Tabla XXVIII
Altura de las conchas en suspensión por las orejas en noviembre y diciembre

20-11-93	Media	Desv.est.	Mínimo	Máximo	Número
C-Superior	54,27	6,33	39,65	63,74	44
C-Intermedia	57,66	7,01	43,51	66,97	18
C-Inferior	70,71	9,39	54,1	80,71	6
11-12-93					
C-Superior	54,5	6,29	38,67	63,03	39
C-Intermedia	57,36	7,45	44,23	66,95	16
C-Inferior	71,19	9,27	54,76	82,07	6

Los fragmentos de cuerda con las conchas de peregrino suspendidas por las orejas estaban en paralelo con el cabo principal, de forma que, por el roce, se rompió la lengüeta frágil de la oreja, quedando libres gran número de ejemplares. En las tablas XXVI, XXVII y XXVIII se aprecia la disminución del número de individuos que quedaban en cada segmento del cabo.

El incremento de la altura de las conchas de peregrino se aprecia perfectamente cuando se midieron el mismo número de ejemplares de un segmento, así, en el tramo intermedio del cabo «C», en mayo el intervalo era de 27,52 a 51,92 mm y en julio esos mismos ejemplares (31) medían entre 36,61 y 58,32 mm. Otro ejemplo se puede constatar en el segmento inferior del cabo «C» que, en julio los seis ejemplares estaban en el rango de los 42,36 a los 64,14 mm (Tabla XXVII), y en noviembre medían de 54,1 a 80,71 mm (Tabla XXVIII), pero en diciembre el crecimiento no fue tan elevado, pasando a un rango de 54,76 a 82,07 mm, después de 3 semanas.

En las tablas XXVII y XXVIII se observa una pérdida elevada de las conchas del tramo inferior, en comparación con los otros segmentos, que podría ser debida a la mayor proximidad al fondo y al fango que se acumulaba sobre las valvas, o bien a los cangrejos y pulpos que pueden trepar por el cabo.

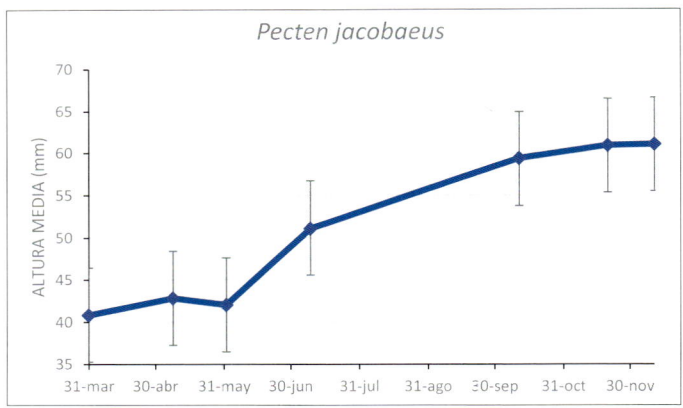

Figura 187: Alturas medias de las conchas de peregrino suspendidas por las orejas.

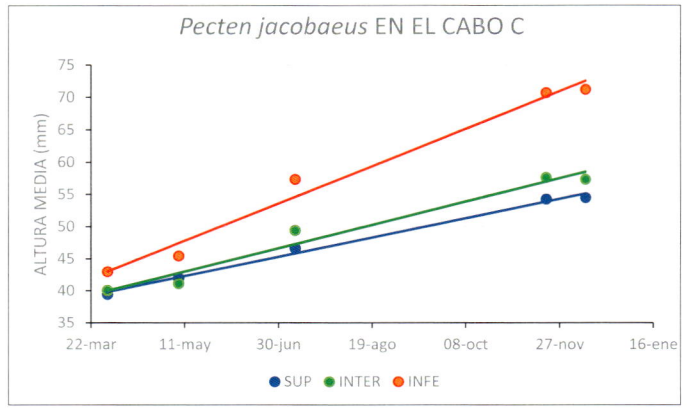

Figura 188: Crecimiento de las conchas de peregrino suspendidas por las orejas en el cabo «C», según la profundidad del fragmento del cabo.

En la figura 187 se representan las alturas medias de las conchas de peregrino suspendidas de las aurículas durante todo el cultivo. En mayo se observó un decrecimiento atribuido a que se midieron los ejemplares del cabo «D», que inicialmente eran ligeramente más pequeñas, mientras que en abril y junio se eligieron las conchas de peregrino del cabo «C».

El crecimiento de las conchas de peregrino se aprecia mejor en los muestreos de un mismo cabo, así en el cabo «C» (Figura 188) se observa un mayor crecimiento en las conchas de peregrino del tramo inferior, mientras que en los segmentos intermedio y superior fueron similares, con diferencias no significativas.

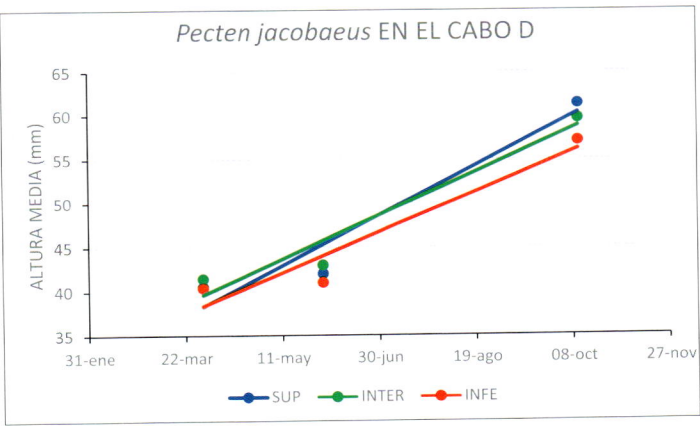

Figura 189: Crecimiento de las conchas de peregrino suspendidas por las orejas en el cabo «D».

Por otro lado, en el cabo «D» no se apreciaron diferencias del crecimiento de las conchas de peregrino de un segmento a otro (Figura 189).

6.2.3. Engorde en bolsas de malla

El engorde de los pectínidos dentro de bolsas de malla es un sistema cómodo y económico, aunque tiene el inconveniente de que las conchas de peregrino están amontonadas en el fondo de la bolsa (Figura 190).

En las bolsas de malla utilizadas para el transporte y venta de verduras se introdujeron 10 ejemplares de conchas de peregrino en cada bolsa, colocando 16 bolsas en un solo cabo, marcado como «E». La profundidad del fondeo fue entre 55 y 60 metros y las bolsas se dispusieron entre 10 y 17 metros del muerto, separadas a intervalos de 50 cm (Figura 191).

Figura 190: Bolsa con 10 ejemplares.

Figura 191: For.deo de las 16 bolsas.

Tabla XXIX
Alturas de las conchas de peregrino en las 16 bolsas al inicio del estudio

31-03-93	Media	Desv.est.	Mínimo	Máximo	Número
B1	39,7	3,77	33,98	45,93	10
B2	40,39	3,58	35,67	47,7	10
B3	38,83	4,72	31,68	48,88	10
B4	38,68	5	31,26	46,56	10
B5	40,03	6,72	33,23	54,46	10
B6	40,92	3,66	35	45,88	10
B7	40,14	5,81	33,61	54	10
B8	47,44	1,85	43,2	50,26	10
B9	38,35	1,97	35,61	41,99	10
B10	45,34	1,56	42,69	48,66	10
B11	30,69	2,41	24,71	33,45	10
B12	41,44	1,91	37,25	44,59	10
B13	33,02	3,23	24,68	36,23	10
B14	40,93	1,78	38,03	43,68	10
B15	36,87	1,27	34,36	39,27	10
B16	29,91	2	25,89	33,97	10

El 31 de marzo se midieron todos los ejemplares de las 16 bolsas que proporcionaron una altura media de 38,92 ± 3,2 mm y un intervalo de 24,7 mm a los 54,5 mm. Las conchas de peregrino que se introdujeron en las bolsas no se marcaron con etiquetas de colores, sino que se sacaba la media, la desviación estándar y el rango de los 10 ejemplares de cada bolsa. La altura media de las conchas de cada bolsa se expone en la tabla XXIX.

En los muestreos siguientes se midieron todas las conchas de peregrino de las ocho bolsas superiores o de las ocho inferiores, alternativamente, observándose un incremento de la altura media bastante considerable, así como en la altura máxima y la mínima dentro de cada bolsa, permitiendo obtener información de los diez ejemplares.

En el muestreo de mayo se midieron las conchas de peregrino de las 8 bolsas superiores (Tabla XXX), en junio fueron de las 8 bolsas más profundas (Tabla XXXI), en julio se sacaron las conchas de las bolsas superiores (Tabla XXXII) y en octubre se volvieron a medir los ejemplares de las bolsas profundas (Tabla XXXIII).

Tabla XXX
Alturas de las conchas de peregrino en las 8 bolsas superiores en mayo

8-05-93	Media	Desv.est.	Mínimo	Máximo	Número
B1	41,82	4,03	36,31	49,1	10
B2	43,1	3,46	38,04	50,18	10
B3	42,24	4,63	35,14	52,01	10
B4	43,41	4,25	36,86	49,86	10
B5	45,02	5,84	38,11	57,75	10
B6	45,75	6,46	38,25	60,98	10
B7	46,69	5,92	41,46	60,22	10
B8	52,76	3,07	48,13	55,49	10

Tabla XXXI
Alturas de las conchas de peregrino en las 8 bolsas inferiores en junio

1-06-93	Media	Desv.est.	MÍNIMO	Máximo	Número
B9	43,92	3,13	38,74	47,8	10
B10	49,86	1,96	46,4	52,78	10
B11	34,75	3,28	28,09	39,2	8
B12	47,21	2,38	42,52	51,98	10
B13	40,32	1,57	37,64	43,32	10
B14	46,87	2,23	43,38	50,5	10
B15	43,08	1,73	40,35	45,98	10
B16	35,05	1,97	31,86	39,5	10

El crecimiento medio de las conchas de peregrino depende de las bolsas que se midan. Se ha querido desglosar las alturas medias de las conchas en cada bolsa, pues si se comparan los promedios de todos los ejemplares, da la impresión de que desde mayo a junio las conchas disminuyen su tamaño (Tabla XXXI). Ello es debido a que en junio se midieron las 8 bolsas inferiores, que inicialmente eran más pequeñas, sobre todo las de las bolsas 11 y 16.

Tabla XXXII
Alturas de las conchas de peregrino en las 8 bolsas superiores en julio

9-07-93	Media	Desv.est.	Mínimo	Máximo	Número
B1	48,79	4,12	42,79	55,31	10
B2	51,28	3,36	45,72	57,72	10
B3	50,4	4,83	43,2	60,46	10
B4	52,06	5,38	44,68	61,6	10
B5	50,02	5,78	42,66	59,67	10
B6	50,58	7,1	42,34	66,82	10
B7	53,23	6,37	46,52	66,53	8
B8	57,96	2,83	54,4	62,48	9

Tabla XXXIII
Alturas de las conchas de peregrino en las 8 bolsas inferiores en octubre

11-10-93	Media	Desv.est.	Mínimo	Máximo	Número
B9	57,76	3,36	53,24	61,75	10
B10	65,05	2,06	60,04	68,13	10
B11	49,27	5,96	35,89	54,86	8
B12	62,23	4,29	52,5	67,68	10
B13	54,8	2,96	50,15	60,18	10
B14	58,57	6,07	41,99	64,67	10
B15	58,09	2,71	54,05	62,37	10
B16	49,97	2,46	47,06	54,47	10

Si comparamos las alturas medias de las conchas de peregrino dentro de una misma bolsa, por las medidas en meses alternos, se observa un buen crecimiento. Al comparar las tablas XXX y XXXII y la tabla XXXI con la XXXIII se comprueba que las conchas de peregrino han tenido un crecimiento considerable.

6.2.4. Engorde en *linternas* japonesas

Las linternas japonesas consisten en un cilindro de malla con diez pisos o bandejas, que se construyó con once aros de acero inoxidable de 45 cm de diámetro, con una malla sobre la que descansan las conchas de peregrino (Figura 192). La malla de la red que envuelve la linterna tiene 9 mm de luz, suficiente para permitir un buen intercambio de agua con el exterior e impedir que se escapen los juveniles y que penetran los depredadores.

Las bandejas estaban separadas por unos 30 cm y sobre cada piso se introdujeron 15 conchas de peregrino. Como en los otros sistemas de engorde, en cada linterna había 150 ejemplares que, al disponer de dos linternas, se utilizaron 300 conchas de peregrino.

Cada concha de peregrino estaba marcada con una etiqueta de plástico «Dymo», con un número del 0 al 99, en tres colores diferentes, 100 en rojo, 100 en negro y 100 en verde, que se pegaron sobre la valva izquierda.

Al inicio del experimento se midió la altura de los 300 ejemplares, mediante un pie de rey electrónico Mitutoyo, con una precisión de 0,01 mm, cuya altura media fue de 41,11 ± 5,98 mm, dentro del intervalo de 28,57 a 59,68 mm. Las 100 conchas marcadas de negro tenían una altura media de 39,51 ± 5,98 mm con un rango de 28,57 a 49,8 mm, los 100 individuos con la etiqueta verde medían

41,42 ± 5,81 mm dentro del intervalo de 29,93 a 53,41 mm y los 100 ejemplares identificados en rojo tenían una altura media de 42,43 ± 7,22 mm con un rango de 29,47 a 59,68 mm.

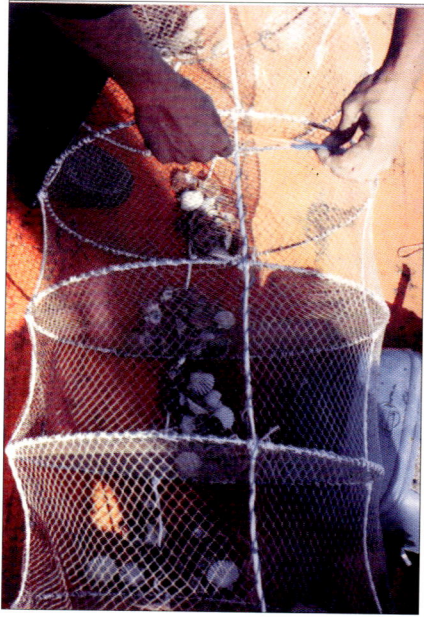

Figura 192: Llenando la linterna

Figura 193: Linterna lista para el fondeo.

En la linterna «F» se distribuyeron 100 conchas de peregrino marcadas con etiquetas verdes y 50 con las rojas, y en la linterna «G» se colocaron los otros 50 ejemplares marcados en rojo y las 100 en negro (Figura 193).

En los muestreos realizados a bordo, para simplificar la labor de medir un número representativo de ejemplares en la linterna, se optó por medir solamente las conchas de peregrino de un solo color, bien las 100 marcadas en verde o las 100 en negro, según la linterna que se hubiera extraído.

Tabla XXXIV

Alturas de las conchas de peregrino en las linternas japonesas según la fecha
de muestreo

Linterna	Marca	Media	Sd	Mín	Máx	N
31-03-93	Roja	42,43	7,215	29,47	59,68	100
31-03-93	Negra	39,51	5,985	28,57	49,8	100
31-03-93	Verde	41,42	5,806	29,93	53,41	100
8-05-93	Verde	42,04	5,197	30,75	55,69	100
1-06-93	Negra	41,75	5,471	31,81	52,32	95
9-07-93	Verde	43,81	6,858	32,43	57,75	91
11-10-93	Negra	48,38	5,407	37,68	59,49	94
20-11-93	Negra	52,36	5,954	39,8	59,9	19

En el muestreo de mayo se midieron los 100 ejemplares marcados en verde,
en junio se calculó la altura de las 95 conchas de peregrino vivas con las etiquetas
negras, en julio se extrajo de nuevo la linterna con 91 ejemplares marcados en
verde y en octubre se sacó una linterna con los 94 individuos marcados en negro
(Tabla XXXIV).

En el muestreo del 20 de noviembre, la linterna «G» tenía varios aros de acero
rotos que, al abrirse rasgaron la red de contención que rodea la linterna, de modo
que la mayoría de las conchas de peregrino cayeron al fondo marino. Solamente se
recuperaron y se midieron 19 individuos (17 marcados en negro y 2 en rojo) de los
150 que deberían permanecer en la linterna. Esta merma en conchas no se puede
considerar como muerte de los ejemplares, sino como una pérdida accidental.

6.2.5. Comparación del crecimiento en los cuatro sistemas de engorde

Los muestreos para medir la altura de las conchas de peregrino se realizaron
mensual o bimensualmente, dependiendo de las condiciones climatológicas.
Durante los meses de máximo calor, agosto y septiembre, no se midieron las
conchas de peregrino para evitar que murieran por efecto del cambio brusco de
la temperatura. En cada muestreo se anotaron los ejemplares muertos en cada
sistema.

Debido al gran número de ejemplares que había que medir, de los dos cabos de cada
sistema de engorde, solamente se sacó uno en el que se marcaron sus boyas de superficie,
excepto del cabo con bolsas de malla, que solo había uno, en el que se midieron las
conchas de peregrino de las 8 bolsas superiores o inferiores, alternativamente.

Las conchas de peregrino se marcaron en el Instituto de Acuicultura de Torre de la Sal con una marca de plástico pegada en la valva izquierda, que se numeraron del 0 al 99 en tres colores diferentes. Las 300 conchas de peregrino destinadas a perforarles la aurícula posterior no se marcaron, así como las que se colocaron en las 16 bolsas.

El 31 de marzo de 1993, todas las conchas de peregrino clasificadas y confinadas en bolsas de malla, según el sistema de cultivo al que iban a destinarse, se trasladaron en recipientes con 100 litros de agua de mar (Figura 194), hasta la embarcación *Agustín Isabel* del puerto pesquero de Peñíscola, de forma que se llevaron hasta el caladero Carreró en que estaba prevista la inmersión en los cuatro sistemas de engorde, con una duración de unas dos horas.

Figura 194: Contenedor con las conchas de peregrino para el transporte.

Tabla XXXV

Altura media (M) de las conchas de peregrino, con su desviación estándar (DE)
y el número de ejemplares vivos (N) durante los 194 días de cultivo en 1993.

Sistema		31-03	8-05	1-06	9-07	11-10
Cestas	M	39,42	40,13	45,58	51,47	59,17
	DE	5,69	6,82	6,69	6,79	7,19
	N	300	100	100	100	98
Orejas	M	40,85	42,85	42,05	51,14	59,36
	DE	6,12	6,74	5,28	5,83	6,92
	N	300	121	133	83	76
Bolsas	M	38,92	45,1	42,63	51,79	56,97
	DE	3,2	3,53	5,58	2,83	5,48
	N	160	80	78	75	75
Linternas	M	41,11	42,04	41,75	43,81	48,38
	DE	5,98	5,19	5,47	6,86	5,41
	N	300	150	131	130	129

En la tabla XXXV se muestran las alturas medias de todos los ejemplares vivos de concha de peregrino en los cuatro sistemas de cultivo suspendido, con su desviación estándar y el número de ejemplares vivos que se midieron. En dicha tabla solamente se comparan los crecimientos de las conchas de peregrino hasta el 11 de octubre de 1993, en que se hallaron los cabos de los cuatro sistemas de engorde estudiados.

En posteriores muestreos solamente se localizaron algunas de las líneas, así en el del día 20 de noviembre, solo se encontró el cabo «C» con las conchas de peregrino colgadas por las orejas y el cabo «G» de la linterna japonesa rota, por lo que, no se localizaron los otros dos sistemas de engorde. En el muestreo del 11 de diciembre todavía se pudieron medir las conchas de peregrino colgadas de las aurículas de la línea «C», pero el 22 de enero de 1994 este cabo también desapareció. No se localizó ningún cabo. Sin embargo, en el muestreo del 14 de febrero de 1994 se recuperaron las cestas de la línea «A» con 83 ejemplares marcados en rojo y 46 en azul.

El incremento en altura de las conchas de peregrino en las cestas ha sido de los mejores, y la supervivencia muy alta. Tomando el ejemplo de las conchas marcadas con etiquetas rojas, en marzo medían de media 37,94 mm y en febrero, diez meses y medio después, 88,18 mm, lo que equivale a un incremento de 4,78 mm al mes (Figura 195).

El crecimiento en altura de las conchas colgadas por las orejas ha sido bastante bueno y poco apreciable por la pérdida de buen número de ejemplares, pero teniendo en cuenta que en noviembre se midieron 44 individuos de los 50 iniciales, se puede concluir que incrementaron la altura en 1,95 mm al mes, pasando de los 39,47 mm iniciales a una media de 54,27 mm el 20 de noviembre.

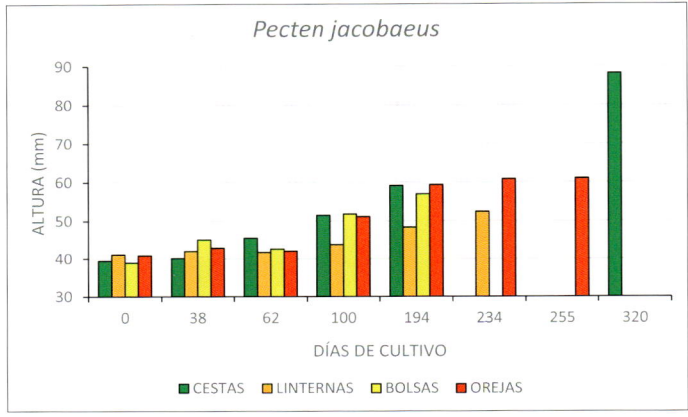

Figura 195: Comparación del crecimiento de las conchas de peregrino en los cuatro sistemas de engorde ensayados en el Carreró.

El incremento global de la altura media de las conchas cultivadas en las bolsas ha sido bastante alto, pasando de 38,92 mm en marzo a 56,97 mm en octubre, lo que supone un aumento de 2,87 mm al mes.

El crecimiento de las conchas de peregrino en las linternas ha sido mediocre durante los tres primeros meses de cultivo (en primavera), pero el mayor incremento durante el verano se puede interpretar como una pérdida de los ejemplares más pequeños que, condujeron a un incremento de la media de los 19 ejemplares recuperados el 20 de noviembre, con un intervalo de 39,8 a 59,9 mm y una altura media de 52,36 ± 5,95 mm. El crecimiento de las conchas de peregrino en las linternas fue muy inferior a los detectados en los otros sistemas de engorde, con un incremento de 1,37 mm al mes hasta octubre.

La supervivencia de las conchas de peregrino mantenidas en las cestas de plástico ha sido muy alta durante los once meses de cultivo. Solamente se produjeron dos conchas muertas en octubre.

La supervivencia de las conchas de peregrino en las bolsas de malla fue muy elevada, detectándose muy pocas muertes durante todo el cultivo, dos muertes en junio y tres en julio, proporcionando una tasa de mortalidad del 6,25 %.

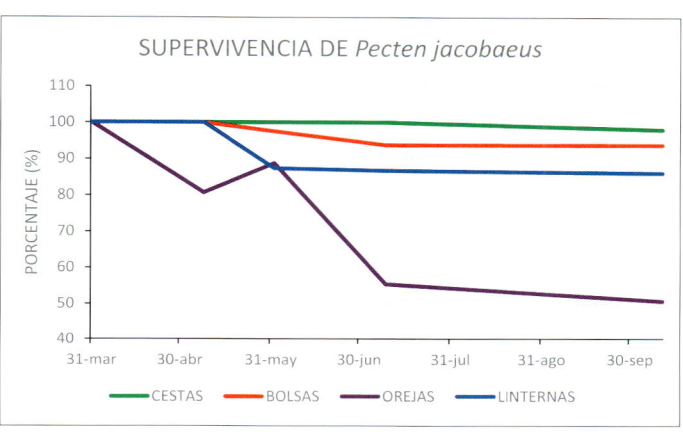

Figura 196: Supervivencia de las conchas de peregrino en los cuatro sistemas de engorde ensayados hasta el muestreo de octubre.

La supervivencia de las conchas de peregrino que estaban colgadas por las orejas ha sido muy alta, debido a que no se encontró ningún ejemplar muerto, sin embargo, por el roce del cabo en que estaban sujetas las conchas con el cabo madre, se produjeron las roturas de las aurículas y en la tabla XXXV solo se reflejan los ejemplares vivos y en la figura 196 la supervivencia queda muy reducida. Este sistema de engorde se utiliza mucho en bahías cerradas con pocas corrientes, sujetando las conchas del cabo madre directamente. Lo ideal hubiera sido fondear las conchas de peregrino sujetas en el cabo principal, pero como esta operación se realizó en el Instituto de Acuicultura de Torre de la Sal en fragmentos de cabo de 5 metros, si se tuviera que preparar en un cabo de 90 m, la operación se complicaría mucho más por la manejabilidad, al mismo tiempo que se mantienen las conchas en agua de mar.

La supervivencia en las linternas ha sido elevada durante todo el cultivo (Figura 196), sin embargo, en junio se encontraron 19 ejemplares muertos y en julio y octubre falleció otro individuo, totalizando 21 conchas de peregrino muertas de las 150 iniciales en la linterna, lo que supone una tasa de mortalidad del 14 %. La mayor pérdida se produjo en noviembre por la rotura de una de las linternas.

6.3. Repoblación de juveniles de concha de peregrino y volandeira

La actividad de repoblación y cultivo en mar abierto aparecen, en el corto y medio plazo, como la alternativa más viable para recuperar, mantener y, eventualmente, aumentar las biomasas de los recursos bentónicos. Así, se ha comprobado que los ejemplares de concha de peregrino y de volandeira que se han engordado en las cestas suspendidas desovan sincronizadamente y contribuyen a aumentar el aporte de larvas al medio marino.

La idea de realizar un programa de repoblación de una especie en el mar se desarrolló en Francia en el siglo XIX, pero hasta 1979 no se llevó a cabo un coloquio para estudiar sus efectos. La finalidad de la repoblación consiste en sembrar animales en una zona adecuada que, previamente, se ha elegido para ello por sus características, teniendo en cuenta cuatro fases sucesivas:

1) Aportar los animales jóvenes de la especie elegida, con una edad entre seis y doce meses.
2) Provocar mediante este aporte la constitución de una biomasa fecunda lo suficientemente grande.
3) Obtener masivamente larvas y juveniles por la reproducción natural de los individuos repoblados.
4) Encontrar un reclutamiento suficiente para asegurar la recuperación de la especie permitiendo una mejora para la pesca.

Un programa de repoblación tiene por objeto generar un sistema económico-productivo, basado en la repoblación y cultivo de especies bentónicas, que tiendan al desarrollo económico y social del sector pesquero.

La repoblación de la concha de peregrino y de la volandeira en los arrecifes artificiales debe de hacerse con una base científica. Para ello, es preciso tener en cuenta una serie de requisitos, a saber:

1) Llevar a cabo un seguimiento de los ejemplares marcados, adultos y jóvenes, para estudiar su supervivencia, su crecimiento, su movilidad o migraciones hacia aguas profundas, etc.
2) Instalación de colectores filamentosos en el propio arrecife para la obtención masiva de semillas, procedentes de los desoves de los propios individuos adultos repoblados.

El día 9 de mayo de 1994 se realizó la primera repoblación del arrecife artificial que la Conselleria de Agricultura y Pesca de la Generalitat Valenciana había construido con bloques de cemento armado y había fondeado entre la Punta de Capicorp y Oropesa, frente a la costa de Cabanes, siguiendo una línea paralela a la costa en profundidades entre 25 y 30 metros, concretamente entre los alineamientos de bloques antiarrastre del citado arrecife artificial, de modo que las semillas y juveniles de concha de peregrino y de volandeira puedan colonizar todo el arrecife.

El número de semillas liberadas en esta primera fase de la repoblación estaba formado por 3300 volandeiras y 450 conchas de peregrino, de un año de edad, que habían estado engordando en las cestas suspendidas instaladas en el Carreró.

Figura 197: Repoblación de los juveniles de concha de peregrino y de volandeira frente a la costa de Castellón, entre Capicorp y Oropesa del Mar.

Teniendo en cuenta que se repoblaron juveniles en una zona protegida a menos de 30 metros de profundidad, es de esperar que una mayoría de estos ejemplares, a medida que crezcan y aumenten su talla se irán desplazando a mayores profundidades. Se ha observado que los ejemplares de concha de peregrino inferiores a los 50 mm suelen capturarse entre 30 y 40 m de profundidad, pero los individuos adultos, con talla comercial, de más de 10 cm de altura, suelen encontrarse a mayores profundidades, en los caladeros entre 60 y 100 m de profundidad.

En una segunda fase, en octubre de 1994, se repobló la misma zona del arrecife artificial con unos 19 500 ejemplares (Figura 197), entre conchas de peregrino (2500) y volandeiras (17 000). En noviembre de 1994 se liberaron unas 25 000 volandeiras y 3400 conchas de peregrino. En conjunto, de los más de 126 000 individuos confinados en los diferentes sistemas de cultivo, al finalizar la IV Fase del proyecto de la Conselleria de Agricultura y Pesca de la Generalitat Valenciana, se liberaron las semillas de conchas de peregrino, zamburiñas, volandeiras y *Flexopecten flexuosus* que se encontraban dentro de cestas suspendidas en el Carreró.

Las conchas de peregrino, antes de su repoblación, se llevaron al Instituto de Acuicultura de Torre de la Sal donde se les practicó un agujero en las aurículas anteriores, como a las que se iban a suspender por las orejas. En este caso se atravesaron ambas valvas con un trozo de hilo de nylon en el que se realizaron dos nudos en ambos extremos, más gruesos que el agujero practicado, de forma que cada concha estaba marcada con el sedal (Figura 198). El resto de las especies de pectínidos no se marcaron, ya que tienen las aurículas más pequeñas y se rompen con facilidad.

Este método de marcaje deja crecer con normalidad al animal, permitiéndole abrir las valvas para respirar y filtrar las partículas en suspensión que haya en el agua circundante, y al mismo tiempo, si son capturados por los pescadores se detectarán con facilidad, porque el hilo de nylon sobresale de la concha, aunque esta se llene completamente de organismos incrustantes.

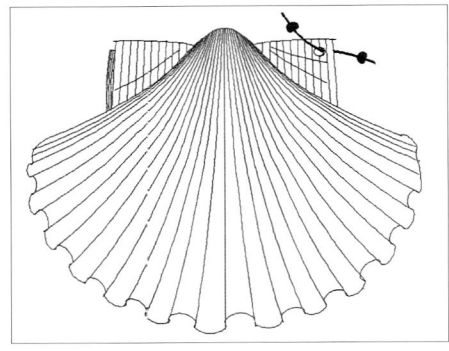

Figura 198: Esquema del tipo de marcaje practicado en las conchas de peregrino antes de su repoblación.

En un estudio de repoblación adecuado se debería hacer un seguimiento de la zona donde se hayan capturado los ejemplares marcados, la profundidad aproximada de su captura, la fecha para conocer su desplazamiento por el bentos y el tiempo transcurrido, así como la talla alcanzada.

A pesar de haber pasado el aviso a las Cofradías de Pescadores de la provincia de Castellón, por si alguna embarcación de la pesca del arrastre podía capturar alguna concha de peregrino marcada con el sedal, para recabar estos datos, no tuve ninguna notificación, aunque algunos pescadores me dijeron que habían encontrado ejemplares con la marca, pero no quisieron decir la zona de captura ni la profundidad, solamente que no las llevaron a la subasta y se las repartieron entre la tripulación para su consumo personal.

7. IDENTIFICACIÓN DE LAS DIFERENTES ESPECIES DE PECTÍNIDOS

Por un lado, se deben distinguir las tres especies comerciales de pectínidos: la volandeira (*Aequipecten opercularis*) (Figura 199), la concha de peregrino (*Pecten jacobaeus*) (Figura 200), que en el Atlántico está representada por la vieira (*Pecten maximus*) (Figura 201) y la zamburiña (*Mimachlamys varia*) (Figura 202).

Las distribuciones geográficas de las diferentes especies, así como la descripción de las valvas, la ornamentación y la coloración de las conchas se han tomado de las descripciones realizadas de ejemplares adultos por Lucas (1979), Rinaldi (1991), Rombouts (1991), Wagner (1991), Waller (1991), Poppe, Goto (1993) y Peña (2001).

De acuerdo con Wagner (1991) el género *Argopecten* no se encuentra representado en Europa, por tanto, a la especie citada como *Aequipecten commutatus* (Waller, 1991), *Argopecten commutatus* (Rombouts, 1991) y *Chlamys commutatus* (Poppe, Goto, 1993), le correspondería un nuevo género, que el propio Wagner sugirió que fuese *Perapecten*. De hecho, las conchas de los juveniles de *Perapecten commutatus* difieren bastante de las de *Aequipecten opercularis* (Peña *et al.*, 1999) y de las de *Argopecten purpuratus* de Chile (Peña, Rodríguez-Babío, 2001).

En las tres especies comerciales de pectínidos se han realizado medidas de algunos parámetros que sirven para identificar mejor a las especies: la altura (H), desde el umbo al extremo inferior de la valva; la longitud (L), distancia máxima antero posterior del disco; la longitud de la charnela (CH), incluyendo la prodisoconcha II; el grosor (G), espesor de las dos valvas unidas; el grosor de la valva izquierda (GVI) y de la valva derecha (GVD) por separado; la longitud de la aurícula anterior (LAA) y la longitud de la oreja posterior (LAP), desde la prodisoconcha II al extremo de la aurícula; el ángulo umbonal (Aº), los grados que abarcan los dos flancos de las valvas; el número de costillas de la valva izquierda (CI); el número de costillas de la valva derecha (CD); la altura de la zona prismática (ZP); la longitud de la prodisoconcha II (LP); el número de costillas o cóstulas en la aurícula anterior de la valva izquierda (CAAI); el número de costillas o cóstulas en la aurícula posterior de la valva izquierda (CAPI); el número de costillas o cóstulas en la aurícula anterior de la valva derecha (CAAD); el número de costillas o cóstulas en la aurícula posterior de la valva derecha (CAPD) y el número de dientes activos del ctenolium (CT).

Dichos parámetros se midieron con un calibre Mitutoyo, con una precisión de 0,01 mm, excepto en la longitud de las orejas de algunos individuos pequeños de zamburiña y de volandeira, que se realizó bajo una lupa binocular Zeiss con ayuda de un ocular micrométrico. La longitud de la prodisoconcha II también se realizó a la lupa binocular. El ángulo umbonal se midió en la valva derecha con un transportador.

La relación H/L indica si un individuo es más alto que largo, como la zamburiña. La relación GVI/GVD permite conocer el grado de convexidad de ambas valvas. La relación LAA/LAP indica si las conchas son equilaterales o sea, que la oreja anterior es mayor que la posterior. La relación CH/L muestra la proporción de la charnela respecto a la longitud de la concha, indicando si las orejas son grandes o pequeñas.

7.1. *Aequipecten opercularis* (Linnaeus, 1758)

Distribución geográfica: La volandeira se distribuye desde las costas de Islandia y del norte de Noruega hasta las islas Madeira, las Azores y las Canarias, pasando al mar Mediterráneo, pero sin llegar al mar Negro.

Hábitat: Se encuentra desde la orilla del mar (infralitoral) hasta los 400 metros de profundidad, pero abunda en mayor número alrededor de los 40 metros. Frecuenta todo tipo de fondos blandos y gravas, excepto sobre las rocas.

Figura 199: La valva izquierda de volandeira (izquierda) y la valva derecha.

Descripción de la teloconcha: concha grande, muy comprimida, relativamente fina, no translúcida, fuerte y sólida. Más larga que alta (H/L = 0,962 ± 0,007). Altura máxima de 110 mm, pero un ejemplar típico puede medir 77 mm de altura, 85 de longitud y 28 de grosor (Figura 199). Valvas entreabiertas en los flancos anterior y posterior. Inequivalva, pleurotética, la valva izquierda bastante más abombada que la derecha (GVI/GVD = 1,277 ± 0,034). La escotadura bisal de la oreja anterior derecha es pequeña, pero profunda, con un ctenolium situado solo sobre el borde del disco, por debajo de la oreja, con 3 a 10 dientes (media 5,17 ± 0,30). Inequilateral, con las orejas anteriores 1,04 a 1,51 veces más largas que las posteriores. La oreja anterior de la valva derecha con 4 a 6 costillas y la de la valva izquierda con 6 a 12 costillas. Las aurículas posteriores de las valvas izquierda y derecha con 5-6 costillas principales. Los umbos son ortogiros. El ángulo superior tiene de 96 a 117º. El contorno es circular, excepto en las aurículas prominentes. La microescultura consiste en cordones escamosos que cubren todo el disco y con finos surcos entre los cordones.

Ornamentación: La ornamentación externa del disco de las volandeiras está formada por 17 a 23 costillas radiales, rectas y finas, redondeadas y bastante sobresalientes, de igual consistencia, un poco más anchas que los espacios intercostales, y por numerosas cóstulas radiales muy finas, con escamas onduladas concéntricas por toda la superficie, incluso sobre las costillas, dando lugar a un retículo en los espacios intercostales. Raramente se distinguen las estrías de interrupción del crecimiento. El pliegue umbonal es bastante grande y bien delimitado, formando la llamada doble barra que propuso Salaun (1994). La oreja anterior de la valva derecha está separada del disco por un surco auricular.

La ornamentación interna de las valvas está formada por plicas, con los bordes aquillados, que se extienden desde el margen ventral hasta un punto situado por encima de la parte superior de la impresión del músculo aductor. La comisura es festoneada. El ligamento externo está insertado en una ranura ligamentaria. El resilium se encuentra alojado en un resilífero. Monomiario, con la impresión del músculo bastante acusada. Integropaleal. Impresión indistinta.

Coloración: El periostraco es apagado, pardusco y bastante adherido. La coloración externa es ligeramente reluciente, blanca, cremosa, amarilla, rosa, naranja, roja, violeta, marrón o gris. La valva izquierda está manchada, moteada o bien presenta franjas de colores diferentes a los del fondo. Generalmente, la coloración de la valva derecha es más atenuada y clara que la de la valva izquierda. Las costillas también están coloreadas con líneas oscuras, manchas o bandas concéntricas de diferentes colores. La coloración interna es reluciente, completamente blanca o matizada de violeta o marrón en la proximidad de los bordes.

7.2. *Pecten jacobaeus* (Linnaeus, 1758)

Distribución geográfica: La concha de peregrino es típica del Mediterráneo llegando hasta Almería, aunque no se encuentra en el mar Negro. Sin embargo, en el mar de Alborán, en la costa andaluza, se localiza la especie atlántica, *Pecten maximus*.

Hábitat: Suele frecuentar los fondos de arena, fango, grava y cascajo, donde se entierra parcialmente con la valva derecha sumergida y la izquierda a ras de suelo. Los ejemplares jóvenes frecuentan profundidades de 20 a 40 metros, pero a medida que crecen se desplazan a mayores profundidades, llegando a 160 m.

Descripción de la teloconcha: Concha muy grande, fuerte y sólida, más larga que alta (H/L = 0,857 ± 0,005). La altura máxima registrada fue de 158 mm, aunque son frecuentes los ejemplares de 80 a 120 mm. El ejemplar de la figura 200 medía 102 mm de altura, 115 de longitud y 28,6 mm de grosor. Valvas entreabiertas en los flancos anterior y posterior. Inequivalva, la valva derecha abombada, la izquierda plana, ligeramente más pequeña y en la región umbonal es convexa, pero luego es cóncava. Presenta una escotadura bisal muy pequeña, sin ctenolium. Equilateral, orejas grandes, casi iguales (LAA/LAP = 1,046 ± 0,009). Las orejas anterior y posterior de la valva derecha con 4 a 9 cóstulas o costillas tenues y divergentes. Las orejas de la valva izquierda poseen tenues cordones, de 1 a 2 en la oreja anterior y de 1 a 3 en la posterior. Los umbos son ortogiros. El ángulo umbonal de 97 a 109º. El contorno del disco es circular.

Figura 200: Ejemplares adultos de *Pecten jacobaeus.*

Figura 201: Ejemplares adultos de *Pecten maximus.*

Ornamentación: La ornamentación externa de la valva derecha está formada por 16 a 19 costillas radiales muy elevadas, subcuadrangulares, truncadas en los lados, dando forma superior plana, con 2 a 6 cóstulas o cordones radiales bien marcados sobre cada costilla, a veces bífidos, que le dan forma angular. Toda la superficie muestra numerosas y muy finas estrías concéntricas, notablemente más patentes en la valva izquierda. Esta valva tiene de 15 a 17 costillas, algo más redondeadas y lisas. La microestructura está formada por cuatro cordones bien marcados sobre las costillas de la valva derecha y por laminillas concéntricas en los espacios intercostales. La valva izquierda completamente cubierta de laminillas concéntricas, más marcadas en los espacios intercostales.

La oreja anterior de la valva derecha está bien separada del disco por un surco auricular. El pliegue umbonal es bastante grande y bien delimitado. Las estrías de interrupción del crecimiento son claras. Las orejas con 8 a 9 cóstulas divergentes.

La ornamentación interna está formada por 14 a 16 plicas con aristas aquilladas que se extienden por toda la cara interna. La comisura es almenada, la valva izquierda se encaja ligeramente en el interior de la valva derecha. El ligamento externo está insertado en una ranura ligamentaria. El resilium está alojado en un resilífero. Monomiario, con la impresión del músculo muy poco acusada. Integropaleal. La impresión a menudo es indistinta.

Coloración: El periostraco es apagado, pardusco, muy adherido entre las costillas de la valva izquierda. La coloración externa es apagada, la de la valva derecha es blanquecina o crema, manchada de amarillo o de rosado en la región umbonal, la de la valva izquierda es ocre o marrón rojizo, incluso se han encontrado muchos ejemplares de color purpura, a veces manchado o jaspeado, a menudo las dos valvas presentan dibujos en zigzag coloreadas de diferentes colores y raramente son blancas. La coloración interna es reluciente, blanca, manchada de pardo rojizo sobre una ancha zona marginal.

7.3. *Mimachlamys varia* (Linnaeus, 1758)

Distribución geográfica: La zamburiña se distribuye desde las islas Lofoten, en Noruega, hasta Mauritania y penetra en el Mediterráneo.

Hábitat: La zamburiña vive en aguas someras, desde la bajamar hasta los 80 metros de profundidad, adherida a las rocas y otros objetos sólidos mediante el biso.

Descripción de la teloconcha: Concha media, muy comprimida, delgada y sólida. Más alta que larga (H/L = 1,156 ± 0,006). La altura máxima registrada son 80 mm, pero las tallas frecuentes están en el rango de 30 a 55 mm de altura. El ejemplar de la derecha en la figura 202 medía 55 mm de altura, 48 mm de longitud y 20,8 mm de grosor. Inequivalva, pleurotética, la valva izquierda más abombada que la derecha (GVI/GVD = 1,176 ± 0,015). La escotadura bisal de la oreja anterior derecha es amplia con un ctenolium que continúa a lo largo del surco auricular, con 4 a 6 dientes activos (media de 5,29 ± 0,13). Inequilateral, las orejas anteriores son 1,81 a 2,4 veces más largas que las posteriores. Los umbos son ortogiros. El ángulo superior está en el rango de 83º a 94º. El contorno del disco es oval o en abanico bastante alto, pero bien redondeado ventralmente.

Ornamentación: La ornamentación externa del disco de la valva izquierda está formada por 28 a 36 costillas radiales, redondeadas, regulares, casi iguales a los espacios intercostales, y bastante sobresalientes. La valva derecha casi siempre con una costilla menos que en la izquierda. Entre las costillas hay finos surcos y estrías. La mayoría de las costillas aparecen a la misma distancia del ápice, en los márgenes anterior y posterior se forman nuevas costillas entre las costillas principales. Las costillas están provistas de excrecencias en forma de espinas o de espátulas, particularmente bien desarrolladas en el margen ventral y en las costillas laterales, y por numerosas estrías concéntricas. Las estrías de interrupción del crecimiento a menudo son poco claras. El pliegue umbonal es grande y bien delimitado. La oreja anterior de la valva derecha está separada del disco por un surco auricular. La microescultura muestra finas escamas sobre las costillas.

La ornamentación interna está formada por plicas que se extienden desde el borde a un punto situado a nivel de la parte superior de la impresión del músculo aductor. La comisura es festoneada. El ligamento externo está insertado en una ranura ligamentaria. El resilium está colocado en un resilífero. Monomiario, con la impresión del músculo poco acusada. Integropaleal. La impresión queda poco clara.

Figura 202: Ejemplares adultos de zamburiñas, la valva izquierda (izquierda), interior de la valva derecha y valva derecha.

La oreja anterior de la valva derecha con 6 a 8 costillas, la de la valva izquierda con 7 a 10 costillas provistas de espinas. La oreja posterior de la valva derecha con 5 a 8 costillas y la de la valva izquierda con 5 a 7 costillas con espinas. En individuos jóvenes la longitud de las aurículas es casi igual a la longitud del disco y el borde libre de la oreja posterior continúa con el margen de la concha; en el adulto, la longitud de las aurículas es alrededor de la mitad de la longitud de la concha (0,621 ± 0,006).

Coloración: El periostraco está apagado, de color pardusco a negruzco, bastante adherido. La coloración externa es ligeramente reluciente, blanca, amarilla, anaranjada, rosa, roja, verde oscura, marrón, púrpura, negruzca y frecuentemente formada por la combinación de estos colores en estampados irregulares. Generalmente, la coloración es uniforme con una combinación de colores que están cruzados de vetas o motas de color blanco o de otro color. La coloración interna es reluciente, blanca y total o parcialmente violeta.

7.4. *Flexopecten flexuosus* (Poli, 1795)

Distribución geográfica: Especie típica del Mediterráneo central y occidental, pudiendo llegar hasta Gibraltar, aunque se han citado algunos ejemplares en las islas Canarias y en Madeira.

Hábitat: Viven adheridas a las macroalgas y sobre la arena, la grava y el fango del fondo en profundidades comprendidas entre los 30 y 250 metros.

Figura 203: Valvas izquierda y derecha de adultos de *Flexopecten flexuosus.*

Descripción de la teloconcha: Concha mediana, sólida, aunque muy fina, pero no es translúcida. Los ejemplares adultos pueden alcanzar entre 26 y 45 mm de longitud. El ejemplar de la derecha en la figura 203 medía 32,1 mm de altura, 32,7 mm de longitud y 12 mm de grosor. Pleurotética, la valva izquierda ligeramente más abombada que la derecha; la escotadura bisal de la valva derecha es pequeña. Periostraco poco adherido.

Ornamentación: La valva izquierda con cinco costillas radiales principales, frecuentemente tiene 4 o 5 costillas secundarias entre aquellas (Figura 203). La valva derecha con seis costillas radiales, más o menos irregulares y redondeadas, las centrales suelen ser bífidas, dando la apariencia de dos costillas fusionadas. Tiene estrías en los intersticios. Ambas valvas con líneas concéntricas muy finas, más acusadas en los espacios intercostales. El interior de las valvas con 10 plicas, rodeadas por una cresta a ambos lados. Los márgenes son almenados.

Las aurículas anteriores son unas 1,16 a 1,3 veces más largas que las posteriores. La aurícula anterior de la valva derecha con 4 a 5 costillas, la de la valva izquierda con 6 a 7 costillas divergentes. La aurícula posterior de ambas valvas con 6 costillas. La microescultura consiste en muchas líneas de crecimiento imbricadas que están atravesadas por cordones finos. El ángulo superior varía entre 88º y 95º. Comisura festoneada. Resilium alojado en un resilífero. Monomiario, con la impresión del músculo poco acusada.

Coloración: Muy variable. La valva izquierda es de color crema, naranja, rosa, roja, púrpura, marrón o marrón oscuro y gris, formando bandas o motas de color crema o marrón. Sobre el color básico se agrupan manchas de otros colores. La valva derecha mucho más clara que la izquierda, con manchas de distintos colores. El interior de las valvas es de color blanco brillante.

7.5. *Flexopecten glaber* (Linnaeus, 1758)

Distribución geográfica: Especie típica del Mediterráneo, pero se la ha encontrado en la costa portuguesa. Se ha descrito también en el mar Negro.

Hábitat: Infralitoral, sobre fondos de arena, fango y rocas, camuflada entre las algas. Se ha encontrado desde los 6 m hasta más de 900 m.

Figura 204: Valvas adultas izquierda y derecha de *Flexopecten glaber.*

Descripción de la teloconcha: Concha sólida, algo translúcida y fina, bastante más grande que *F. flexuosus,* alcanzando los 35 a 70 mm de longitud. El ejemplar de la figura 204 medía 53,2 mm de altura, 53 mm de longitud y 17,4 mm de grosor. En Italia y Croacia tiene valor comercial y se cultiva en suspensión en el mar Adriático. Inequivalva. Valvas aplanadas y delgadas. Inequilateral, las orejas son largas, pero las anteriores algo más largas que las posteriores, del orden de 1,06 a 1,2 veces más.

Pleurotética, la valva izquierda ligeramente más convexa que la derecha; la escotadura bisal de la valva derecha es pequeña. Periostraco poco adherido. Umbos ortogiros. Ángulo superior de 96 a 100º. Contorno del disco circular.

Ornamentación: La valva izquierda con 10 costillas principales aplanadas y onduladas (Figura 204). La valva derecha con once costillas radiales. Ambas valvas con líneas concéntricas finas y estrías de interrupción del crecimiento visibles. El interior de las valvas con 10 plicas, terminados en aristas en ambos márgenes, colocadas regularmente.

Las aurículas anteriores de la valva derecha tienen de 5 a 7 costillas y las de la valva izquierda con 6 a 7 costillas. Las aurículas posteriores de la valva derecha tienen de 6 a 7 costillas y las de la valva izquierda con 6 a 8 costillas. La microescultura consiste en muchas líneas de crecimiento imbricadas que están atravesadas por cordones oscuros y finos. El ángulo superior varía entre 96º y 100º.

Coloración: La coloración externa es muy variada. La valva izquierda de color gris, marrón oscuro, negro, rojo, naranja, rosa, púrpura, blanco, amarillo o violeta, que sobre un color básico forman manchas, bandas, lunares o en zigzag de varios colores. La valva derecha más clara, de color blanco cremoso y ocre claro. El interior de las valvas es de color blanco, con o sin un borde ocre o amarillo en los márgenes o cerca de las orejas.

7.6. *Palliolum incomparabile* (Risso, 1826)

Distribución geográfica: Desde Islandia y Noruega hasta Senegal, incluyendo las islas Azores y las Canarias, pero mucho más abundante en el Mediterráneo.

Hábitat: Vive adherida sobre las algas y sobre fondos de arena, fango, gravas y rocas, desde los 10 a los 250 metros de profundidad.

Descripción de la teloconcha: Concha pequeña, de apenas 10 mm de altura, pero puede alcanzar los 15 mm de diámetro y 3,2 mm de grosor. La concha es delgada y translúcida, ligera, frágil, orbicular, aunque algo oblicua, ligeramente convexa. Valvas inequilaterales, la valva derecha es ligeramente menos convexa que la izquierda. Carece de costillas y de pliegues radiales, pero en la oreja anterior de la valva derecha con 4-5 costillas tenues (Figura 205). Inequilateral, las orejas anteriores mucho más largas que las posteriores (LAA/LAP de 1,72 a 2). La escotadura bisal es estrecha y grande. La microestructura consiste en finos surcos y estrías radiales, que también se prolongan sobre las aurículas. La escotadura bisal es bastante estrecha. El resilium es triangular y pequeño. El ángulo del umbo puede variar de 91º a 96º. Umbos ortogiros. Contorno del disco circular. Comisura plana. Resilium triangular alojado en un resilífero. Monomiario, con la impresión del músculo poco acusada.

Figura 205: Palliolum incomparabile. Fila superior, valvas derechas; fila intermedia, valvas izquierdas, y fila inferior, interior de las valvas de ejemplares adultos.

Coloración: muy variada, la valva izquierda desde transparente, blanca, rosa, naranja, violeta, amarilla, ámbar, roja, marrón, gris o negra. Estos colores se pueden combinar formando dibujos, bandas de colores diferentes, con manchas, en zigzag, etc. La valva derecha más blanquecina, pero también mantiene la coloración de la valva izquierda. La coloración intena reluciente, parecida a la de la cara externa.

7.7. *Pseudamussium clavatum* (Poli, 1795)

Distribución geográfica: Se distribuye desde las islas británicas hasta el sur de Portugal y las islas de Cabo Verde, pero entra en el Mediterráneo occidental.

Hábitat: Vive entre 5 y 1400 metros de profundidad, prefiriendo las zonas más profundas, sobre fondos de lodo, fango y arena calcárea.

Descripción de la teloconcha: Concha mediana y delgada, pero sólida, no translúcida y con los márgenes festoneados. Pueden medir de 20 a 40 mm de longitud. El ejemplar de la figura 206 medía 26,4 mm de altura, 26,4 mm de longitud y 7 mm de grosor. Inequivalva, pleurotética, la valva derecha ligeramente más convexa que la izquierda. La valva izquierda con 5 costillas o pliegues, los tres centrales mucho más anchos y la valva derecha con 6 costillas o pliegues, con los 4 centrales más anchos. La microestructura está formada por muchos cordones radiales muy finos (Figura 206). Los márgenes de las valvas con los cordones muy pronunciados. Inequilateral, las orejas son pequeñas, pero las anteriores unas 1,5 a 1,63 veces más largas que las posteriores. La aurícula anterior de la valva derecha tiene 4 o 5 costillas divergentes y la de la valva izquierda de 3 a 4 costillas. La aurícula posterior de la valva derecha tiene 1 o 2 costillas y la de la valva izquierda de 2 a 3 costillas. El ángulo umbonal tiene de 86º a 90º. Umbos ortogiros. Contorno del disco circular. Comisura flexuosa. Resilium alojado en un resilífero. Monomiario, con la impresión del músculo poco acusada. Las estrías de interrupción del crecimiento son claras.

Figura 206: Valvas izquierda y derecha de adultos de *Pseudamussium clavatum*

Coloración: La valva izquierda es de color marrón rojizo, con pequeñas manchas blancas y cremosas, y la derecha es blanca con bandas y manchas rojizas y marrones cerca del umbo y en los espacios intercostales. El interior de la concha es blanco con tonalidades violeta claro y rosadas.

7.8. *Talochlamys multistriata* (Poli, 1795)

Distribución geográfica: Se pueden encontrar ejemplares de *T. multistriata* desde el sur de las islas británicas hasta el cabo de Buena Esperanza, por toda la costa atlántica y penetra en todo el Mediterráneo.

Hábitat: Frecuenta los fondos de grava y de arena gruesa, pero también se fija sobre rocas y piedras mediante el biso. Suele encontrarse entre 10 y 180 metros de profundidad.

Descripción de la teloconcha: Concha mediana, muy comprimida y sólida, pero frágil. Bastante más alta que larga. Inequivalva, la valva izquierda es ligeramente más convexa que la derecha. La concha de los adultos puede medir hasta 45 mm de longitud, pero la talla habitual está entre 25 y 30 mm, convexa, oblicua. Las orejas anteriores mucho más largas que las posteriores, del orden de 2 a 2,34 veces más. La aurícula anterior de la valva derecha tiene de 4 a 5 costillas y la de la valva izquierda de 5 a 6 costillas. La aurícula posterior de la valva derecha tiene 6 o 7 costillas y la de la valva izquierda de 5 a 6 costillas. El ángulo superior del umbo tiene de 79° a 81°. La escotadura bisal de la aurícula derecha es ancha. Umbos ortogiros. El contorno del disco en abanico bastante alto. El periostraco está poco adherido. Resilium alojado en un resilífero. Monomiario, con la impresión del músculo poco acusada.

Ornamentación: La ornamentación externa del disco está formada por 20 costillas radiales, redondeadas, regulares, principales que salen del umbo, pero a medida que aumenta su altura, van apareciendo costillas secundarias y terciarias entre aquellas, llegando los adultos a tener más de 80 costillas (Figura 207). Generalmente, la valva derecha tiene dos costillas más que la izquierda. Sobre las costillas se forman espinas o protuberancias en forma de espátula o escamas, dando una apariencia áspera, que también suelen formarse en los intersticios. Los ejemplares juveniles son difíciles de diferenciar de los de *Mimachlamys varia* y de *Hinnites distortus* (da Costa, 1778). La microescultura es de finas escamas que no están sobre las costillas y surcos finos en el espacio intercostal. Estrías de interrupción del crecimiento claras.

Figura 207: Valvas izquierda y derecha de juveniles de *Talochlamys multistriata*.

Coloración: Muy variable. La valva izquierda de color naranja, rojiza, marrón o marrón oscuro, con manchas y motas irregulares blanquecinas, amarillas, anaranjadas, marrones o rojizas. La valva derecha bastante más clara. El interior de las valvas es de color blanquecino y reluciente.

7.9. *Perapecten commutatus* (Monterosato, 1875)

Distribución geográfica: Se distribuye por el Mediterráneo occidental pasando a las zonas del sur de Portugal y hasta Senegal y en las islas Azores, Canarias y Cabo Verde.

Hábitat: Vive desde los 30 a los 250 metros de profundidad sobre fondos de grava, rocas, cascajo y arena gruesa.

Descripción de la teloconcha: Concha mediana, globosa, muy sólida y lisa. Equivalva. Muy convexa, es la especie de pectínido más gruesa y globosa, que puede alcanzar los 35 mm de diámetro, pero la talla más habitual es de 20 a 25 mm. El ejemplar de la figura 208 medía 20,6 mm de altura, 20 mm de longitud y 8,3 mm de grosor. La valva derecha más abombada que la izquierda. Ambas valvas con unas 18 costillas radiales, poco prominentes y redondeadas, con intersticios profundos (Figura 208). El número de plicas es igual que el de costillas de la parte externa de la valva. La microescultura muestra que sobre las costillas de la valva izquierda hay cordones radiales y laminillas concéntricas. Todo el disco

Figura 208: Ejemplares adultos de *Perapecten commutatus*, la valva derecha (izquierda), interior de la valva derecha y valva izquierda.

está cubierto por surcos radiales y finos. La aurícula anterior ligeramente más larga que la posterior. El margen posterior de las aurículas posteriores forma un ángulo oblicuo con el margen dorsal. La aurícula anterior de la valva derecha tiene 4 costillas y la de la valva izquierda de 5 a 6 costillas. La aurícula posterior de la valva derecha tiene de 5 a 7 costillas y la de la valva izquierda de 5 a 8 costillas. La escotadura bisal es estrecha y a medida que aumenta de tamaño se hace obsoleta, lo mismo que el ctenolium, que desaparecen por la expansión de la lúnula de la concha. El ángulo superior tiene de 94º a 103º. Las estrías de interrupción del crecimiento apenas se distinguen. Comisura almenada. Umbos ortogiros. El contorno del disco circular. El periostraco está bastante adherido. Resilium alojado en un resilífero. Monomiario, con la impresión del músculo bastante acusada.

Coloración: La valva izquierda tiene un color básico blanquecino con manchas y estampados de color rojizo, purpura, naranja, rosa y marrón, con tonalidades más o menos fuertes y con franjas amarillas o blancas. La valva derecha es amarilla, blanquecina o cremosa, con algunas manchas rojizas, marrones o rosadas. El interior de la concha es reluciente, blanco y con tonalidades violeta claro en la proximidad de los bordes y en la zona apical de la valva izquierda.

7.10. *Flexopecten hyalinus* (Poli, 1795)

Distribución geográfica: Se encuentra por todo el Mediterráneo, excepto en el mar Negro, llegando hasta el sur de Portugal.

Hábitat: Infralitoral, que puede llegar a los 180 metros de profundidad. Vive escondida entre las praderas de *Posidonia oceanica*, las esponjas, los corales y en las rocas.

Figura 209: Valvas izquierda y derecha de adultos de *Flexopecten hyalinus.*

213

Descripción de la teloconcha: Concha pequeña, de forma oval, algo alargada (más larga que alta), delgada, frágil, translúcida y brillante. Los adultos pueden alcanzar los 27 mm de altura, 31 mm de longitud y 8,4 mm de grosor. Inequivalva, pleurotética, la valva derecha es ligeramente menos convexa que la izquierda. La escotadura bisal es grande, con un ctenolium con 5 a 7 dientes activos. La ornamentación externa de las valvas con unos 10-15 pliegues radiales, aplanados y poco prominentes (Figura 209), sin embargo, en el interior muestran 12 costillas delimitadas por aristas a ambos lados. La microestructura muestra por todo el disco numerosas estrías radiales muy finas que se cruzan con líneas finas concéntricas. Inequilateral, las orejas anteriores son prácticamente iguales a las posteriores. La aurícula anterior de la valva derecha con 5 o 6 costillas, la de la valva izquierda con 7 a 9 cóstulas. La aurícula posterior de la valva derecha con 7 a 11 costillas y la de la valva izquierda con 6 a 8 costillas. El ángulo superior puede variar de 93º a 101º. Umbos ortogiros. Contorno del disco en abanico corto. Carece de periostraco. Estrías de interrupción del crecimiento poco claras. Comisura plana. Resilium alojado en un resilífero. Monomiario, con la impresión del músculo poco acusada. Ligamento externo insertado en una ranura ligamentaria.

Coloración: Ambas valvas externamente de un color básico blanco, crema, amarillo, naranja, rojo, púrpura, gris o marrón, con grandes manchas o franjas blancas, marrón y rojizas. Coloración interna reluciente, blanca o irisada.

7.11. *Delectopecten vitreus* (Gmelin, 1791)

Distribución geográfica: Muy amplia, se extiende desde el Ártico, bajando por el Pacífico a lo largo de la costa americana y la indo-pacífica, mientras que por el Atlántico llaga hasta Namibia, pasando por el estrecho de Gibraltar hasta el Mediterráneo occidental y el central.

Hábitat: Se encuentra entre 30 y 600 metros de profundidad, fijado mediante el biso a cualquier objeto duro, especialmente sobre los corales y sobre la arena y el fango, preferentemente en aguas profundas, buscando las temperaturas más bajas.

Descripción de la teloconcha: Concha delgada, frágil, comprimida, redondeada, ligeramente oblicua y translucida, similar al vidrio (de ahí su nombre), con una escultura fina y lisa. Concha pequeña, mide menos de 20 mm de diámetro, pero es frecuente encontrar ejemplares de 5 a 10 mm, ligeramente más alta que larga. La valva de la izquierda de la figura 210 medía 19,9 mm de altura, 18,6 mm de longitud y 7,9 mm de grosor. Inequivalva, pleurotética, la valva derecha es ligeramente menos convexa que la izquierda. Contorno similar al de *Palliolum incomparabile*, pero sin las coloraciones típicas de esta especie. Las valvas son convexas y no tienen costillas radiales ni pliegues, pero la microestructura muestra finas ranuras radiales y con finas líneas concéntricas de interrupción del crecimiento adornadas con verrugas en forma de perlas. La misma microestructura continúa sobre las aurículas, excepto en la anterior de la valva derecha, que tiene de 5 a 6 costillas. Las valvas son inequilaterales, las orejas anteriores mucho más largas que las posteriores, de 1,21 a 1,34 veces. Las aurículas con 5 cóstulas divergentes. La escotadura bisal es ancha. Umbos ortogiros. El resilium es pequeño y de forma triangular. El ángulo superior suele tener de 79º a 87º. Contorno del disco en abanico corto. No se observa el periostraco. Comisura plana. Resilium alojado en un resilífero. Monomiario, con la impresión del músculo poco acusada. Ligamento externo insertado en una ranura ligamentaria.

Coloración: Externamente es reluciente, siempre tiene colores grises o blanco, con muchas filas concéntricas de manchas puntuales blancas. Ornamentación interna formada por plicas en toda la superficie interna.

Figura 210: Ejemplares adultos de *Delectopecten vitreus*, valvas izquierda y derecha.

7.12. *Manupecten pesfelis* (Linnaeus, 1758)

Distribución geográfica: Especie propia del Mediterráneo, aunque se han descrito algunas capturas en la costa atlántica africana y en las islas de Cabo Verde, las Azores y las Canarias.

Hábitat: Es una especie muy rara que apenas sale en las capturas. Viven adheridas a las grietas de las rocas, sobre fondos de cascajo, piedras y gravas, desde los 10 m a más de 250 m de profundidad.

Descripción de la teloconcha: Concha que puede alcanzar los 70 mm de altura, pero es frecuente con 40-50 mm y de 35 a 40 mm de longitud. Concha sólida y no translúcida, ligeramente convexa y oblicua, con los bordes del disco festoneados. Valvas mucho más altas que largas (1,25 veces). Las valvas son inequilaterales, la derecha ligeramente más convexa que la izquierda. Las conchas de *Manupecten pesfelis* tienen 7-8 costillas radiales fuertes y sobresalientes, sobre las que se forman 4-6 cordones radiales (Figura 211). La aurícula anterior más del doble de larga que la posterior (2,09 a 2,2 veces). Las aurículas con gran cantidad de cóstulas o cordones radiales. La aurícula anterior de la valva derecha tiene 10 a 12 costillas y la de la valva izquierda de 11 a 15 costillas. La aurícula posterior de la valva derecha tiene de 4 a 5 costillas y la de la valva izquierda de 4 a 5 costillas. La escotadura bisal es muy ancha. El ángulo superior tiene de 69° a 77°.

Figura 211: Ejemplares adultos de *Manupecten pesfelis*, la valva derecha (izquierda) e interior de la valva derecha.

Coloración: La mayoría de las conchas tienen color crema, rojizo, anaranjado o marrón amarillento, que se oscurecen en los bordes. Generalmente con manchas blancas y crema en la zona umbonal. El interior es blanco y amarillento con los bordes azules y púrpura.

En resumen, de las 22 especies de pectínidos descritas en el Mediterráneo (Wagner, 1991), en la costa de Castellón se han encontrado un total de 12 especies, algunas solo captadas en los colectores, pero los adultos raramente se extraen en las pescas del arrastre, que se desechan por no tener valor comercial y por su talla pequeña.

8. OBSERVACIÓN AL MICROSCOPIO ELECTRÓNICO DE BARRIDO (MEB) DE LAS VALVAS DE LAS SEMILLAS

Las semillas de pectínidos son iguales a los adultos, pero de menor tamaño, cuando se recuperan después de seis meses en las bolsas de los colectores y se pueden diferenciar perfectamente. Sin embargo, cuando los colectores se han recuperado antes de los dos meses desde su inmersión, debido a que se aprovechaban los dos meses de la veda de los barcos de arrastre, para estudiar la fijación en estos caladeros frecuentados por los barcos de pesca, las semillas medían escasos milímetros y su identificación se debía de hacer a la lupa binocular.

Para la identificación de las diferentes especies de pectínidos se tuvieron en cuenta varios aspectos o zonas de sus valvas (Figura 212): la aurícula anterior (AA), la aurícula posterior (AP), la longitud de la charnela (CH), el ángulo que forma la charnela con el borde vertical de la aurícula, la escultura de la zona preradial de la valva izquierda, el número de costillas (primarias y secundarias), los pliegues en el disco, el margen del disco, las prodisoconchas I y II y la microescultura entre las costillas. En la valva derecha se tienen en cuenta la altura de la zona prismática (ZP), la longitud de la prodisoconcha II (LP), la forma de la escotadura bisal, los dientes del ctenolium (CT) y el nacimiento de las costillas (Figura 213).

Esta parte del estudio se basa en describir las diferentes partes de las valvas obtenidas de los colectores observándolas al microscopio electrónico de barrido (MEB) Hitachi S-4100 con un voltaje de aceleración de 5 KV. Para ello, las semillas de los pectínidos a estudiar se identificaron en el estereomicroscopio binocular Zeiss (SR) y se montaron en un portaobjetos de aluminio de 25 mm de diámetro. Este portaobjetos con las semillas pegadas se llevó al Servicio de

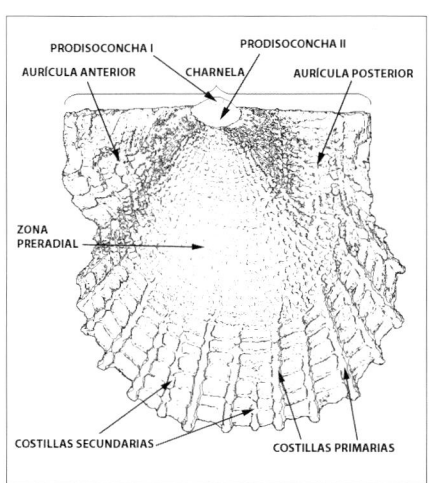

Figura 212: Esquema de una valva izquierda.

219

Microscopía Electrónica de la Universidad de Valencia, donde se sombreó con una mezcla de oro-paladio (Bio-Rad) y, luego se observó en el MEB.

Las características morfológicas de los pectínidos se centran en el disco y las aurículas anterior y posterior de ambas valvas. La simetría de las aurículas indica que se trata de animales libres y con capacidad natatoria, mientras que la asimetría de las aurículas revela que tienen tendencia a fijarse mediante el biso (Schein, 1989).

En las semillas de las tres especies comerciales de pectínidos, en *Perapecten commutatus*, en *Palliolum incomparabile*, en *Pseudamussium clavatum*, en *Flexopecten hyalinus* y en las otras dos especies de *Flexopecten* se han realizado medidas de algunos parámetros que sirven para identificar mejor a las especies: la altura (H), desde el umbo al extremo inferior de la valva; la longitud (L), distancia máxima antero posterior del disco; la longitud de la charnela (CH), incluyendo la prodisoconcha II; el grosor (G), grosor de las dos valvas unidas; el espesor de la valva izquierda (GVI) y de la valva derecha (GVD) por separado; la longitud de la aurícula anterior (LAA) y la longitud de la aurícula posterior (LAP), desde la prodisoconcha II al extremo de la aurícula; el número de costillas de la valva izquierda (CI); el número de costillas de la valva derecha (CD); la altura de la zona prismática (ZP); la

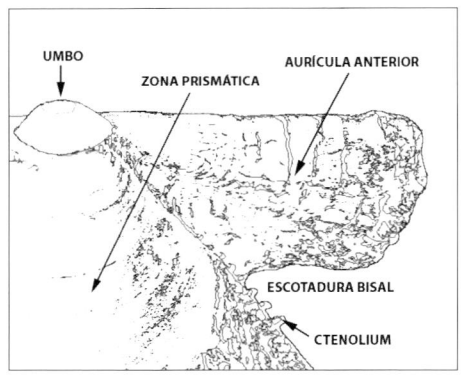

Figura 213: Esquema de la parte superior de la valva derecha de un pectínido.

longitud de la prodisoconcha II (LP); el número de costillas o cóstulas en la aurícula anterior de la valva izquierda (CAAI); el número de costillas en la aurícula posterior de la valva izquierda (CAPI); el número de costillas en la aurícula anterior de la valva derecha (CAAD); el número de costillas en la aurícula posterior de la valva derecha (CAPD) y el número de dientes activos del ctenolium (CT). También se calculó el peso de cada concha vacía secada al sol durante varios días (WC).

Dichos parámetros se midieron bajo una lupa binocular Zeiss con ayuda de un ocular micrométrico a diferentes aumentos. Sin embargo, la altura y la longitud de los ejemplares mayores y manejables se midieron con un calibre Mitutoyo, con una precisión de 0,01 mm. El peso de ambas valvas se determinó en una balanza Mettler AE163 con una precisión de 0,1 mg.

La relación H/L indica si un individuo es más alto que largo, como la zamburiña. La relación GVI/GVD permite conocer el grado de convexidad de ambas valvas. La relación LAA/LAP indica si las conchas son equilaterales o sea, que la oreja anterior es mayor que la posterior. La relación CH/L muestra la proporción de la charnela respecto a la longitud de la concha, indicando si las orejas son grandes o pequeñas.

En los colectores fondeados en la costa de Castellón, además de las tres especies comerciales, se han fijado unas especies sin valor comercial, pero en gran número: *Flexopecten flexuosus*, *Palliolum incomparabile*, *Pseudamussium clavatum* y *Talochlamys multistriata*, así como otras especies que se fijan en cantidades pequeñas: *Perapecten commutatus* y *Flexopecten glaber* y las semillas raras de *Flexopecten hyalinus*, *Manupecten pesfelis* y *Delectopecten vitreus*.

Las semillas de *Manupecten pesfelis* y *Delectopecten vitreus* no se midieron porque en los colectores se fijaron muy pocos ejemplares y la mayoría de estas valvas se destinaron para su observación al microscopio electrónico de barrido.

8.1. *Aequipecten opercularis* (Linnaeus, 1758)

Se midieron 261 semillas de volandeira con una altura media (H) de 8,671 ± 3,861 mm y una longitud (L) media de 8,065 ± 3,627 mm. El grosor promedio (G) de ambas valvas cerradas medía 2,582 ± 1,201 mm, el grosor medio de la valva izquierda (GVI) estaba en 1,708 ± 0,584 mm y el grosor medio de la valva derecha (GVD) era de 1,342 ± 0,524 mm. La longitud media de la charnela (CH) medía 5,658 ± 2,216 mm y el peso medio de las conchas vacías y secas (WC) estaba en 0,082 ± 0,099 g.

Figura 214: Valvas izquierda (i) y derecha (d) de la volandeira *Aequipecten opercularis*.

Tanto en la valva izquierda como en la valva derecha se contaron de 19 a 25 costillas radiales (media de 22 ± 1,51 en la izquierda (CI) y de 21,62 ± 1,27 en la derecha (CD)) (Figura 214). La aurícula anterior de la valva izquierda (CAAI) tiene de

5 a 9 costillas (media de 6,69 ± 0,79), la aurícula posterior de la valva izquierda (CAPI) tiene de 4 a 7 costillas (media de 5,75 ± 0,75), la aurícula anterior de la valva derecha (CAAD) tiene de 4 a 7 costillas (media de 5,55 ± 0,54) (Figura 215) y la aurícula posterior de la valva derecha (CAPD) tiene de 5 a 9 costillas (media de 6,35 ± 0,76).

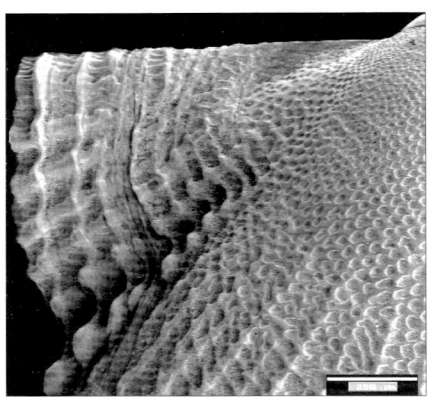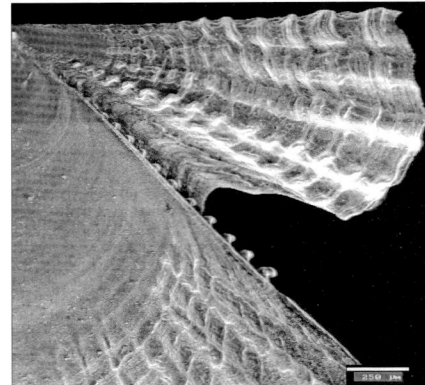

Figura 215: Aurícula anterior de la valva izquierda (i) y anterior de la valva derecha de *Aequipecten opercularis*, con la escotadura bisal y el ctenolium (d).

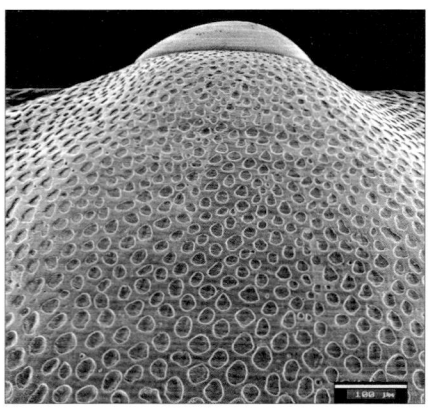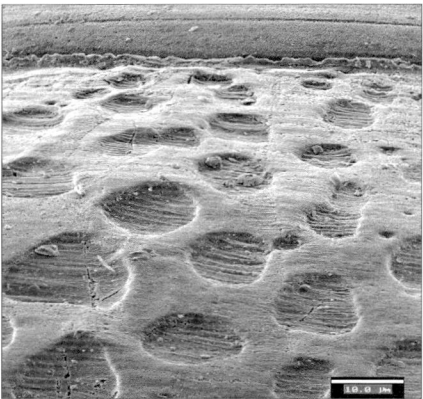

Figura 216: Escultura de la valva izquierda de la volandeira (i). Detalle de la doble barra y los alvéolos superiores (d) de *Aequipecten opercularis*.

La longitud de la aurícula anterior (LAA) medía una media de 2,809 ± 1,255 mm y la aurícula posterior (LAP) tenía 2,251 ± 0,861 mm de media. La altura de la zona prismática (ZP) medía una media de 1,219 ± 0,107 mm y la longitud de la prodisoconcha II (LP) era de 0,252 ± 0,015 mm (Figura 217). En el ctenolium de la valva derecha se contaron de 2 a 7 dientes activos (media de 4,67 ± 0,854).

La relación H/L mostró valores superiores a uno (media de 1,076 ± 0,025), lo que indica que las valvas de la volandeira son ligeramente más altas que largas. El grosor de la valva izquierda es mayor, más abombada, que la derecha por lo que la relación GVI/GVD tenía una media de 1,301 ± 0,106, dentro del intervalo de 1,097 a 1,633. La relación LAA/LAP, con una media de 1,213 ± 0,119 y un intervalo de 0,907 a 1,557, indica que la oreja anterior es más larga que la posterior. La relación media de G/H estaba en 0,298 ± 0,022 dentro del rango de 0,248 a 0,396. La relación entre la charnela y la longitud (CH/L = 0,723 ± 0,057) muestra que la longitud de la charnela es bastante más corta que el diámetro del disco.

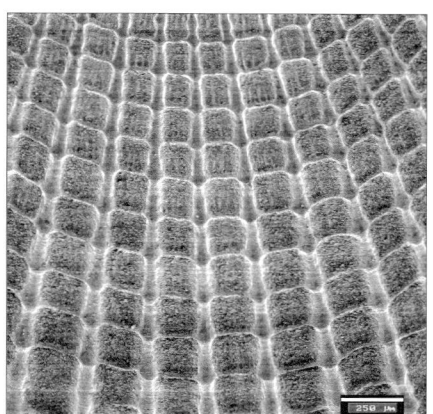 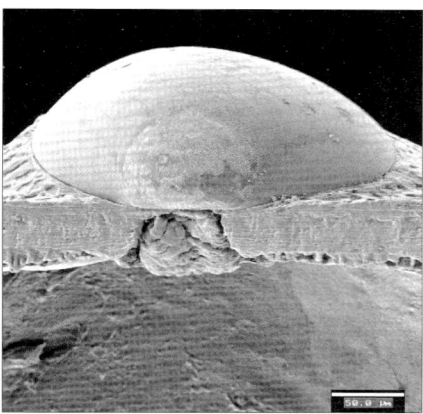

Figura 217: Detalle de las costillas en la valva izquierda (i). Detalle de las prodisoconchas I y II y el ligamento interno de la volandeira (d).

Figura 218: Interior de las valvas izquierda (i) y derecha (d) de la volandeira.

223

8.2. *Pecten jacobaeus* (Linnaeus, 1758)

Se midieron 42 semillas de concha de peregrino con una altura media (H) de 14,424 ± 2,849 mm, con un intervalo de 9,48 a 21,07 mm y una longitud (L) media de 15,373 ± 3,119 mm, dentro del rango de 9,74 a 22,64 mm. El grosor promedio (G) de ambas valvas cerradas medía 2,919 ± 0,852 mm, el grosor medio de la valva izquierda (GVI) estaba en 1,079 ± 0,421 mm, con un intervalo de 0,55 a 2,13 mm y el grosor medio de la valva derecha (GVD) era de 2,591 ± 0,872 mm, con un rango de 1,2 a 4,98 mm. La longitud media de la charnela (CH) medía 9,812 ± 1,739 mm, con un intervalo de 6,89 a 14,5 mm y el peso medio de las conchas vacías y secas (WC) estaba en 0,164 ± 0,127 g, dentro del rango de 0,027 a 0,584 g.

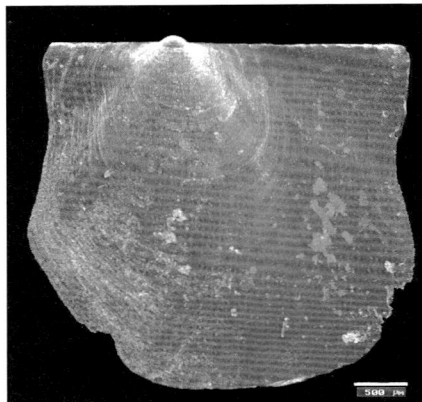 

Figura 219: Valvas izquierda (i) y derecha (d) de *Pecten jacobaeus.*

En la valva izquierda se describieron de 16 a 21 costillas radiales (CI), con una media de 17,44 ± 1,097 y en la valva derecha se contaron de 15 a 22 costillas radiales (media de 17,85 ± 1,37) (CD). La aurícula anterior de la valva derecha (CAAD) tiene de 1 a 3 costillas (media de 1,976 ± 0,643), el resto de aurículas carecen de costillas.

La longitud de la aurícula anterior (LAA) medía una media de 4,021 ± 0,789 mm, con un intervalo de 2,772 a 6,188 mm y la aurícula posterior (LAP) tenía 5,33 ± 0,822 mm de media, dentro del rango de 4,063 a 7,6 mm (Figura 219). La altura de la zona prismática (ZP) medía una media de 8,67 ± 1,003 mm, con un intervalo de 5,625 a 10,75 mm y la longitud de la prodisoconcha II (LP) era de 0,246 ± 0,014 mm (Figura 221). En el ctenolium de la valva derecha se contaron de 0 a 8 dientes activos (media de 5,095 ± 2,545).

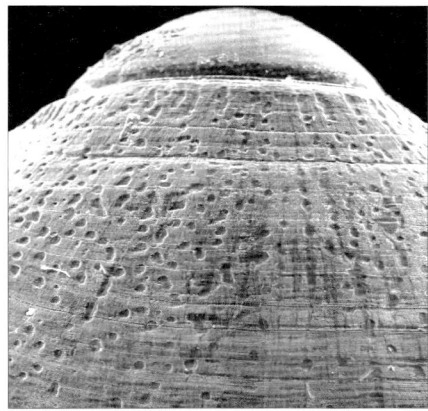 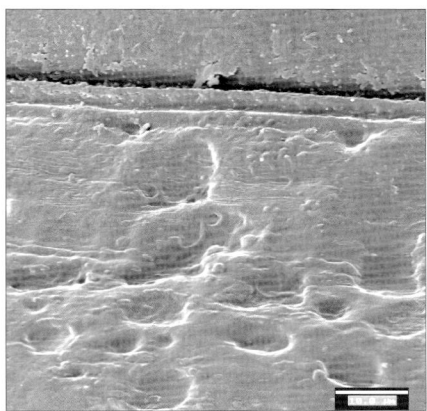

Figura 220: Escultura preradial de la valva izquierda (i) y detalle de la doble barra y los alvéolos superiores (d) de *Pecten jacobaeus*.

La relación H/L mostró valores inferiores a uno (media de 0,94 ± 0,032), con un intervalo de 0,865 a 1,02, lo que indica que las valvas de la concha de peregrino son ligeramente más largas o anchas que altas. El grosor de la valva derecha es más abombado que la izquierda, más del doble, por lo que la relación GVI/GVD tenía una media de 0,413 ± 0,053, dentro del intervalo de 0,279 a 0,508.

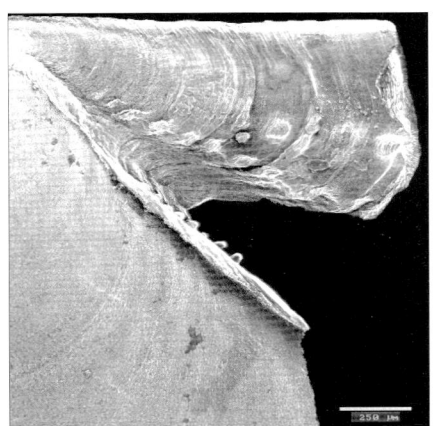 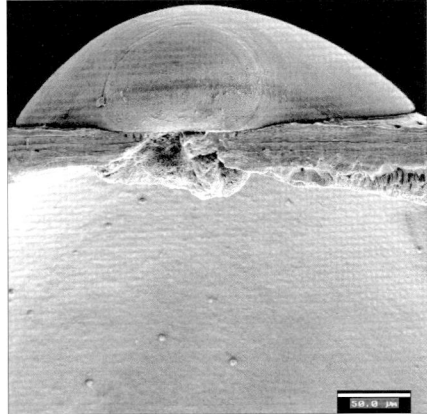

Figura 221: Aurícula anterior de la valva derecha de *Pecten jacobaeus* con su escotadura bisal y los dientes del ctenolium (i) y el ligamento y las prodisoconchas I y II de la valva izquierda (d).

La relación media de G/H estaba en 0,199 ± 0,021 dentro del rango de 0,165 a 0,252. La relación entre el grosor de la valva izquierda respecto al grosor de toda la concha (GI/G) fue de 0,362 ± 0,05, mientras que la relación de la valva derecha

225

(GD/G) fue de 0,878 ± 0,047. La relación entre la charnela y la longitud (CH/L = 0,64 ± 0,03) muestra que la longitud de la charnela es bastante más corta que el diámetro del disco. La relación LAA/LAP, con una media de 0,752 ± 0,052 y un intervalo de 0,643 a 0,903, indica que la oreja posterior es más larga que la anterior.

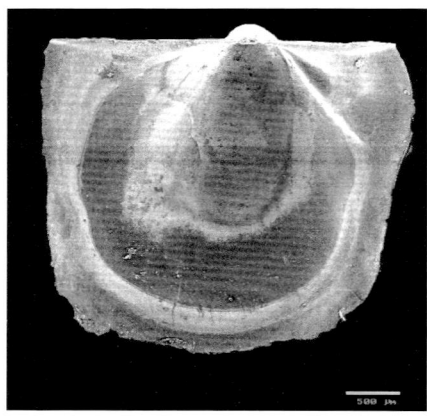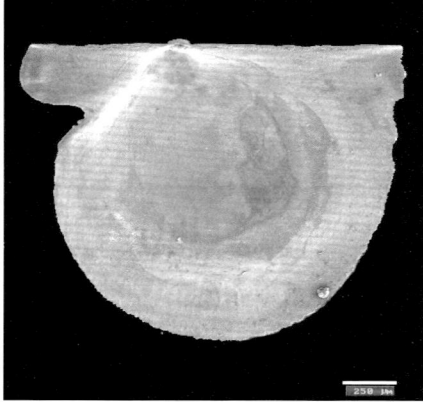

Figura 222: Interior de las valvas izquierda (i) y derecha (d) de *Pecten jacobaeus*.

8.3. *Mimachlamys varia* (Linnaeus, 1758)

Se midieron 100 semillas de zamburiña con una altura media (H) de 5,124 ± 2,756 mm, con un intervalo de 1,38 a 13,21 mm y una longitud (L) media de 4,495 ± 2,343 mm, dentro del rango de 1,32 a 10,92 mm. El grosor promedio (G) de ambas valvas cerradas medía 1,45 ± 0,963 mm, el grosor medio de la valva izquierda (GVI) estaba en 1,082 ± 0,511 mm, con un intervalo de 0,46 a 2,73 mm y el grosor medio de la valva derecha (GVD) era de 0,967 ± 0,467 mm, con un rango de 0,41 a 2,48 mm. La longitud media de la charnela (CH) medía 3,271 ± 1,496 mm, con un intervalo de 1,14 a 7,47 mm (Figura 223) y el peso medio de las conchas vacías y secas (WC) estaba en 0,018 ± 0,022 g, dentro del rango de 0,001 a 0,069 g.

En la valva izquierda se describieron de 22 a 46 costillas radiales (CI), con una media de 30,87 ± 3,362 y en la valva derecha (CD) se contaron de 22 a 51 costillas radiales (media de 32,2 ± 4,159). La aurícula anterior de la valva derecha (CAAD) tiene de 4 a 9 costillas (media de 6,063 ± 1,186). La aurícula anterior de la valva izquierda (CAAI) tiene de 2 a 11 costillas (media de 8,286 ± 1,508). La aurícula posterior de la valva derecha (CAPD) tiene de 3 a 10 costillas (media de 5,345 ± 1,076). La aurícula posterior de la valva izquierda (CAPI) tiene de 3 a 7 costillas (media de 4,922 ± 0,838) (Figura 224).

Figura 223: Valvas izquierda (i) y derecha (d) de *Mimachlamys varia*.

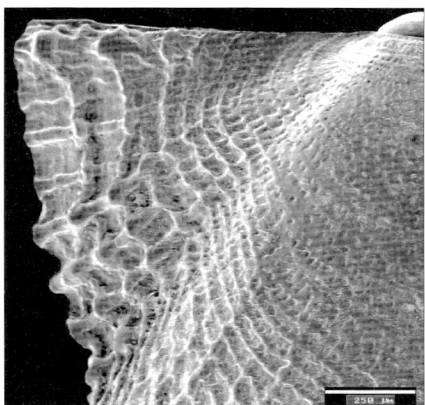 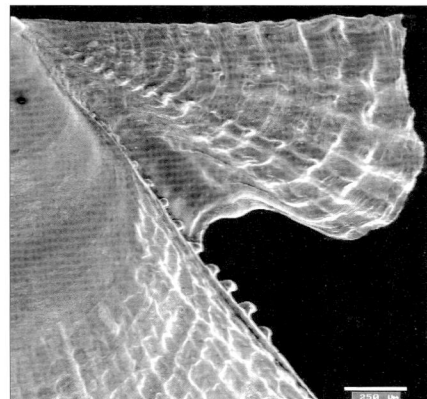

Figura 224: Aurícula anterior de la valva izquierda (i) y anterior de la valva derecha (d), mostrando la zona prismática, la escotadura bisal y el ctenolium de *Mimachlamys varia*.

La longitud de la aurícula anterior (LAA) medía una media de 1,817 ± 1,021 mm, con un intervalo de 0,5 a 4,788 mm y la de la aurícula posterior (LAP) tenía 1,149 ± 0,445 mm de media, dentro del rango de 0,46 a 2,218 mm (Figura 224). La altura de la zona prismática (ZP) medía una media de 1,149 ± 0,161 mm, con un intervalo de 0,685 a 1,612 mm y la longitud de la prodisoconcha II (LP) era de 0,212 ± 0,016 mm (Figura 226). En el ctenolium de la valva derecha se contabilizaron de 1 a 7 dientes activos (media de 4,165 ± 1,007).

La relación H/L mostró valores superiores a uno (media de 1,127 ± 0,047), lo que indica que las valvas de la zamburiña son bastante más altas que largas o anchas, dentro del intervalo de 1,023 a 1,233. El grosor de la valva izquierda es mayor, más abombada, que la derecha por lo que la relación GVI/GVD tenía una media de 1,131 ± 0,132, dentro del intervalo de 0,973 a 1,83. La relación LAA/LAP, con una media de 1,489 ± 0,281 y un intervalo de 1,062 a 2,361, indica que la oreja anterior es mucho más larga que la posterior. La relación media de G/H estaba en 0,269 ± 0,037 dentro del rango de 0,183 a 0,382. La relación entre la charnela y la longitud CH/L tenía una media de 0,749 ± 0,066, dentro del rango de 0,619 a 0,93, muestra que la longitud de la charnela es bastante más corta que el diámetro del disco.

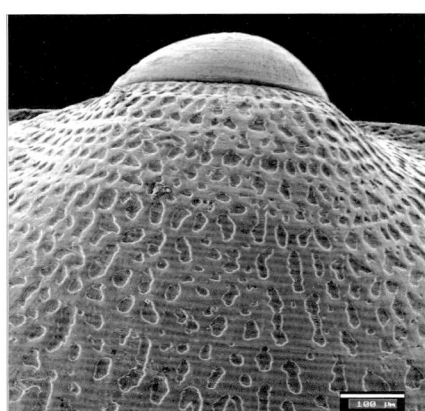
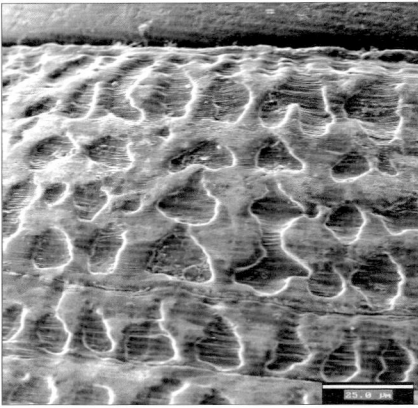

Figura 225: Escultura preradial de la valva izquierda (i) y detalle de la doble barra y los alvéolos superiores (d) de *Mimachlamys varia*.

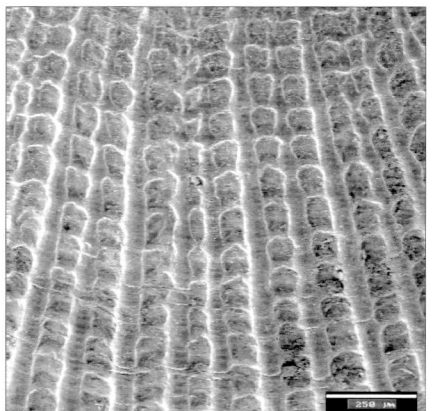
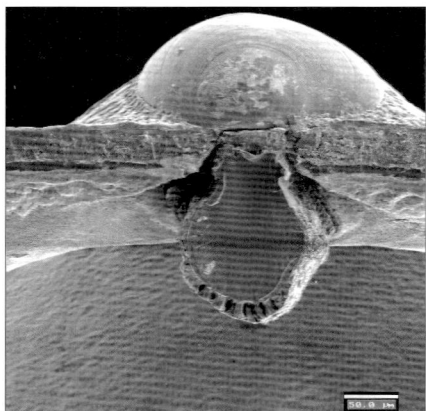

Figura 226: Detalle de las costillas en la valva izquierda (i) y el ligamento y las prodisoconchas I y II de la valva izquierda (d) de *Mimachlamys varia*.

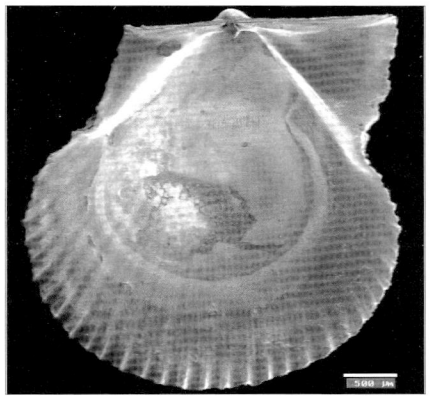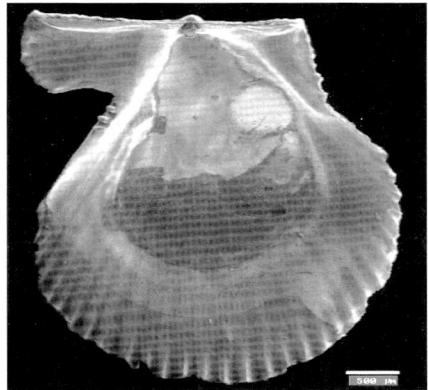

Figura 227: Interior de las valvas izquierda (i) y derecha (d) de *Mimachlamys varia*.

8.4. *Flexopecten flexuosus* (Poli, 1795)

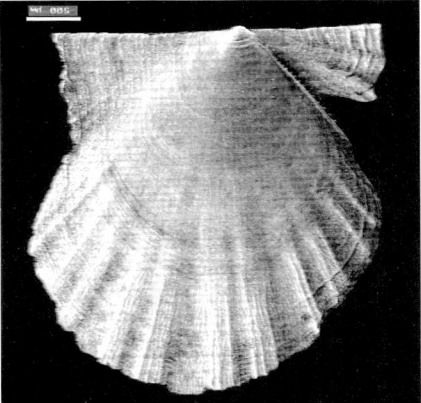

Figura 228: Valvas izquierda (i) y derecha (d) de *Flexopecten flexuosus*.

Se midieron 395 semillas de *Flexopecten flexuosus* con una altura media (H) de 12,734 ± 2,907 mm, con un intervalo de 6,35 a 20,32 mm y una longitud (L) media de 12,93 ± 3,135 mm, dentro del rango de 6,13 a 21,85 mm (Figura 228). El grosor promedio (G) de ambas valvas cerradas medía 3,748 ± 0,97 mm, dentro del rango de 1,6 a 6,36 mm; el grosor medio de la valva izquierda (GVI) estaba en 2,024 ± 0,492 mm, con un intervalo de 0,9 a 3,45 mm y el grosor medio de la valva derecha (GVD) era de 1,972 ± 0,551 mm, con un rango de

0,78 a 3,39 mm. La longitud media de la charnela (CH) medía 10,159 ± 2,011 mm, con un intervalo de 5,64 a 15,78 mm (Figura 228) y el peso medio de las conchas vacías y secas (WC) estaba en 0,23 ± 0,153 g, dentro del rango de 0,019 a 0,83 g.

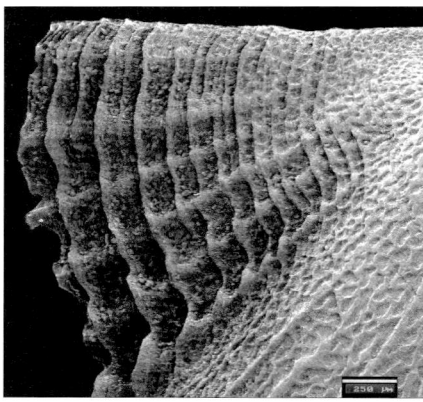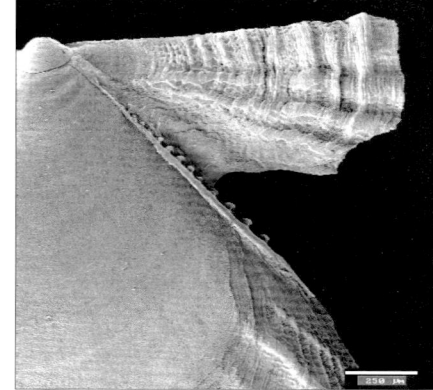

Figura 229: Aurícula anterior de la valva izquierda (i) y anterior de la valva derecha mostrando la zona prismática, el ctenolium y la escotadura bisal (d) de *Flexopecten flexuosus.*

En la valva izquierda se contaron 5 costillas o pliegues radiales (CI), entre las que se distribuyen desde 0 a 5 costillas o pliegues secundarios, así con solo 5 costillas había un 31,9 % de conchas, con una costilla secundaria un 2,79 %, con dos costillas secundarias un 11,65 %, con 3 costillas secundarias un 3,04 %, con 4 costillas secundarias un 27,09 % y con 5 costillas secundarias un 23,54 %. En algunos individuos las 5 costillas son bífidas o dobles.

En la valva derecha se contaron de 6 a 11 costillas radiales (CD). Se encontró gran variedad de costillas, desde simples (S) a dobles (D) o más anchas con un surco radial en el centro. Se encontró un 37,06 % con 5D y una simple, un 25,89 % con 6 costillas simples, un 12,18 % con 4D y 3S, un 8,88 % con 4D y 2S, un 6,85 % con 11 costillas simples (6 principales y 5 secundarias), un 3,81 % con 3D y 5 simples, un 3,3 % con 9S, un 1,52 % con 2D y 5S y solo 2 ejemplares (0,51 %) de las 395 conchas observadas, con 1 costilla doble y 5S.

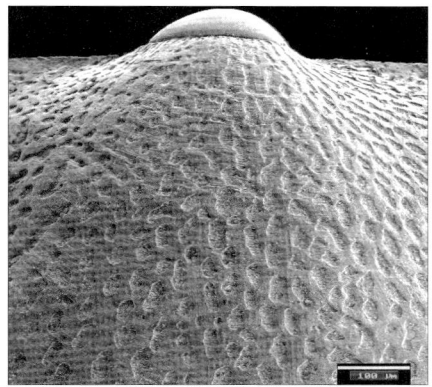
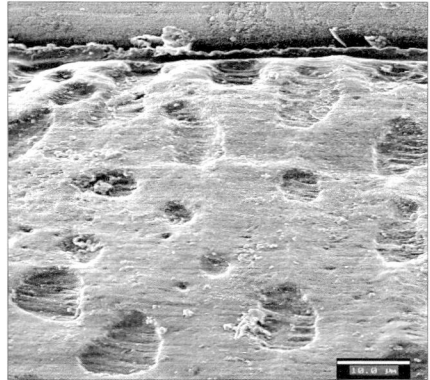

Figura 230: Escultura preradial de la valva izquierda (i) y detalle de la doble barra y los alvéolos superiores (d) de *Flexopecten flexuosus*.

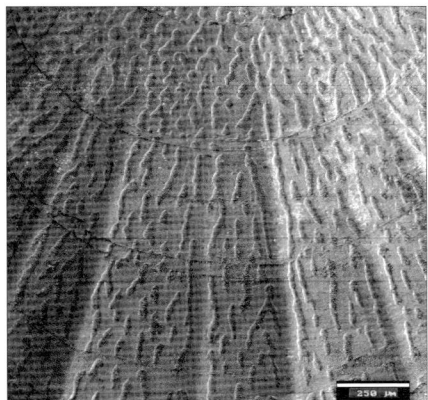
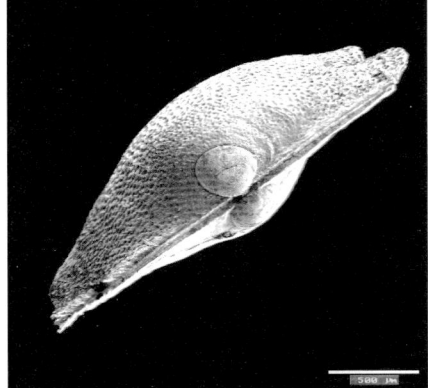

Figura 231: Nacimiento de las costillas en la valva izquierda (i) y vista apical de las dos valvas de *Flexopecten flexuosus* (d).

La longitud de la aurícula anterior (LAA) medía una media de 5,101 ± 1,092 mm, con un intervalo de 2,673 a 7,85 mm y la de la aurícula posterior (LAP) tenía 5,029 ± 0,973 mm de media, dentro del rango de 2,543 a 7,693 mm (Figura 229). La altura de la zona prismática (ZP) medía una media de 1,667 ± 0,204 mm, con un intervalo de 1,21 a 2,268 mm y la longitud de la prodisoconcha II (LP) era de 0,196 ± 0,016 mm, dentro del rango de 0,14 a 0,234 mm (Figura 233). En el ctenolium de la valva derecha se contabilizaron de 1 a 6 dientes activos (media de 3,976 ± 1,005).

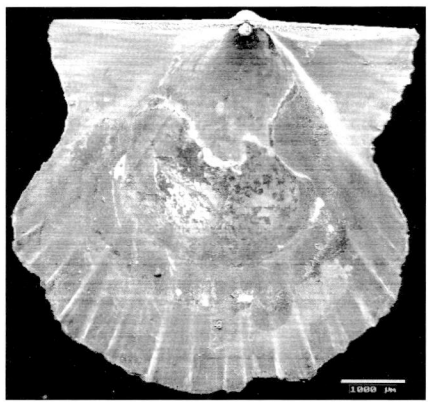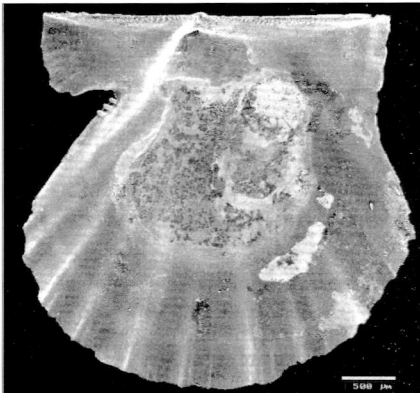

Figura 232: Interior de las valvas izquierda (i) y derecha (d) de *Flexopecten flexuosus*.

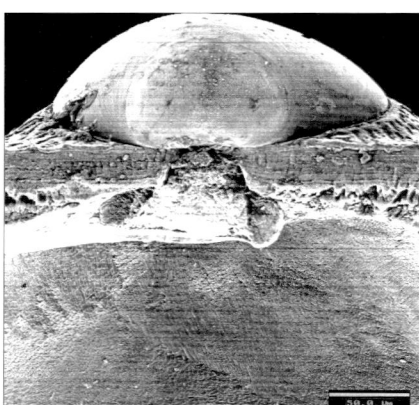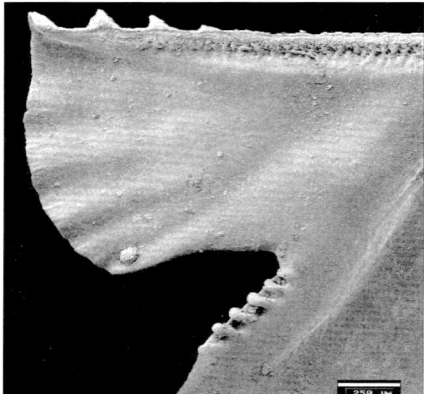

Figura 233: El ligamento y las prodisoconchas I y II de la valva izquierda (i) y el interior de la aurícula anterior de la valva derecha de *Flexopecten flexuosus* mostrando la charnela, el ctenolium y la escotadura bisal (d).

La relación H/L mostró valores inferiores a uno (media de 0,989 ± 0,034), lo que indica que las valvas de *Flexopecten flexuosus* son ligeramente más anchas que altas, dentro del intervalo de 0,907 a 1,104. El grosor de la valva izquierda es levemente mayor, más abombada, que la derecha por lo que la relación GVI/GVD tenía una media de 1,044 ± 0,118, dentro del intervalo de 0,728 a 1,562. La relación LAA/LAP, con una media de 1,012 ± 0,071 y un intervalo de 0,634 a 1,328, indica que ambas orejas son prácticamente iguales. La relación media de G/H estaba en 0,293 ± 0,025 dentro del rango de 0,231 a 0,398. La relación entre la longitud de la charnela y la longitud del disco (CH/L) tenía una media de 0,796 ± 0,055, dentro del rango de 0,668 a 1,003, muestra que la longitud de la charnela es bastante más corta que el diámetro del disco.

La relación del peso de la concha vacía respecto a la longitud del disco (W/L) es alta indicando que la concha es pesada, con un promedio de 1,621 ± 0,716, dentro de un rango de 0,31 a 4,181. La altura de la zona prismática se ha relacionado con la altura total (ZP/H) dando una media de 0,14 ± 0,043, con un intervalo de 0,065 a 0,298, revelando que las costillas de la valva derecha empiezan a formarse tempranamente.

8.5. *Flexopecten glaber* (Linnaeus, 1758)

Se midieron 97 semillas de *Flexopecten glaber* con una altura media (H) de 14,785 ± 3,518 mm, con un intervalo de 6,77 a 24,41 mm y una longitud (L) media de 14,407 ± 3,635 mm, dentro del rango de 6,29 a 25,26 mm (Figura 234). El grosor promedio (G) de ambas valvas cerradas medía 4,674 ± 1,337 mm, dentro del rango de 1,8 a 8,44 mm; el grosor medio de la valva izquierda (GVI) estaba en 2,572 ± 0,711 mm, con un intervalo de 1,06 a 4,46 mm y el grosor medio de la valva derecha (GVD) era de 2,316 ± 0,624 mm, con un rango de 0,86 a 4,22 mm. La longitud media de la charnela (CH) medía 11,356 ± 2,446 mm (Figura 234), con un intervalo de 5,68 a 17,84 mm y el peso medio de las conchas vacías y secas (WC) estaba en 0,367 ± 0,241 g, dentro del rango de 0,03 a 1,46 g.

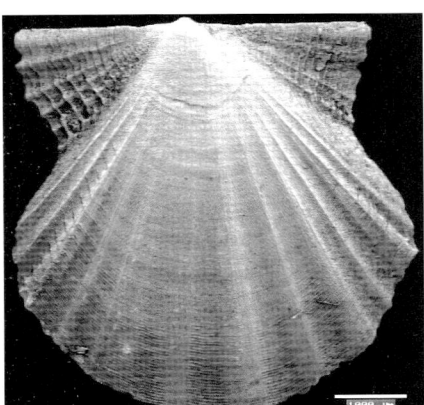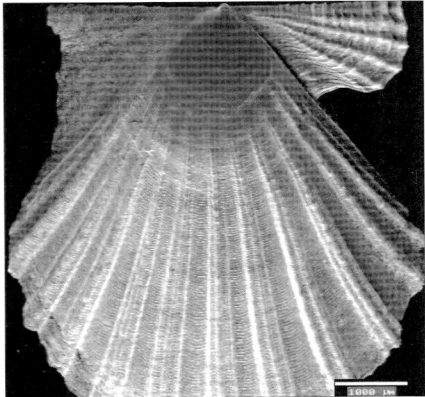

Figura 234: Valvas izquierda (i) y derecha (d) de *Flexopecten glaber*

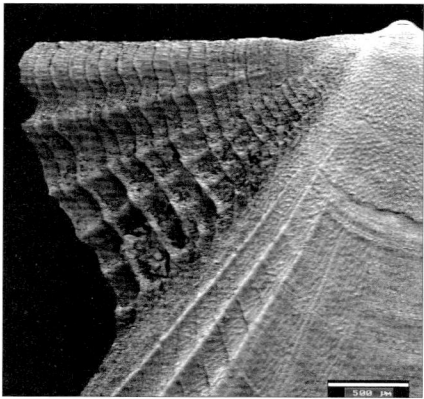
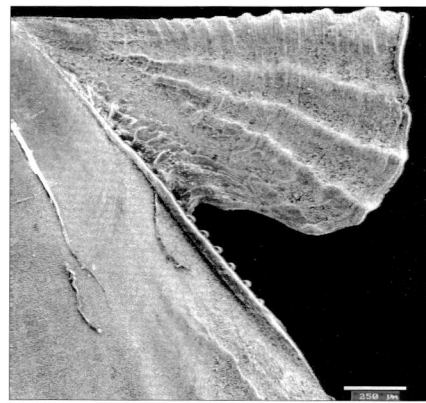

Figura 235: Aurícula anterior de la valva izquierda (i) y anterior de la valva derecha (d) de *Flexopecten glaber*.

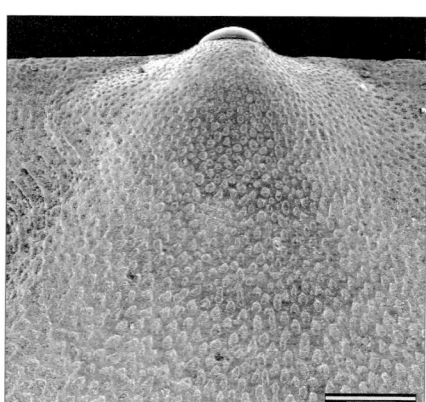
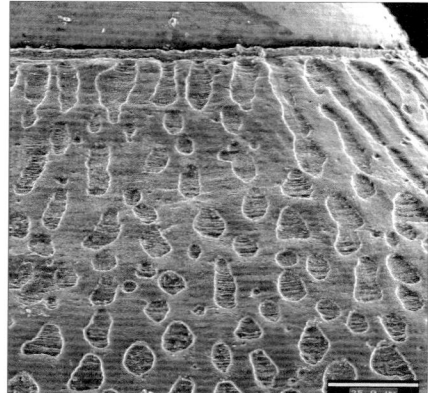

Figura 236: Escultura preradial de la valva izquierda (i) y detalle de la doble barra y los alvéolos superiores (d) de *Flexopecten glaber*.

En la valva izquierda se contaron de 9 a 11 costillas o pliegues radiales (CI), con un valor medio de 9,918 ± 0,373. En la valva derecha se contaron de 10 a 12 costillas radiales (CD), con una media de 10,84 ± 0,4.

La longitud de la aurícula anterior (LAA) medía una media de 5,651 ± 1,239 mm, con un intervalo de 2,608 a 8,54 mm y la de la aurícula posterior (LAP) tenía 5,377 ± 1,159 mm de media, dentro del rango de 2,543 a 8,784 mm (Figura 235). La altura de la zona prismática (ZP) medía una media de 1,74 ± 0,201 mm, con un intervalo de 1,184 a 2,117 mm y la longitud de la prodisoconcha II (LP) era de 0,177 ± 0,024 mm, dentro del rango de 0,094 a 0,234 (Figura 237). En el ctenolium de la valva derecha se contabilizaron de 2 a 7 dientes activos (media de 4,125 ± 0,975).

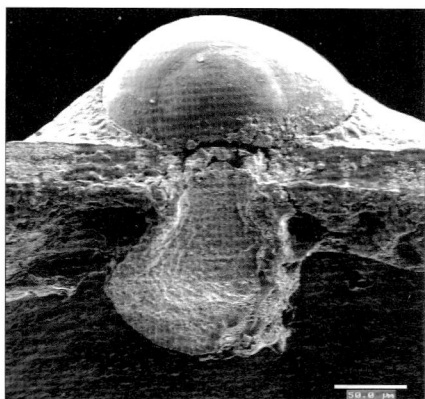

Figura 237: Detalle de las costillas en la valva izquierda (i). Interior de la valva izquierda, mostrando las prodisoconchas I y II y el ligamento (d).

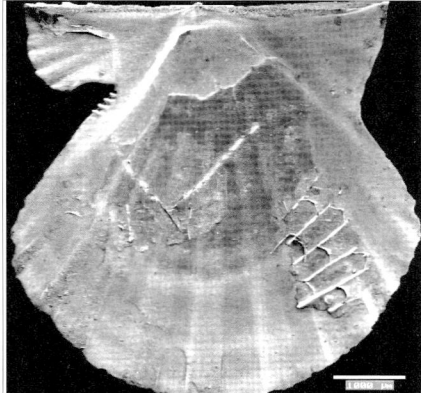

Figura 238: Interior de las valvas izquierda (i) y derecha (d) de *Flexopecten glaber*.

La relación H/L mostró valores próximos a uno (media de 1,03 ± 0,037), lo que indica que las valvas de *Flexopecten flexuosus* son ligeramente más altas que largas, dentro del intervalo de 0,922 a 1,153. El grosor de la valva izquierda es levemente mayor, más abombada, que la derecha por lo que la relación GVI/GVD tenía una media de 1,114 ± 0,112, dentro del intervalo de 0,85 a 1,407. La relación LAA/LAP, con una media de 1,051 ± 0,061 y un intervalo de 0,902 a 1,203, indica que ambas orejas son prácticamente iguales. La relación media de G/H estaba en 0,313 ± 0,027 dentro del rango de 0,239 a 0,413. La relación entre la longitud de la charnela y la longitud del disco (CH/L) tenía una media de 0,797 ± 0,051, dentro del rango de 0,692 a 0,915, muestra que la longitud de la charnela es bastante más corta que el diámetro del disco (Figura 238).

La relación del peso de la concha vacía respecto a la longitud del disco (W/L) es alta indicando que la concha es pesada, con un promedio de 1,621 ± 0,716, dentro de un rango de 0,31 a 4,181. La altura de la zona prismática se ha relacionado con la altura total (ZP/H) dando una media de 0,125 ± 0,034, con un intervalo de 0,064 a 0,279, revelando que las costillas de la valva derecha empiezan a formarse tempranamente.

8.6. *Palliolum incomparabile* (Risso, 1826)

Se midieron 141 semillas de *Palliolum incomparabile* con una altura media (H) de 9,72 ± 0,791 mm, con un intervalo de 8,38 a 11,35 mm y una longitud (L) media de 9,245 ± 0,759 mm, dentro del rango de 7,96 a 10,84 mm (Figura 239). El grosor promedio (G) de ambas valvas cerradas medía 2,632 ± 0,286 mm, dentro del rango de 2,08 a 3,09 mm; el grosor medio de la valva izquierda (GVI) estaba en 1,365 ± 0,144 mm, con un intervalo de 1,12 a 1,64 mm y el grosor medio de la valva derecha (GVD) era de 1,229 ± 0,122 mm, con un rango de 1,04 a 1,48 mm. La longitud media de la charnela (CH) medía 5,743 ± 0,458 mm (Figura 239), con un intervalo de 5,03 a 6,6 mm.

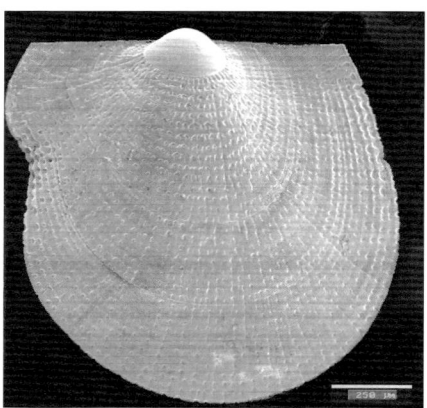 

Figura 239: Valvas izquierda (i) y derecha (d) de *Palliolum incomparabile*.

La aurícula anterior de la valva derecha (CAAD) tiene de 5 a 7 costillas (media de 5,765 ± 0,79) (Figura 240). La aurícula posterior de la valva izquierda (CAPI) tiene de 1 a 5 costillas (media de 1,627 ± 0,848).

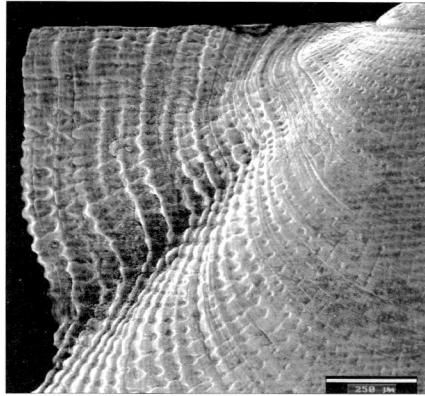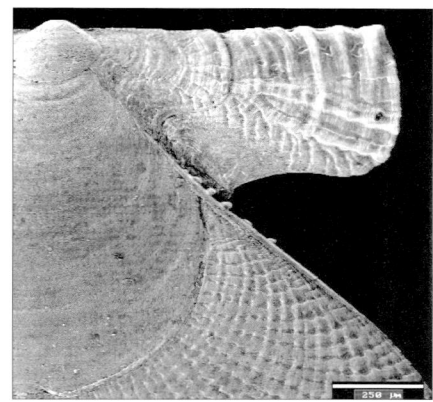

Figura 240: Aurícula anterior de la valva izquierda (i) y anterior de la valva derecha (d) de *Palliolum incomparabile*.

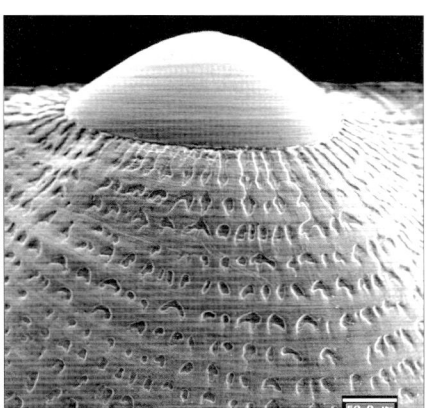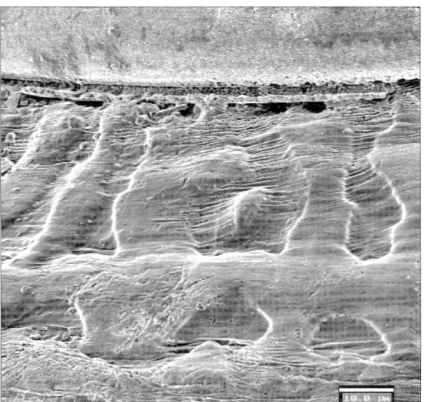

Figura 241: Escultura preradial de la valva izquierda (i) y detalle de la doble barra y los alvéolos superiores (d) de *Palliolum incomparabile*.

Las valvas de *Palliolum incomparabile* carecen de costillas radiales. En el disco de ambas valvas se localizan varias filas principales y secundarias de alvéolos (Figura 242i), que parten de la zona prismática en la valva derecha (Figura 240d) y de la estructura preradial de la valva izquierda (Figura 240i).

La altura de la zona prismática (ZP) de *Palliolum incomparabile* medía una media de 0,878 ± 0,06 mm, con un intervalo de 0,731 a 1,033 mm y la longitud de la prodisoconcha II (LP) era de 0,232 ± 0,014 mm, dentro del rango de 0,187 a 0,274. En el ctenolium de la valva derecha se contabilizaron de 4 a 6 dientes activos (media de 5,157 ± 0,644).

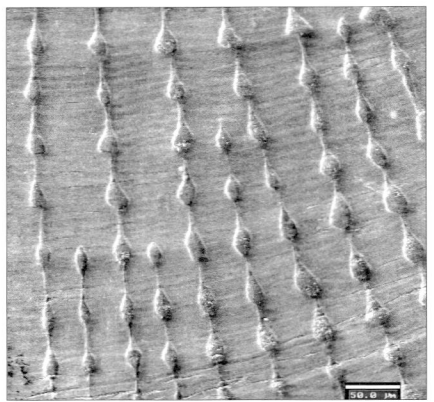 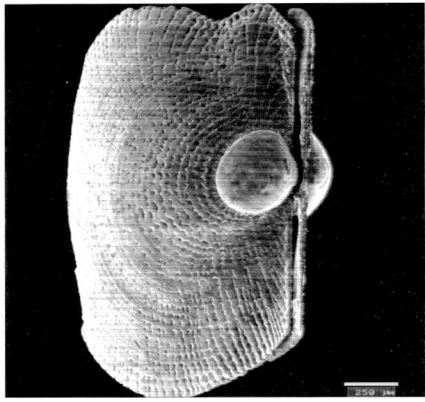

Figura 242: Detalle de la parte central del disco en la valva izquierda (i). Vista apical de las dos valvas de *Palliolum incomparabile* (d).

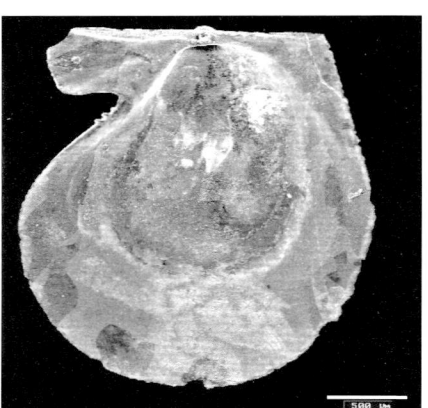 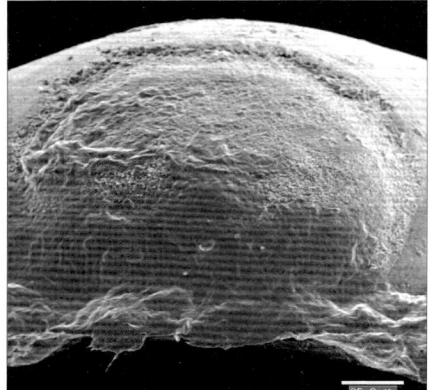

Figura 243: Interior de la valva derecha (i) de *Palliolum incomparabile*. Detalle de las prodisoconchas I y II de la valva izquierda (d).

La relación H/L de *Palliolum incomparabile* reveló valores próximos a uno (media de 1,05 ± 0,026), lo que indica que las valvas son ligeramente más altas que largas, dentro del intervalo de 1,002 a 1,1. El grosor de la valva izquierda es ligeramente mayor que la derecha por lo que la relación GVI/GVD tenía una media de 1,099 ± 0,051, dentro del intervalo de 1,014 a 1,192. La relación LAA/LAP, con una media de 1,466 ± 0,119 y un intervalo de 1,067 a 1,767, indica que las orejas anteriores son mucho más largas que las posteriores. La relación media de G/H estaba en 0,27 ± 0,021 dentro del rango de 0,241 a 0,305. La relación entre la longitud de la charnela y la longitud del disco (CH/L) tenía una media de 0,613 ± 0,03, dentro del rango de 0,553 a 0,652, muestra que la longitud de la charnela es aproximadamente la mitad que el diámetro del disco.

8.7. *Pseudamussium clavatum* (Poli, 1795)

Las 99 semillas de *Pseudamussium clavatum* que se midieron tenían una altura media (H) de 11,6 ± 1,938 mm, con un intervalo de 9,75 a 16,04 mm; la longitud (L) estaba entre 9,59 y 15,43 mm, con un valor medio de 11,15 ± 1,806 mm; la charnela media (CH) alcanzó los 6,597 ± 0,061 mm, dentro de un intervalo de 5,91 a 8,45 mm (Figura 244). El grosor de ambas valvas unidas (G) tenía un valor medio de 3,465 ± 0,589 mm, con un intervalo de 2,8 a 4,76 mm; el grosor de la valva izquierda (GVI) estaba en 1,871 ± 0,329 mm, dentro del intervalo de 1,37 a 2,46 mm, mientras que el grosor medio de la valva derecha (GVD) era de 1,991 ± 0,364 mm, con un rango de 1,62 a 2,88 mm.

En la valva izquierda de todas las conchas analizadas se contaron de 5 costillas o pliegues radiales (CI), mientras que en la valva derecha se anotaron 6 costillas radiales principales (CD). Entre dichas costillas, especialmente en la valva izquierda, aparecían otras costillas secundarias o cóstulas. Por otro lado, sobre las costillas se formaban protuberancias redondeadas o en punta (Figura 244).

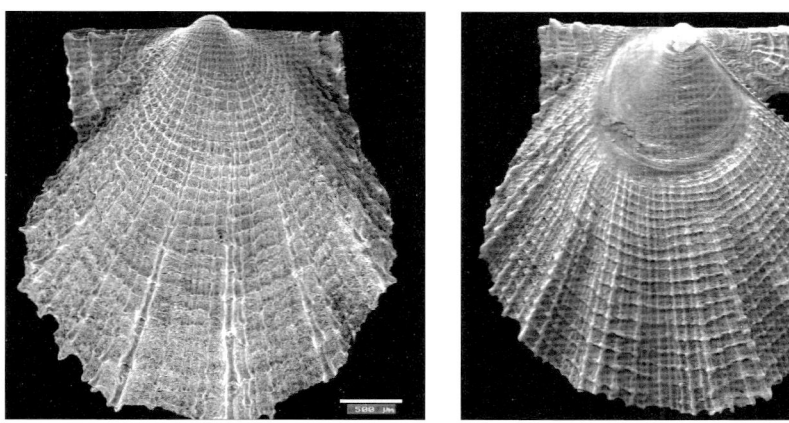

Figura 244: Valvas izquierda (i) y derecha (d) de *Pseudamussium clavatum.*

La aurícula anterior de la valva izquierda (CAAI) tiene de 4 a 7 costillas (media de 5,654 ± 0,797), la aurícula posterior de la valva izquierda (CAPI) tiene de 2 a 4 costillas (media de 5,75 ± 0,75), la aurícula anterior de la valva derecha (CAAD) tiene de 3 a 6 costillas con un valor medio de 4,231 ± 0,765 (Figura 245) y la aurícula posterior de la valva derecha (CAPD) tiene de 2 a 5 costillas (media de 4,038 ± 0,599).

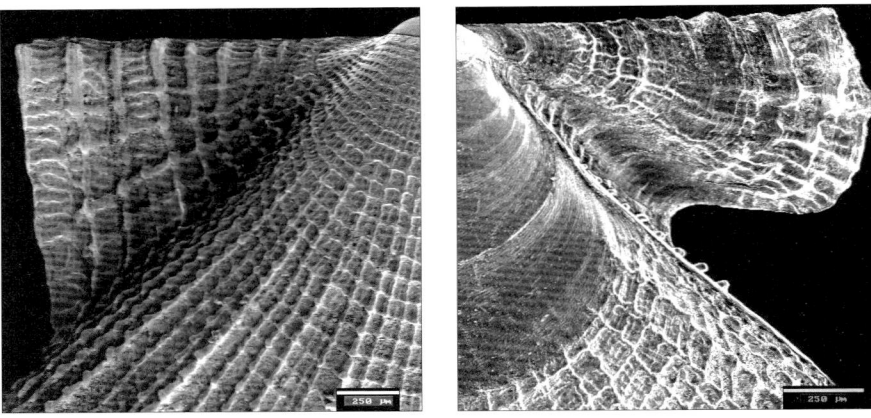

Figura 245: Aurícula anterior (i) de la valva izquierda y anterior (d) de la valva derecha de *Pseudamussium clavatum*.

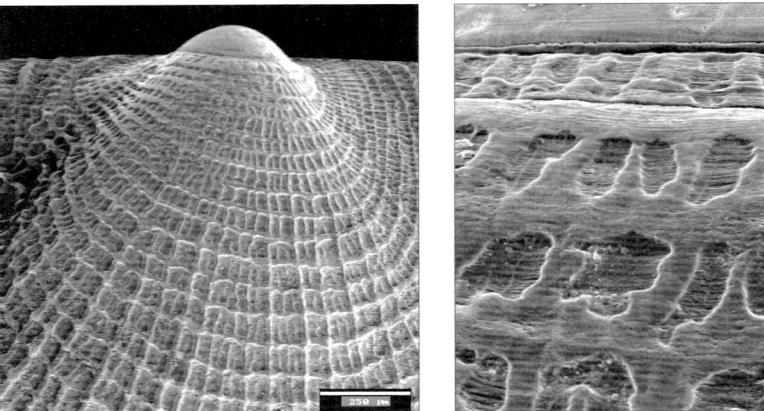

Figura 246: Escultura preradial de la valva izquierda (i) y detalle de la doble barra y los alvéolos superiores (d) de *Pseudamussium clavatum*.

La longitud de la aurícula anterior (LAA) medía 3,534 ± 0,494 mm en promedio, con un intervalo de 3,143 a 4,536 mm y la de la aurícula posterior (LAP) tenía 2,764 ± 0,427 mm de media, dentro del rango de 2,418 a 3,73 mm (Figura 245). La altura de la zona prismática (ZP) de *Pseudamussium clavatum* medía una media de 0,943 ± 0,061 mm, con un intervalo de 0,792 a 1,084 mm y la longitud de la prodisoconcha II (LP) era de 0,284 ± 0,019 mm, dentro del rango de 0,245 a 0,336 (Figura 247d). En el ctenolium de la valva derecha se contabilizaron de 4 a 7 dientes activos (media de 5,346 ± 0,892).

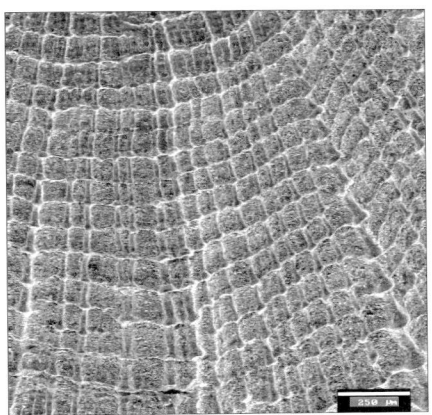
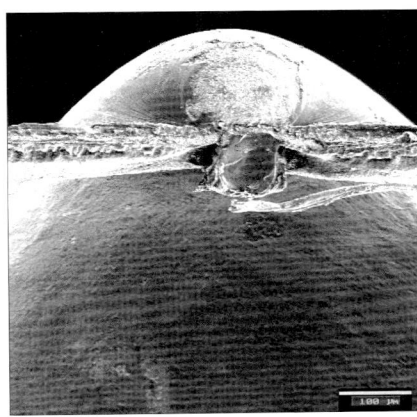

Figura 247: Detalle de las costillas en la valva izquierda de *Pseudamussium clavatum* (i). Interior de la valva izquierda, mostrando las prodisoconchas I y II, el ligamento y parte de la charnela (d).

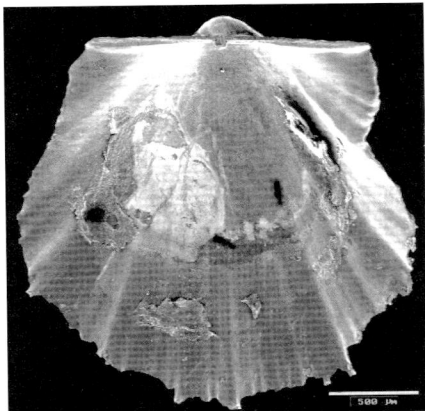
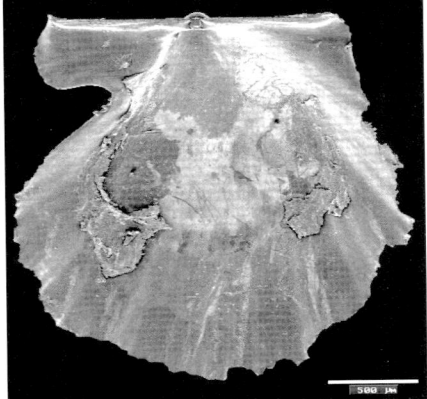

Figura 248: Interior de las valvas izquierda (i) y derecha (d) de *Pseudamussium clavatum.*

La relación H/L reveló valores superiores a uno (media de 1,04 ± 0,028), lo que indica que las valvas de *Pseudamussium clavatum* son ligeramente más altas que largas. La valva derecha es levemente más abombada que la izquierda por lo que la relación GVI/GVD tenía una media de 0,946 ± 0,122, dentro del intervalo de 0,806 a 1,16. La relación LAA/LAP, con una media de 1,203 ± 0,093 y un intervalo de 0,943 a 1,471, indica que las orejas anteriores son más largas que las posteriores. La relación media de G/H estaba en 0,299 ± 0,023 dentro del rango de 0,254 a 0,334. La relación entre la charnela y la longitud (CH/L = 0,595 ± 0,034) muestra que la longitud de la charnela es mucho más corta que el diámetro del disco, casi la mitad.

8.8. *Perapecten commutatus* (Monterosato, 1875)

Se midieron 272 semillas de *Perapecten commutatus* con una altura media (H) de 5,928 ± 2,186 mm, dentro del intervalo de 1,97 a 17,51 mm y una longitud (L) media de 5,659 ± 2,181 mm, dentro del rango de 1,78 a 17,43 mm (Figura 249). El grosor promedio (G) de ambas valvas cerradas medía 2,215 ± 1,069 mm, dentro del rango de 0,65 a 7,36 mm; el grosor medio de la valva izquierda (GVI) estaba en 1,649 ± 0,44 mm, con un intervalo de 0,25 a 3,43 mm y el grosor medio de la valva derecha (GVD) era de 1,679 ± 0,525 mm, con un rango de 0,29 a 4,03 mm. La longitud media de la charnela (CH) medía 3,981 ± 1,313 mm, con un intervalo de 0,97 a 8,82 mm (Figura 249) y el peso medio de las conchas vacías y secas (WC) estaba en 0,042 ± 0,06 g, dentro del rango de 0,001 a 0,581 g.

Figura 249: Valvas izquierda (i) y derecha (d) de *Perapecten commutatus.*

242

 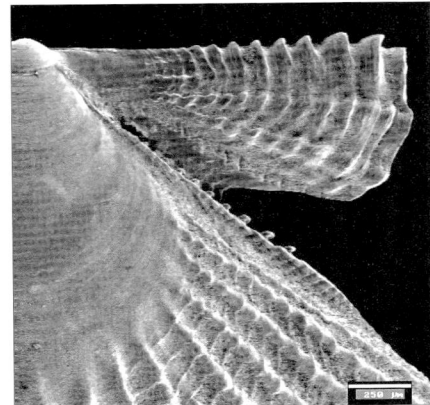

Figura 250: Aurícula anterior de la valva izquierda (i) y anterior de la valva derecha (d) de *Perapecten commutatus*.

En la valva izquierda se contaron de 18 a 26 costillas radiales (CI), con un valor medio de 21,47 ± 1,227. En la valva derecha (CD) se describieron de 19 a 25 costillas radiales, con una media de 21,49 ± 1,132 (Figura 249d), y había una media de 3,439 ± 0,711 dientes activos en el ctenolium (Figura 250d), con un intervalo de 1 a 5.

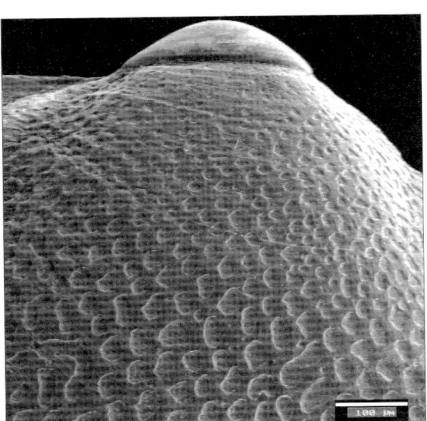 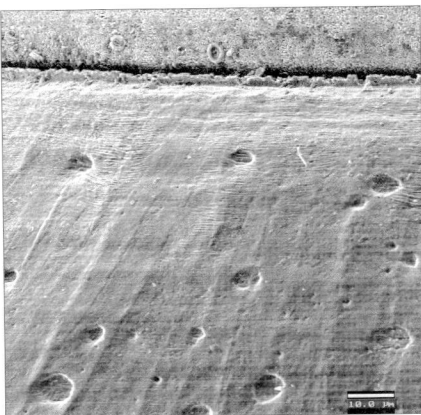

Figura 251: Escultura preradial de la valva izquierda (i) y detalle de la doble barra y los alvéolos superiores (d) de *Perapecten commutatus*.

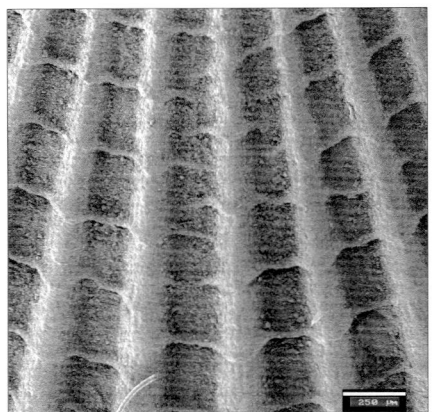 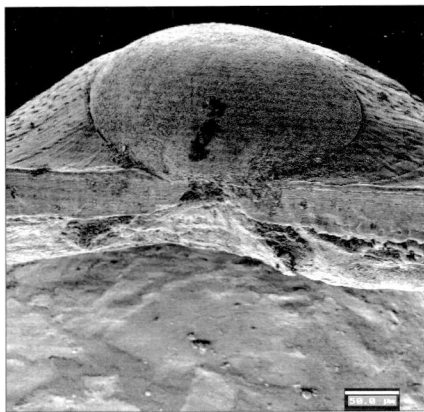

Figura 252: Detalle de las costillas en la valva izquierda (i). Interior de la valva izquierda, detalle del ligamento y las prodisoconchas I y II (d) de *Perapecten commutatus*.

La aurícula anterior de la valva derecha (CAAD) tiene de 4 a 6 costillas, con una media de 4,578 ± 0,525 (Figura 250d). La aurícula anterior de la valva izquierda (CAAI) tiene de 4 a 7 costillas, dentro de una media de 5,867 ± 0,7 (Figura 250i). La aurícula posterior de la valva derecha (CAPD) tiene de 4 a 7 costillas (media de 5,776 ± 0,529). La aurícula posterior de la valva izquierda (CAPI) tiene de 4 a 8 costillas (media de 5,793 ± 0,681).

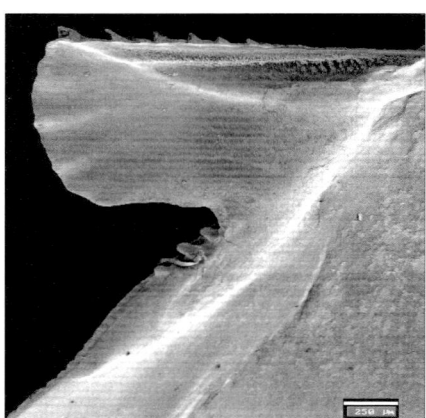 

Figura 253: Interior de la aurícula anterior de la valva derecha de *Perapecten commutatus* mostrando la charnela, el ctenolium y la escotadura bisal (i) y la doble barra sobre la zona piramidal de la valva derecha (d).

La longitud de la aurícula anterior (LAA) medía una media de 2,043 ± 1,228 mm, con un intervalo de 0,687 a 10,7 mm (Figura 250) y la de la aurícula posterior

(LAP) tenía 1,844 ± 0,968 mm de media, dentro del rango de 0,646 a 7,7 mm. La altura de la zona prismática (ZP) contaba con una media de 1,173 ± 0,151 mm, con un intervalo de 0,606 a 1,515 mm y la longitud de la prodisoconcha II (LP) era de 0,264 ± 0,018 mm, dentro del rango de 0,202 a 0,323 (Figura 252d).

La relación H/L mostró valores próximos a uno (media de 1,054 ± 0,031), lo que indica que las valvas de *Perapecten commutatus* son ligeramente más altas que largas, dentro del intervalo de 0,967 a 1,192. El grosor de la valva derecha es levemente mayor, más abombada, que la izquierda por lo que la relación GVI/GVD tenía una media de 0,997 ± 0,08, situándose en el intervalo de 0,838 a 1,395. La relación LAA/LAP, con una media de 1,084 ± 0,085, dentro del intervalo de 0,653 a 1,39, indica que ambas orejas son prácticamente iguales. La relación media de G/H estaba en 0,357 ± 0,047 dentro del rango de 0,268 a 0,467. La relación entre la longitud de la charnela y la longitud del disco (CH/L) tenía una media de 0,715 ± 0,055, dentro del rango de 0,402 a 0,887 y muestra que la longitud de la charnela es bastante más corta que el diámetro del disco (Figura 249).

8.9. *Talochlamys multistriata* (Poli, 1795)

Figura 254: Valvas izquierda (i) y derecha (d) de *Talochlamys multistriata*.

Las 141 semillas de *Talochlamys multistriata* que se midieron tenían una altura media (H) de 5,124 ± 2,756 mm, con un intervalo de 1,38 a 13,21 mm; la longitud (L) estaba entre 1,32 y 10,92 mm, con un valor medio de 4,495 ± 2,343 mm; la charnela media (CH) alcanzó los 3,271 ± 1,496 mm, dentro de un intervalo de 1,14 a 7,47 mm (Figura 254). El grosor de ambas valvas unidas (G) tenía un valor medio de 1,45 ± 0,963 mm, con un intervalo de 0,28 a 5,04 mm; el grosor de la valva izquierda (GVI) estaba en 1,082 ± 0,511 mm, dentro del intervalo de 0,46 a 2,73 mm, mientras que el grosor medio de la valva derecha (GVD) era de 0,967 ± 0,467 mm, con un rango de 0,41 a 2,48 mm y el peso medio de las conchas vacías y secas (WC) estaba en 0,359 ± 0,093 g, con un intervalo de 0,17 a 0,65 g.

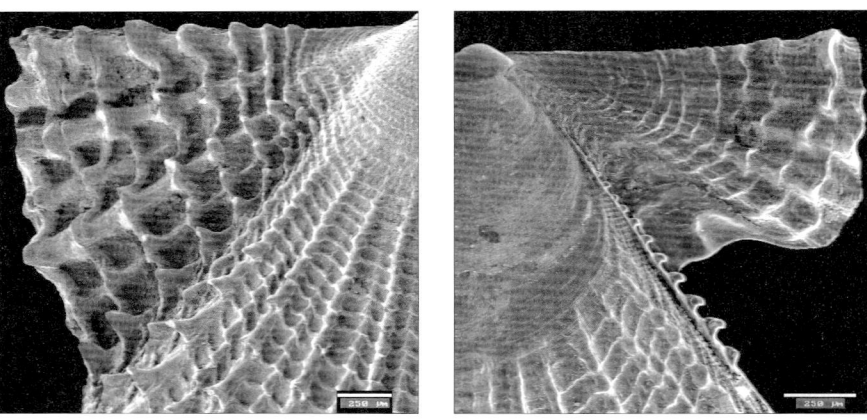

Figura 255: Aurícula anterior de la valva izquierda (i) y anterior de la valva derecha (d) de *Talochlamys multistriata*.

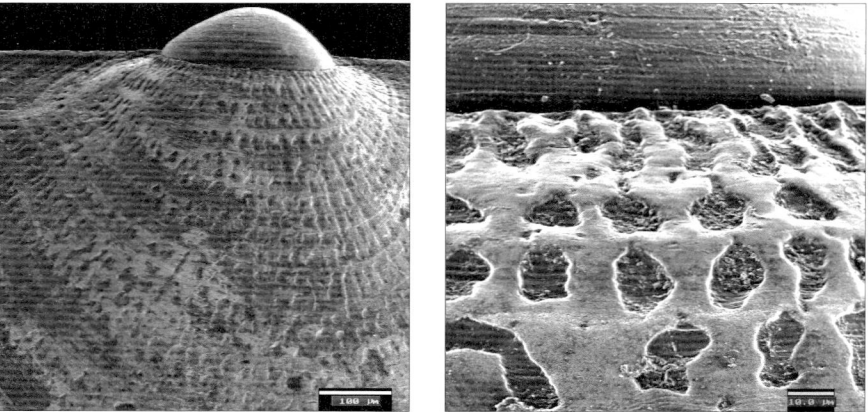

Figura 256: Escultura preradial de la valva izquierda (i) y detalle de la doble barra y los alvéolos superiores (d) de *Talochlamys multistriata*.

En la valva izquierda se contaron de 22 a 46 costillas radiales (CI), con un valor medio de 30,87 ± 3,362, contando las costillas principales y las secundarias que se forman entre aquellas. En la valva derecha (CD) se describieron de 22 a 51 costillas radiales, con una media de 32,2 ± 4,159 (Figura 254), y había una media de 4,165 ± 1,007 dientes activos en el ctenolium (Figura 255d), con un intervalo de 1 a 7 dientes. Sobre las costillas se forman protuberancias que sobresalen como uñas largas y curvadas, principalmente en las costillas laterales y menos en las costillas centrales.

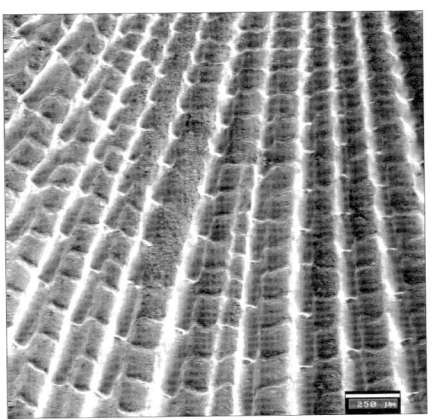 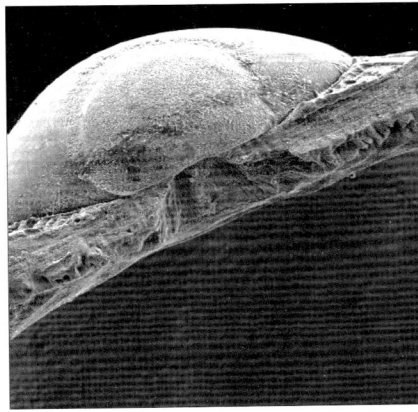

Figura 257: Detalle de las costillas en la valva izquierda (i). Detalle del ligamento y las prodisoconchas I y II de la valva izquierda de *Talochlamys multistriata* (d).

La longitud de la aurícula anterior (LAA) de *Talochlamys multistriata* tenía una media de 1,817 ± 1,021 mm, con un intervalo de 0,5 a 4,788 mm (Figura 255) y la de la aurícula posterior (LAP) tenía 1,149 ± 0,445 mm de media, dentro del rango de 0,46 a 2,218 mm. La altura de la zona prismática (ZP) contaba con una media de 1,149 ± 0,162 mm, con un intervalo de 0,685 a 1,612 mm y la longitud de la prodisoconcha II (LP) era de 0,212 ± 0,016 mm, dentro del rango de 0,18 a 0,26 (Figura 257d).

La aurícula anterior de la valva derecha de *Talochlamys multistriata* tiene de 4 a 9 costillas (CAAD), con una media de 6,063 ± 1,186 (Figura 255d). La aurícula anterior de la valva izquierda tiene de 2 a 11 costillas (CAAI), dentro de una media de 8,286 ± 1,508 (Figura 255i). La aurícula posterior de la valva derecha tiene de 3 a 10 costillas (CAPD) con una media de 5,345 ± 1,076. La aurícula posterior de la valva izquierda tiene de 3 a 7 costillas (CAPI) dentro de una media de 4,922 ± 0,838 costillas.

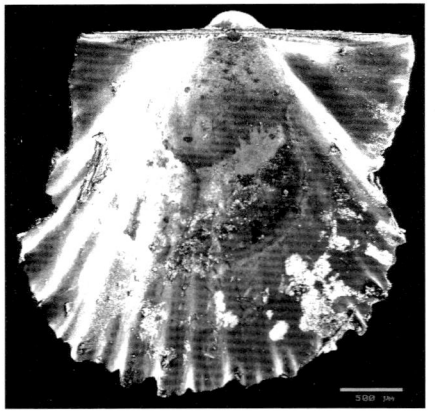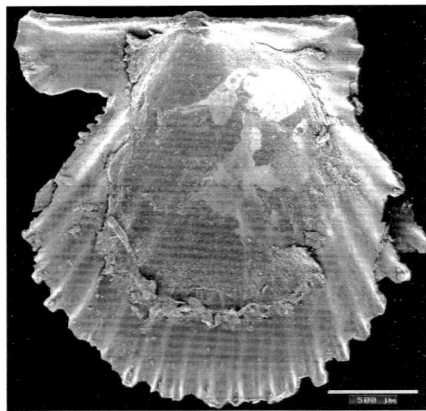

Figura 258: Interior de las valvas izquierda (i) y derecha (d) de *Talochlamys multistriata*.

La relación H/L presentó valores superiores a uno, con una media de 1,172 ± 0,047, lo que indica que las valvas de *Talochlamys multistriata* son bastante más altas que largas, dentro del intervalo de 1,023 a 1,233. El grosor de la valva izquierda es bastante mayor, más abombada, que la derecha por lo que la relación GVI/GVD tenía una media de 1,131 ± 0,132, situándose en el intervalo de 0,973 a 1,83. La relación LAA/LAP, con una media de 1,489 ± 0,281, dentro del intervalo de 1,063 a 2,361, indica que en algunas conchas las orejas anteriores son casi el doble de largas que las posteriores. La relación media de G/H estaba en 0,269 ± 0,037 dentro del rango de 0,183 a 0,382. La relación entre la longitud de la charnela y la longitud del disco (CH/L) tenía una media de 0,749 ± 0,066, dentro del rango de 0,619 a 0,93 y muestra que la longitud de la charnela es bastante más corta que el diámetro del disco (Figura 254).

8.10. *Flexopecten hyalinus* (Poli, 1795)

Las 46 semillas de *Flexopecten hyalinus* que se midieron tenían una altura media (H) de 12,75 ± 1,784 mm, con un intervalo de 9,28 a 16,5 mm; la longitud (L) estaba entre 9,35 y 16,78 mm, con un valor medio de 13,309 ± 1,967 mm; el valor medio de la charnela (CH) alcanzó los 9,925 ± 1,072 mm, dentro de un intervalo de 8,45 a 11,91 mm (Figura 259). El grosor de ambas valvas cerradas (G) tenía un valor medio de 3,644 ± 0,418 mm, con un intervalo de 2,83 a 4,25 mm; el grosor de la valva izquierda (GVI) estaba en 1,889 ± 0,259 mm, dentro del intervalo de 1,47 a 2,43 mm, mientras que el grosor medio de la valva derecha (GVD) era de 1,862 ± 0,277 mm, con un rango de 1,4 a 2,39 mm y el peso medio de las conchas vacías y secas (WC) estaba en 0,181 ± 0,07 g, dentro del intervalo de 0,05 a 0,35 g.

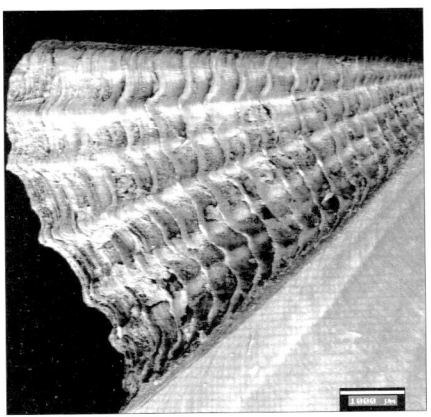 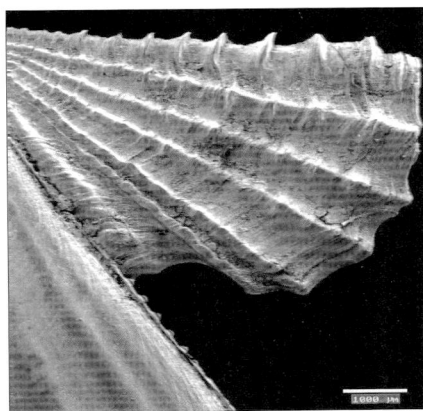

Figura 259: Aurícula anterior de la valva izquierda (i) y anterior de la valva derecha (d) de *Flexopecten hyalinus*.

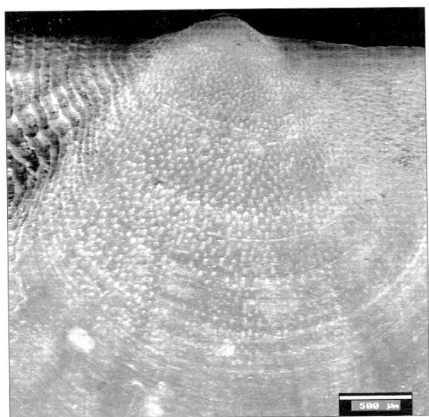 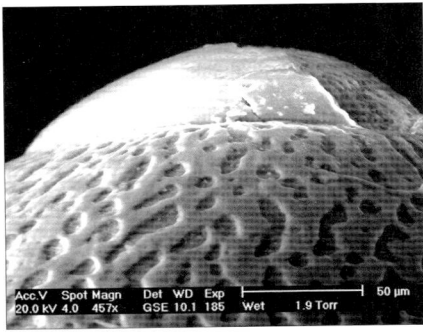

Figura 260: Escultura preradial de la valva izquierda (i) y detalle de la doble barra y los alvéolos superiores (d) de *Flexopecten hyalinus*.

El contorno de la concha es similar al de *Flexopecten flexuosus* (Figura 234), pero sin las costillas o pliegues. La ornamentación externa de la zona preradial de la disoconcha de la valva izquierda tiene numerosos alvéolos (Figura 261) que se van alargando y dispersando hacia la comisura. A nivel de las costillas la valva es lisa, con algunos alvéolos pequeños y dispersos.

249

En la valva izquierda se contaron de 11 a 15 costillas radiales (CI), con un valor medio de 11,385 ± 1,121 (Figura 261), formando ondulaciones. En la valva derecha también se describieron de 11 a 15 costillas radiales (CD), con una media de 12,154 ± 0,899, y se observó una media de 5,538 ± 0,66 dientes activos en el ctenolium (Figura 259d), con un intervalo de 5 a 7 dientes.

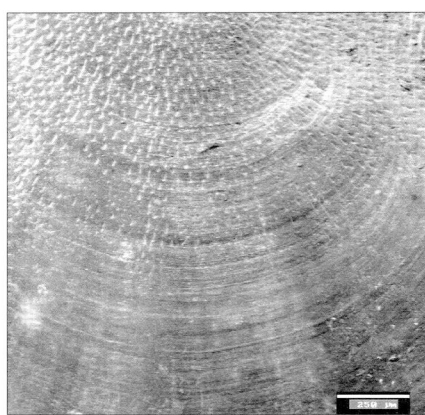 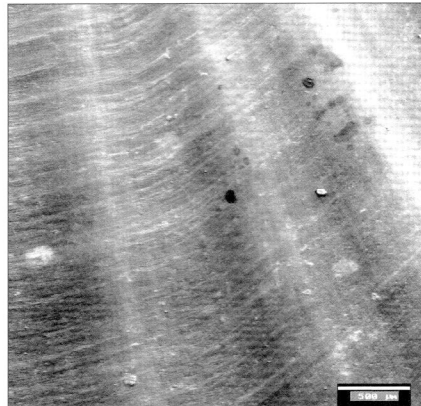

Figura 261: Nacimiento de las costillas en la valva izquierda (i) y detalle de las costillas en la valva izquierda (d) de *Flexopecten hyalinus*.

La aurícula anterior de la valva derecha de *Flexopecten hyalinus* tiene de 5 a 6 costillas (CAAD), con una media de 5,462 ± 0,519 (Figura 259d). La aurícula anterior de la valva izquierda tiene de 7 a 9 costillas (CAAI), dentro de una media de 7,846 ± 0,689 (Figura 259i). La aurícula posterior de la valva derecha tiene de 7 a 11 costillas (CAPD) con una media de 8,462 ± 1,266. La aurícula posterior de la valva izquierda tiene de 6 a 8 costillas (CAPI) dentro de una media de 7,615 ± 0,65 costillas.

La longitud de la aurícula anterior (LAA) de *Flexopecten hyalinus* tenía una media de 4,846 ± 0,53 mm, con un intervalo de 4,125 a 5,813 mm (Figura 259) y la de la aurícula posterior (LAP) tenía 4,659 ± 0,495 mm de media, dentro del rango de 4,063 a 5,5 mm.

La relación H/L presentó valores ligeramente inferiores a uno, con una media de 0,96 ± 0,031), lo que indica que las valvas de *Flexopecten hyalinus* son ligeramente más largas que altas, dentro del intervalo de 0,866 a 1,051. El grosor de la valva izquierda es ligeramente mayor, más abombada, que la derecha por lo que la relación GVI/GVD tenía una media de 1,018 ± 0,058, situándose en el intervalo de 0,902 a 1,127. La relación LAA/LAP, con una media de 1,04 ±

0,033, dentro del intervalo de 0,971 a 1,087, indica que en algunas conchas las orejas anteriores son más largas que las posteriores. La relación media de G/H estaba en 0,285 ± 0,017 dentro del rango de 0,251 a 0,313. La relación entre la longitud de la charnela y la longitud del disco (CH/L) tenía una media de 0,752 ± 0,029, dentro del rango de 0,701 a 0,793 y muestra que la longitud de la charnela es bastante más corta que el diámetro del disco.

8.11. *Delectopecten vitreus* (Gmelin, 1791)

El contorno de la concha es similar al de *Palliolum incomparabile*, aunque en el disco no se aprecian las filas de surcos radiales (Figura 239). Cabe destacar la ausencia de alvéolos a nivel de la ornamentación externa de la zona preradial de la disoconcha de la valva izquierda (Figura 263i). La valva derecha está menos abombada que la izquierda. La escotadura bisal de la valva derecha es estrecha y el borde superior presenta una ligera inclinación. Inequilateral, las orejas anteriores son ligeramente más largas que las posteriores. La aurícula anterior de la valva derecha con cinco cóstulas divergentes (Figura 263d). Carencia de líneas concéntricas y de costillas radiales en el disco (Figura 264), cuyo conjunto tiene un aspecto completamente liso.

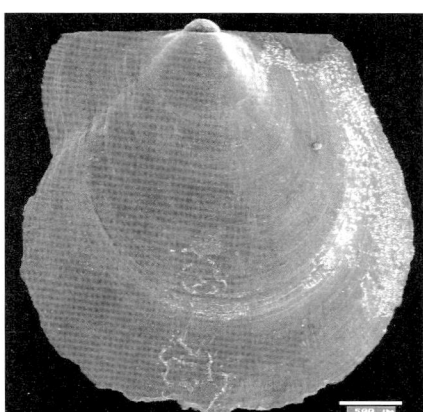 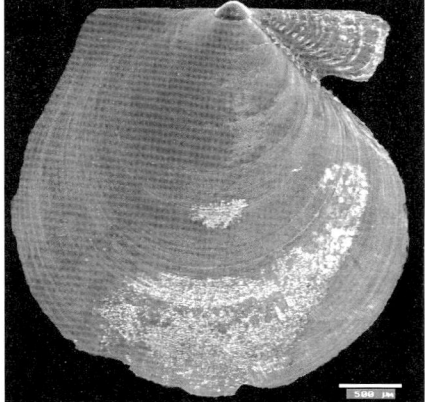

Figura 262: Valvas izquierda (i) y derecha (d) de *Delectopecten vitreus*.

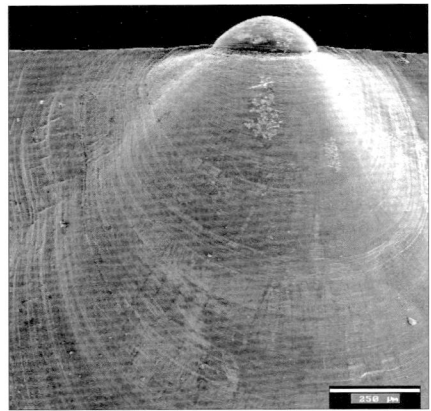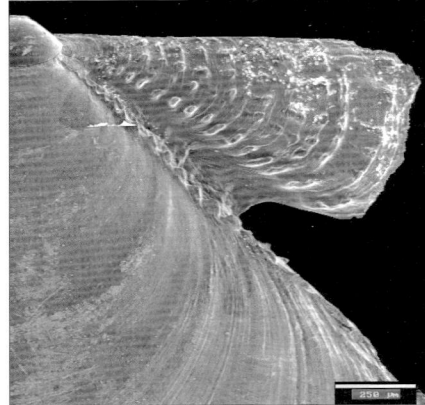

Figura 263: Escultura preradial de la valva izquierda (i) y escotadura bisal de la valva derecha de *Delectopecten vitreus* (d).

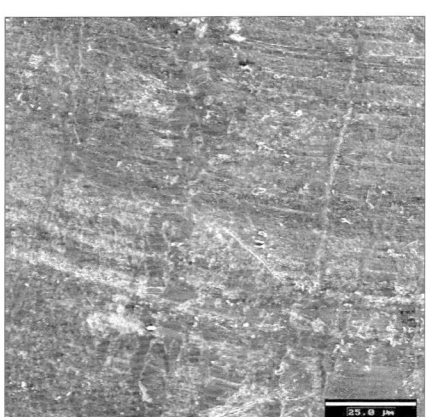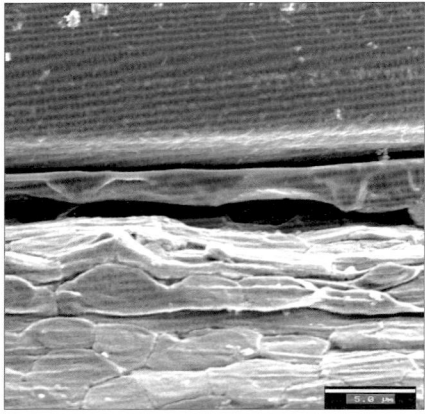

Figura 264: Parte central del disco completamente liso, sin costillas ni cóstulas (i) y la doble barra sobre la zona piramidal de la valva derecha de *Delectopecten vitreus* (d).

8.12. *Manupecten pesfelis* (Linnaeus, 1758)

En todos los colectores solamente se encontró un ejemplar de *Manupecten pesfelis* que se destinó a hacerle fotos al microscopio electrónico de barrido.

El contorno de las valvas recuerda a la zamburiña, siendo la altura bastante mayor que la longitud. Las aurículas anteriores bastante más largas que las posteriores (LAA/LAP de 1,353). La valva izquierda con 29 costillas, principales y secundarias, mientras que la valva derecha tiene un total de 30 costillas (Figura

265). El nacimiento de las costillas en la valva izquierda empieza a 1,41 mm de la prodisoconcha II (Figura 266i). La altura de la zona prismática (ZP) de la valva derecha mide 1,714 mm (Figura 266d). La escultura preradial de la valva izquierda con surcos y cordones radiales de unos 111 μm de longitud, en lugar de los típicos alvéolos de la mayoría de pectínidos (Figura 266). La longitud de la prodisoconcha II (LP) era de 0,304 mm. La escotadura bisal es amplia, con 3 a 4 dientes activos en el ctenolium (Figura 268d).

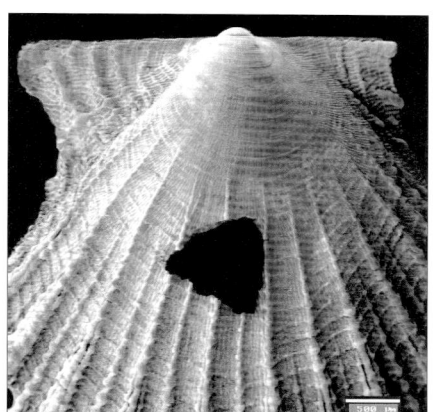

Figura 265: Valvas izquierda (i) y derecha (d) de *Manupecten pesfelis.*

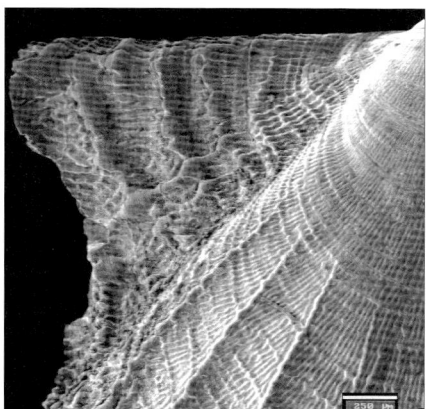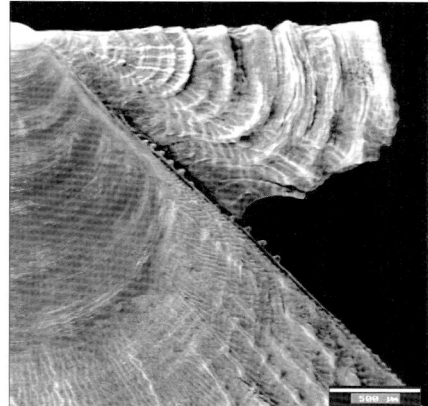

Figura 266: Aurícula anterior de la valva izquierda (i) y anterior de la valva derecha (d) de *M. pesfelis.*

La aurícula anterior de la valva derecha carece de costillas, más bien forma bordes a modo de ondas concéntricas a lo largo de la oreja. La aurícula anterior de la valva izquierda con dos costillas y los mismos bordes concéntricos (Figura 266i). La aurícula posterior de la valva derecha tiene tres costillas radiales y la de la valva izquierda solamente dispone de dos costillas.

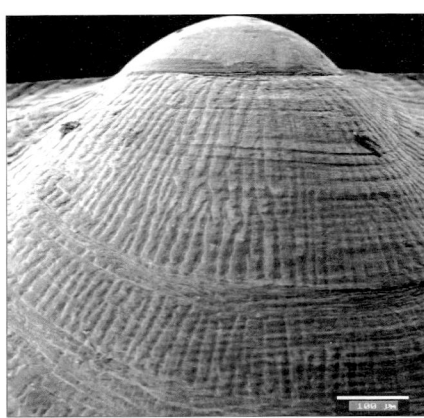 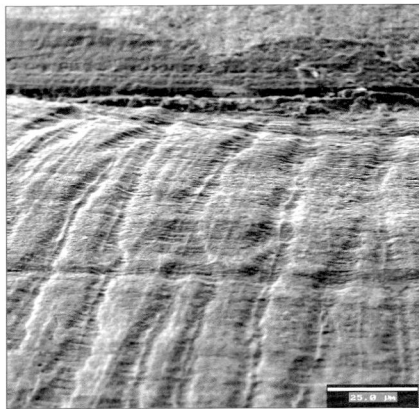

Figura 267: Escultura preradial de la valva izquierda (i) y detalle de la doble barra y las estrías superiores de la zona preradial (d) de *Manupecten pesfelis*.

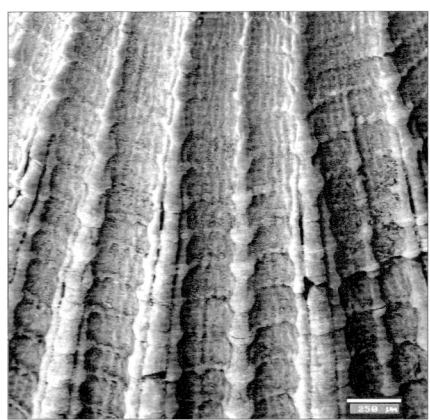 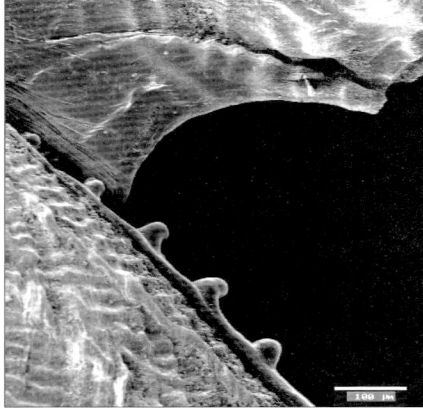

Figura 268: Detalle de las costillas en la valva izquierda (i) de *Manupecten pesfelis* y el ctenolium y la escotadura bisal de la valva derecha (d).

9. COMPARACIÓN DE LA MORFOLOGÍA DE ALGUNAS CONCHAS

En este capítulo se pretende comparar la morfología de las conchas de las seis especies que presentan mayor similitud, comparándolas de dos en dos. Así, las semillas de *Perapecten commutatus* se confunden con las de *Aequipecten opercularis*, las de *Pecten jacobaeus* con las de *Pecten maximus* y las de *Flexopecten flexuosus* con las de *Flexopecten glaber*. El resto de especies de pectínidos, en su talla de semilla de pocos milímetros, se pueden diferenciar fácilmente a la lupa binocular e, incluso, a simple vista (Peña *et al.*, 1998; 1999).

9.1. *Aequipecten opercularis* con *Perapecten commutatus*

Las semillas de pocos milímetros de la volandeira y de *Perapecten commutatus* son muy parecidas y resultaba difícil su identificación, incluso bajo la lupa binocular, por lo tanto, se ha querido hacer un estudio morfométrico comparativo de algunos caracteres que puedan identificar una especie de la otra.

Figura 269: Valva izquierda de *Aequipecten opercularis* (izquierda) y valva izquierda de *Perapecten commutatus* (derecha).

En las semillas de pocos milímetros de longitud es difícil diferenciar estas dos especies (Figura 269) al observarlas a simple vista o bajo la lupa binocular, por tener un contorno prácticamente igual, así como un número parecido de costillas principales, la misma forma de las aurículas anteriores y posteriores, etc.

Incluso, cuando se observa la zona preradial de la valva izquierda, bien a la lupa o al microscopio electrónico de barrido (MEB) a 100 o 200 aumentos, se pueden confundir las valvas izquierdas de *Aequipecten opercularis* con las de *Perapecten commutatus* (Figura 270), ya que los alvéolos redondeados cubren completamente la zona.

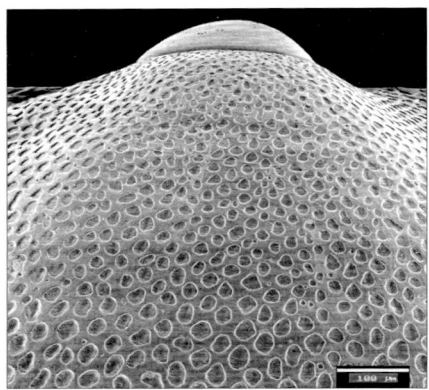 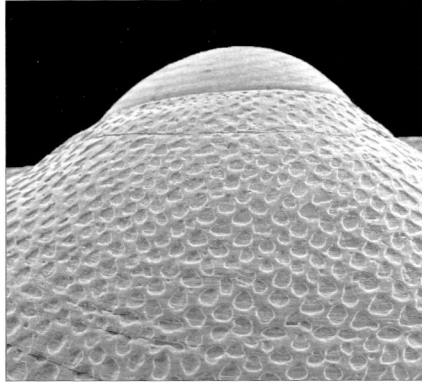

Figura 270: Zona preradial de la valva izquierda de *Aequipecten opercularis* (izquierda) y la de la valva izquierda de *Perapecten commutatus* (derecha).

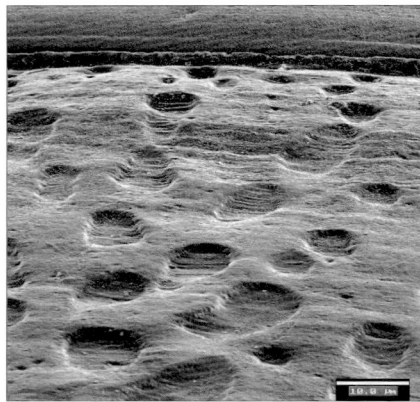 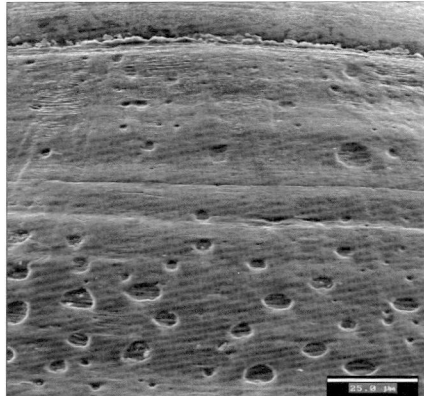

Figura 271: Inicio de la zona preradial de la valva izquierda de *Aequipecten opercularis* (izquierda) y de la valva izquierda de *Perapecten commutatus* (derecha).

Ahora bien, al observar ambas especies al MEB, a 1500 o 2000 aumentos, se aprecian algunas diferencias morfológicas que a la lupa binocular no se detectaban. La principal característica hace referencia al inicio de la zona preradial, justo debajo de la doble barra formada en la prodisoconcha II (Figura 271). En *Aequipecten opercularis* los alvéolos se encuentran bien distribuidos, llenando completamente el espacio, mientras que en *Perapecten commutatus* la distribución de los alvéolos es más dispersa y, además, son de menor tamaño.

En *Aequipecten opercularis* y *Perapecten commutatus* se midieron algunos de los parámetros más representativos para diferenciar estas especies en individuos agrupados en clases de 5 mm, incluyendo la altura (H), la longitud (L), la longitud de la charnela (CH), el grosor (G), el grosor de la valva izquierda (GVI), el grosor de la valva derecha (GVD), la longitud de la aurícula anterior (LAA), la longitud de la aurícula posterior (LAP), la longitud de la prodisoconcha II (LP), la altura de la zona prismática (ZP) y el peso seco de ambas valvas (WC). Las semillas se agruparon en clases de menos de 5 mm, de 5 a 10 mm, de 10 a 15 mm y de 15 a 20 mm.

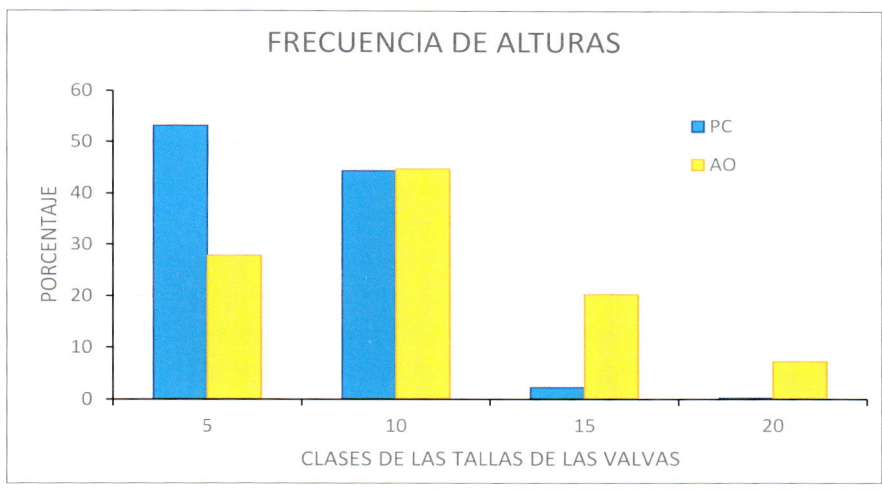

Figura 272: Frecuencia de las alturas de las valvas de *Aequipecten opercularis* y *Perapecten commutatus* en las cuatro clases de tallas.

Para este estudio morfométrico se seleccionaron las semillas de *Aequipecten opercularis* y *Perapecten commutatus* del contenido de las bolsas colectoras de varias líneas de colectores fondeados en el Carreró, que se extrajeron tras 3 meses de permanencia en el mar. En total se midieron las valvas de 331 semillas de volandeira y de 442 de *Perapecten commutatus*.

9.1.1. Clase de las semillas inferiores a 5 mm de altura

En las 92 semillas de volandeira de menos de 5 mm de altura se midieron los diferentes parámetros de su concha, que vienen reflejados en la tabla XXXVI, a excepción del grosor de ambas valvas, de la altura de la zona prismática y del peso seco de la concha, en algunos ejemplares que, por su reducido tamaño o malformaciones, fue imposible calcularlo.

Tabla XXXVI
Medidas de las conchas de menos de 5 mm de *Aequipecten opercularis*

Código	Número	Media ± Error Est.	Mínimo	Máximo
H	92	3,596 ± 0,09	1,414	4,99
L	92	3,356 ± 0,085	1,313	4,75
CH	92	2,618 ± 0,058	1,232	3,528
G	92	1,093 ± 0,027	0,37	1,68
GVI	23	0,803 ± 0,02	0,64	0,98
GVD	23	0,554 ± 0,018	0,41	0,72
LAA	92	1,124 ± 0,03	0,485	1,697
LAP	92	1,062 ± 0,026	0,485	1,487
LP	92	0,238 ± 0,003	0,126	0,283
ZP	80	1,255 ± 0,011	1,01	1,414
WC	80	0,0038 ± 0,0003	0,0002	0,0097

Tabla XXXVII
Medidas de las conchas de menos de 5 mm de *Perapecten commutatus*

Código	Número	Media ± Error Est.	Mínimo	Máximo
H	235	4,117 ± 0,044	1,97	4,99
L	235	3,889 ± 0,043	1,78	4,89
CH	234	2,858 ± 0,032	0,97	3,78
G	228	1,381 ± 0,019	0,65	1,99
GVI	14	0,811 ± 0,032	0,56	1
GVD	14	0,7 ± 0,033	0,53	0,96
LAA	233	1,293 ± 0,014	0,687	1,711
LAP	234	1,239 ± 0,013	0,646	1,616
LP	234	0,255 ± 0,001	0,151	0,303
ZP	223	1,225 ± 0,007	0,94	1,515
WC	220	0,0077 ± 0,0004	0,0006	0,0713

En las 235 semillas más pequeñas de *Perapecten commutatus* se midieron las diferentes partes de las valvas, que se han agrupado en la tabla XXXVII, de las que solo se logró separar la valva derecha de la izquierda en 14 ejemplares.

La relación entre la altura y la longitud muestra que en ambas especies aquella es ligeramente superior a la longitud. Sin embargo, el grosor de *P. commutatus* es mayor que el de la volandeira (Tablas XXXVI y XXXVII). Al comparar la longitud de la charnela respecto a la longitud se observa que en la volandeira es mayor (Tablas XXXVIII y XXXIX) que en *P. commutatus*. La relación de las aurículas con la longitud es muy similar en ambas especies. El grosor de la valva izquierda es mayor que la derecha, especialmente en la volandeira, pues en *P. commutatus* su relación con el grosor total no es tan acusada. La longitud de la prodisoconcha II y la zona prismática no permite diferenciar ambas especies, sin embargo, el peso seco de la concha de *P. commutatus* es superior al de la volandeira, lo que demuestra que esta especie tiene la concha más fina y delgada, mientras que *P. commutatus* es más robusta.

Tabla XXXVIII

Relación de algunos parámetros de las valvas de menos de 5 mm de *A. opercularis*

Relación	Número	Media ± Error Est.	Mínimo	Máximo
H/L	92	1,073 ± 0,003	1,002	1,144
G/H	92	0,305 ± 0,003	0,253	0,397
LAA/L	92	0,337 ± 0,005	0,255	0,442
LAP/L	92	0,321 ± 0,005	0,25	0,428
LAA/LAP	92	1,052 ± 0,007	0,907	1,239
CH/L	92	0,788 ± 0,005	0,706	0,939
GVI/G	23	0,637 ± 0,012	0,47	0,756
GVD/G	23	0,437 ± 0,008	0,366	0,512
LP/L	92	0,077 ± 0,003	0,038	0,177
ZP/H	80	0,382 ± 0,012	0,238	0,814
WC/HLG	80	0,0263 ± 0,0005	0,0181	0,0426

Tabla XXXIX

Relación de algunos parámetros de las valvas de menos de 5 mm de *P. commutatus*

Relación	Número	Media ± Error Est.	Mínimo	Máximo
H/L	235	1,06 ± 0,002	0,974	1,192
G/H	228	0,333 ± 0,002	0,268	0,422
AA/L	233	0,333 ± 0,001	0,29	0,47
AP/L	234	0,32 ± 0,001	0,281	0,432
AA/AP	233	1,04 ± 0,003	0,895	1,189
CH/L	234	0,735 ± 0,003	0,402	0,887
GVI/G	14	0,566 ± 0,008	0,496	0,605
GVD/G	14	0,487 ± 0,007	0,439	0,528
LP/L	234	0,0676 ± 0,0009	0,044	0,136
HZP/H	223	0,3102 ± 0,0054	0,194	0,62
WC/HLG	217	0,0308 ± 0,0014	0,0106	0,3084

9.1.2. Clase de las semillas de 5 a 10 mm de altura

Se midieron diferentes zonas de la concha de 148 semillas de *Aequipecten opercularis* entre 5 y 10 mm de altura, que se exponen en la tabla XL, excepto en algunos ejemplares que resultó difícil la separación de ambas valvas o tenían malformaciones o incrustaciones en la zona prismática.

De *Perapecten commutatus* se midieron los diferentes parámetros de las valvas en 196 semillas, que se representan en la tabla XLI, pero en 70 juveniles no se logró separar las valvas para medir su grosor.

Tabla XL
Medidas de las conchas de 5 a 10 mm de *Aequipecten opercularis*

Código	Número	Media ± Error Est.	Mínimo	Máximo
H	148	7,517 ± 0,129	5,04	9,99
L	148	6,996 ± 0,121	4,63	9,38
CH	148	5,054 ± 0,079	3,35	6,78
G	148	2,199 ± 0,039	1,34	3,11
GVI	129	1,335 ± 0,021	0,84	1,79
GVD	129	1,02 ± 0,02	0,58	1,49
LAA	148	2,483 ± 0,048	1,316	3,528
LAP	148	2,046 ± 0,036	1,128	3,024
LP	148	0,262 ± 0,004	0,1764	0,441
ZP	125	1,238 ± 0,009	0,9964	1,535
WC	125	0,0385 ± 0,0021	0,0083	0,0896

Tabla XLI
Medidas de las conchas de 5 a 10 mm de *Perapecten commutatus*

Código	Número	Media ± Error Est.	Mínimo	Máximo
H	196	6,671 ± 0,106	5,02	9,84
L	196	6,389 ± 0,107	4,55	9,77
CH	196	4,474 ± 0,066	3,07	6,65
G	195	2,576 ± 0,056	1,4	4,37
GVI	126	1,556 ± 0,031	0,25	2,19
GVD	126	1,566 ± 0,036	0,29	2,43
LAA	195	2,094 ± 0,034	1,01	3,34
LAP	195	1,883 ± 0,025	1,41	2,7
LP	195	0,269 ± 0,002	0,189	0,473
ZP	171	1,1102 ± 0,0096	0,606	1,454
WC	171	0,0486 ± 0,0032	0,0078	0,2053

Comparando las tablas XL y XLI se observa que el grosor de *Perapecten commutatus* es mucho mayor que en la volandeira. En *Perapecten commutatus* la charnela es mucho menor que en la volandeira y, lógicamente, las longitudes de las aurículas anteriores y posteriores son mayores en la volandeira. El grosor de la valva izquierda de la volandeira es mayor que el de la valva derecha, pero en *Perapecten commutatus* no se aprecian diferencias. El resto de parámetros son similares en ambas especies y no permiten diferenciar las semillas de 5 a 10 mm de altura entre estas especies.

La relación H/L de las volandeiras de 5 a 10 mm de altura es similar a la de las conchas más pequeñas (Tablas XXXVIII y XLII), pero ligeramente superiores a las conchas de *Perapecten commutatus*. El grosor de las valvas de *Perapecten commutatus* es más grande que el de la volandeira, de forma que, la relación G/H es significativamente mayor en aquella especie (Tablas XLII y XLIII). Este es uno de los caracteres que permite diferenciar ambas especies. El peso de la concha de *Perapecten commutatus* es mayor que la de la volandeira, por ser más robusta. El resto de parámetros no permite diferenciar una especie de la otra en tallas de 5 a 10 mm de altura.

Tabla XLII

Relación de algunos parámetros de las valvas de 5 a 10 mm de *A. opercularis*

Relación	Número	Media ± Error Est.	Mínimo	Máximo
H/L	148	1,075 ± 0,002	1,01	1,196
G/H	148	0,293 ± 0,002	0,248	0,359
LAA/L	148	0,354 ± 0,002	0,279	0,423
LAP/L	148	0,293 ± 0,002	0,229	0,368
LAA/LAP	148	1,209 ± 0,006	1,076	1,422
CH/L	148	0,727 ± 0,003	0,621	0,84
GVI/G	129	0,588 ± 0,002	0,538	0,66
GVD/G	129	0,446 ± 0,002	0,388	0,54
LP/L	148	0,039 ± 0,001	0,025	0,063
ZP/H	125	0,1715 ± 0,0039	0,106	0,268
WC/HLG	125	0,0284 ± 0,0002	0,0214	0,0361

Tabla XLIII

Relación de algunos parámetros de las valvas de 5 a 10 mm de *P. commutatus*

Relación	Número	Media ± Error Est.	Mínimo	Máximo
H/L	196	1,047 ± 0,002	0,967	1,132
G/H	196	0,3797 ± 0,0027	0,272	0,467
LAA/L	196	0,3286 ± 0,0018	0,213	0,384
LAP/L	195	0,2984 ± 0,0019	0,203	0,343
LAA/LAP	195	1,106 ± 0,006	0,653	1,327
CH/L	196	0,705 ± 0,003	0,585	0,775
GVI/G	126	0,525 ± 0,004	0,084	0,619
GVD/G	126	0,523 ± 0,004	0,097	0,568
LP/L	195	0,044 ± 0,001	0,023	0,071
ZP/H	171	0,177 ± 0,004	0,065	0,289
WC/HLG	170	0,0351 ± 0,0004	0,0226	0,0611

9.1.3. Clase de las semillas de 10 a 15 mm de altura

De *Aequipecten opercularis* se midieron 67 ejemplares con una altura entre 10,11 y 14,99 mm, anotando las diferentes partes de las valvas, que se muestran en la tabla XLIV.

En cambio, de *Perapecten commutatus* solo se consiguieron 10 semillas, en las que se midieron las diferentes partes que se exponen en la tabla XLV.

Tabla XLIV

Medidas de las conchas de 10 a 15 mm de *Aequipecten opercularis*

Código	Número	Media ± Error Est.	Mínimo	Máximo
H	67	11,6 ± 0,159	10,11	14,99
L	67	10,756 ± 0,147	9,29	14,09
CH	67	7,344 ± 0,082	6,34	9,67
G	67	3,463 ± 0,051	2,57	4,59
GVI	67	2,021 ± 0,027	1,53	2,56
GVD	67	1,597 ± 0,025	1,21	2,11
LAA	67	3,756 ± 0,053	3,125	5,125
LAP	67	2,904 ± 0,032	2,47	3,78
LP	67	0,255 ± 0,002	0,212	0,283
ZP	67	1,165 ± 0,012	0,949	1,414
WC	67	0,1261 ± 0,0048	0,0599	0,2262

Comparando las tablas XLIV y XLV se observa que, por regla general, en la volandeira la longitud de la charnela es mayor que en *Perapecten commutatus* debido a que las aurículas de esta especie son menores. Por el contrario, el grosor de la concha es mayor en *Perapecten commutatus*. El grosor de la valva izquierda de la volandeira es mayor que el de la valva derecha, mientras que en *Perapecten commutatus* sucede lo contrario.

Tabla XLV

Medidas de las conchas de 10 a 15 mm de *Perapecten commutatus*

Código	Número	Media ± Error Est.	Mínimo	Máximo
H	10	10,872 ± 0,391	10,07	14,14
L	10	10,57 ± 0,366	9,69	13,59
CH	10	6,519 ± 0,184	5,68	7,96
G	10	4,532 ± 0,122	4,06	5,48
GVI	10	2,3 ± 0,066	1,96	2,62
GVD	10	2,457 ± 0,082	2,15	3,12
LAA	10	3,087 ± 0,129	1,953	3,37
LAP	10	2,532 ± 0,087	1,89	2,82
LP	10	0,261 ± 0,004	0,242	0,283
ZP	10	0,966 ± 0,042	0,707	1,172
WC	10	0,1895 ± 0,019	0,1428	0,3181

La relación H/L es similar en ambas especies, conchas ligeramente más altas que anchas. Por el contrario, el grosor es mayor en *Perapecten commutatus*, lo que permite diferenciar fácilmente ambas especies (Tablas XLVI y XLVII). Debido a que en la volandeira el grosor de la valva izquierda es mayor que el de la derecha, la relación GVI/G es mayor que la GVD/G, mientras que en *Perapecten commutatus*, sucede lo contrario. La altura de la zona prismática es mayor en la volandeira que en *Perapecten commutatus*.

Tabla XLVI

Relación de algunos parámetros de las valvas de 10 a 15 mm de *A. opercularis*

Relación	Número	Media ± Error Est.	Mínimo	Máximo
H/L	67	1,079 ± 0,002	1,039	1,14
G/H	67	0,299 ± 0,002	0,25	0,33
LAA/L	67	0,35 ± 0,002	0,307	0,404
LAP/L	67	0,271 ± 0,002	0,239	0,301
LAA/LAP	67	1,292 ± 0,009	1,148	1,547
CH/L	67	0,685 ± 0,004	0,605	0,761
GVI/G	67	0,585 ± 0,002	0,543	0,621
GVD/G	67	0,461 ± 0,002	0,425	0,513
LP/L	67	0,024 ± 0,001	0,016	0,029
ZP/H	67	0,1017 ± 0,0017	0,072	0,139
WC/HLG	67	0,0286 ± 0,0003	0,0226	0,0343

Tabla XLVII

Relación de algunos parámetros de las valvas de 10 a 15 mm de *P. commutatus*

Relación	Número	Media ± Error Est.	Mínimo	Máximo
H/L	10	1,029 ± 0,009	0,995	1,098
G/H	10	0,418 ± 0,007	0,388	0,449
LAA/L	10	0,293 ± 0,013	0,202	0,33
LAP/L	10	0,242 ± 0,011	0,179	0,279
LAA/LAP	10	1,218 ± 0,031	1,033	1,39
CH/L	10	0,619 ± 0,011	0,569	0,665
GVI/G	10	0,508 ± 0,008	0,478	0,57
GVD/G	10	0,542 ± 0,009	0,475	0,576
LP/L	10	0,0249 ± 0,0009	0,0186	0,0279
ZP/H	10	0,0897 ± 0,0048	0,0643	0,1162
WC/HLG	10	0,0361 ± 0,0024	0,0302	0,0565

Las semillas de más de 15 mm de altura no se compararon debido a que solamente se midieron 24 ejemplares de volandeira y nueve de *Perapecten commutatus*. Las volandeiras medían de 15,02 a 19,36 mm de altura, con una media de 16,23 ± 0,237 mm, mientras que de *Perapecten commutatus* había un ejemplar de 17,51 mm de altura y ocho entre 25,15 y 31,93 mm.

Las relaciones entre los diferentes parámetros calculados en las semillas con alturas de más de 15 mm fueron similares a las descritas en las semillas entre 10 y 15 mm de altura.

9.2. *Pecten jacobaeus* con *Pecten maximus*

De la concha de peregrino se midieron 42 semillas con tallas de 9,48 a 21,07 mm de altura (Tabla XLVIII). En esta tabla se exponen las medidas de los diferentes parámetros de la concha, incluyendo el número de costillas, los dientes del ctenolium y las costillas de la aurícula anterior derecha.

Tabla XLVIII
Medidas (en milímetros) de las conchas de *Pecten jacobaeus*

Código	Número	Media ± Error Est.	Mínimo	Máximo
H	42	14,424 ± 0,44	9,48	21,07
L	42	15,373 ± 0,481	9,74	22,64
CH	41	9,812 ± 0,272	6,89	14,5
G	42	2,919 ± 0,131	1,57	5,18
GVI	42	1,079 ± 0,065	0,55	2,13
GVD	42	2,591 ± 0,134	1,2	4,98
WC	42	0,164 ± 0,02	0,03	0,58
LAA	42	4,021 ± 0,122	2,77	6,19
LAP	41	5,33 ± 0,128	4,06	7,6
LP	41	0,246 ± 0,002	0,22	0,26
ZP	42	8,67 ± 0,155	5,63	10,75
CT	42	5,095 ± 0,393	0	8
CD	41	17,854 ± 0,214	15	22
CI	41	17,439 ± 0,171	16	21
CAAD	42	1,976 ± 0,099	1	3

Tabla IL

Medidas (en milímetros) de las conchas de *Pecten maximus*

Código	Número	Media ± Error Est.	Mínimo	Máximo
H	47	13,252 ± 0,192	10,54	15,76
L	47	14,301 ± 0,22	11,14	17,11
CH	47	9,537 ± 0,148	7,3	11,62
G	47	2,519 ± 0,052	1,73	3,23
GVI	47	0,809 ± 0,018	0,58	1,05
GVD	47	2,153 ± 0,05	1,44	2,86
WC	47	0,121 ± 0,006	0,05	0,22
LAA	47	3,834 ± 0,063	2,77	4,64
LAP	47	5,22 ± 0,073	4,23	6,19
LP	47	0,272 ± 0,002	0,24	0,3
ZP	47	9,33 ± 0,109	7,5	11
CT	47	4,979 ± 0,157	3	7
CD	44	16,955 ± 0,169	15	19
CI	47	16,319 ± 0,172	13	19
CAAD	47	2,723 ± 0,09	2	4

En las 47 semillas de vieira se midieron las diferentes partes de las valvas, incluyendo los dientes del ctenolium, el número de costillas de ambas valvas y las costillas de la aurícula anterior derecha (Tabla IL).

Al comparar las dos especies de vieiras se observa que, aunque las tallas medias son similares, el rango de *Pecten jacobaeus* es más amplio que el de la vieira, por tanto, algunos parámetros son mayores en la concha de peregrino, por medir algunos ejemplares de más de 20 mm de altura. Ahora bien, la longitud de la prodisoconcha II y la zona prismática son independientes de la altura de la concha y en *Pecten jacobaeus* son menores que en la vieira. Por otro lado, en la concha de peregrino hay más costillas del disco, pero menos costillas en la aurícula anterior derecha que en *Pecten maximus*.

Tabla L

Relación de algunos parámetros de las valvas de *Pecten jacobaeus*

Relación	Número	Media ± Error Est.	Mínimo	Máximo
H/L	42	0,94 ± 0,005	0,865	1,02
LAA/LAP	41	0,752 ± 0,008	0,643	0,903
GVI/GVD	42	0,412 ± 0,008	0,279	0,508
G/H	42	0,199 ± 0,003	0,165	0,252
CH/L	41	0,64 ± 0,005	0,562	0,707
LAA/L	41	0,262 ± 0,0025	0,235	0,296
LAP/L	41	0,349 ± 0,0039	0,305	0,417
GVI/G	42	0,362 ± 0,008	0,25	0,455
GVD/G	42	0,878 ± 0,007	0,764	0,961
LP/L	41	0,017 ± 0,0005	0,011	0,025
WC/HLG	42	0,0215 ± 0,0004	0,0171	0,0297

Tabla LI

Relación de algunos parámetros de las valvas de *Pecten maximus*

Relación	Número	Media ± Error Est.	Mínimo	Máximo
H/L	47	0,928 ± 0,005	0,872	1,071
LAA/LAP	47	0,734 ± 0,007	0,618	0,91
GVI/GVD	47	0,382 ± 0,007	0,286	0,5
G/H	47	0,19 ± 0,002	0,161	0,266
CH/L	47	0,668 ± 0,005	0,585	0,798
LAA/L	47	0,268 ± 0,002	0,246	0,33
LAP/L	47	0,366 ± 0,003	0,291	0,438
GVI/G	47	0,323 ± 0,006	0,241	0,416
GVD/G	47	0,853 ± 0,004	0,773	0,921
LP/L	47	0,019 ± 0,0003	0,015	0,025
WC/HLG	47	0,0245 ± 0,0003	0,014	0,0287

La relación entre la altura y la longitud de ambas especies muestra que las conchas de las semillas tienen la longitud más grande que la altura (Tablas L y LI). La charnela de la concha de peregrino es más corta que la de *Pecten maximus*, respecto a la longitud. La relación de la aurícula anterior respecto a la posterior es mayor en *Pecten jacobaeus*, para una misma longitud de aurícula posterior, la anterior de la vieira es más corta. El grosor de la valva derecha es mayor que el de la izquierda, porque empieza a abombarse, pero la relación GVI/GVD es mayor en la concha de peregrino que en la vieira.

9.3. *Flexopecten flexuosus* con *Flexopecten glaber*

Se midieron diferentes zonas de la concha de 358 semillas de *Flexopecten flexuosus* entre 6,6 y 20,32 mm de altura, que se muestran en la tabla LII.

Tabla LII
Medidas (en milímetros) de las conchas de *Flexopecten flexuosus*

Código	Número	Media ± Error Est.	Mínimo	Máximo
H	358	12,786 ± 0,152	6,6	20,32
L	358	13 ± 0,164	6,43	21,85
CH	358	10,193 ± 0,105	5,79	15,78
G	358	3,765 ± 0,051	1,84	6,36
GVI	358	2,032 ± 0,026	0,92	3,45
GVD	358	1,985 ± 0,029	0,78	3,39
WC	358	0,232 ± 0,008	0,027	0,83
LAA	358	5,101 ± 0,055	2,673	7,693
LAP	358	5,029 ± 0,049	2,869	7,693
LP	358	0,196 ± 0,001	0,156	0,234
ZP	358	1,667 ± 0,01	1,21	2,268

Tabla LIII
Medidas (en milímetros) de las conchas de *Flexopecten glaber*

Código	Número	Media ± Error Est.	Mínimo	Máximo
H	134	14,08 ± 0,311	6,35	24,41
L	134	13,811 ± 0,318	6,13	25,26
CH	134	10,934 ± 0,214	5,64	17,84
G	134	4,374 ± 0,117	1,6	8,44
GVI	134	2,398 ± 0,062	0,9	4,46
GVD	134	2,186 ± 0,056	0,86	4,22
WC	134	0,325 ± 0,02	0,019	1,46
LAA	134	5,452 ± 0,109	2,608	8,54
LAP	134	5,23 ± 0,1	2,543	8,784
LP	134	0,184 ± 0,002	0,125	0,234
ZP	134	1,722 ± 0,017	1,235	2,16

De *Flexopecten glaber* se midieron diferentes zonas de las valvas en 134 semillas, con alturas entre 6,35 y 24,41 mm, que se exponen en la tabla LIII.

Comparando las tablas LII y LIII se observa que la longitud de la aurícula anterior es ligeramente más larga en ambas especies. Las conchas de *Flexopecten flexuosus* son ligeramente más largas que altas, mientras que en *Flexopecten glaber* son más altas que largas. La concha de *Flexopecten glaber* es más gruesa que la de *Flexopecten flexuosus*, tanto la valva izquierda como la derecha, y, lógicamente, el peso seco de la concha es mayor en *Flexopecten glaber*. La longitud de la prodisoconcha II es mayor en *Flexopecten flexuosus* que en *Flexopecten glaber*, pero la zona prismática es más extensa en esta especie que en *Flexopecten flexuosus*.

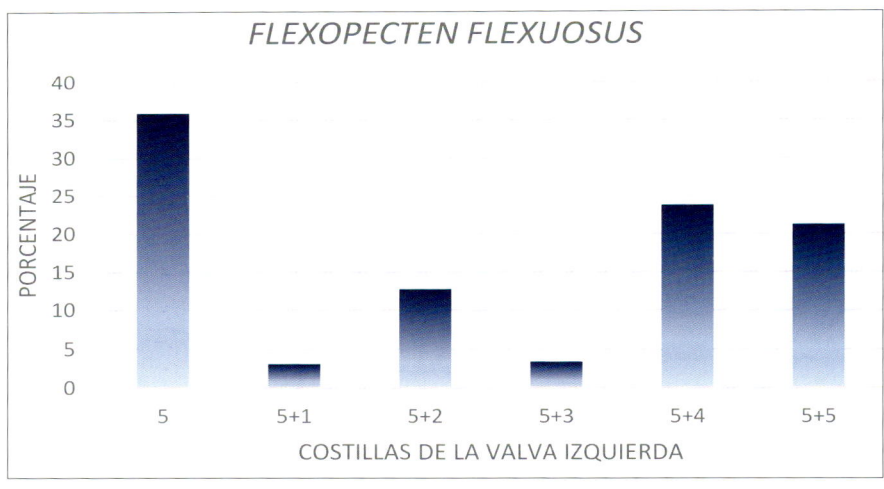

Figura 273: Frecuencia del número de costillas de las valvas izquierda en *F. flexuosus*.

Generalmente, la valva izquierda de *Flexopecten flexuosus* tiene cinco costillas principales bien definidas, sin embargo, este hecho solamente se observó en un 35,9 % de las conchas medidas (Figura 273). En la mayoría de ejemplares se comprobó la existencia de costillas secundarias, situadas entre las principales, que pueden conducir a confundir algunas conchas con las de *Flexopecten glaber*.

En segundo lugar, se observaron 84 conchas con cuatro costillas intermedias entre las cinco principales (23,7 %) y las que mostraron cinco costillas secundarias (21,2 %). Las conchas con una costilla secundaria fueron las más raras con un 3,11 %, seguidas de las que tenían tres costillas secundarias (3,39 %) y las de dos secundarias (12,7 %).

Por otro lado, las valvas derechas de *Flexopecten flexuosus* suelen tener seis costillas principales, pero en las 358 conchas observadas solamente se encontraron 104 ejemplares (29,1 %) con las seis costillas bien definidas (Figura 274). La mayoría de conchas tenían costillas dobles y sencillas, así, se encontraron 146 conchas con cinco costillas dobles y una sencilla (40,9 %) y en 83 valvas derechas cuatro dobles y dos sencillas (23,2 %). Una minoría de conchas estaba con tres costillas dobles y tres sencillas (4,2 %), con dos costillas dobles y cuatro sencillas (1,68 %) y con una costilla doble y cinco sencillas (0,84 %).

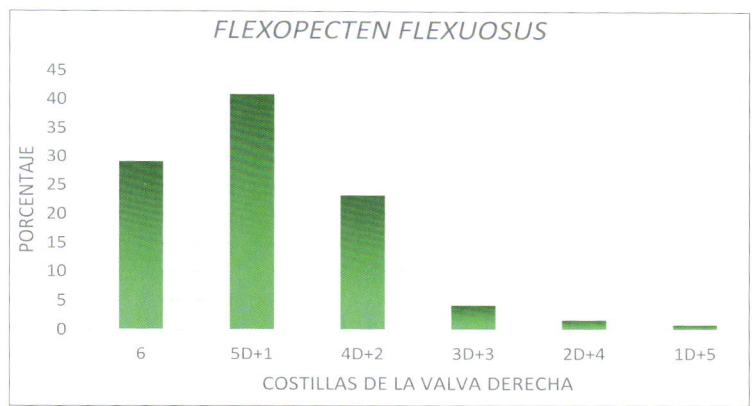

Figura 274: Frecuencia del número de costillas de las valvas derecha en *Flexopecten flexuosus*.

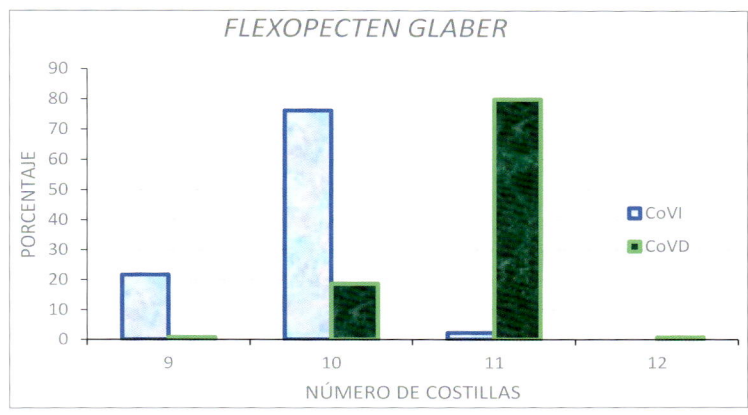

Figura 275: Frecuencia del número de costillas de las valvas izquierda (CoVI) y derecha (CoVD) en *Flexopecten glaber*.

273

Las valvas izquierdas de *Flexopecten glaber* suelen tener 10 costillas y las derechas once. Sin embargo, del total de las 134 valvas izquierdas se encontró un 76,12 % con diez costillas, un 21,64 % con nueve costillas y un 2,24 % con once costillas (Figura 275). En las valvas derechas de *Flexopecten glaber* una mayoría de ejemplares tenían las once costillas (79,85 %) y en un 18,66 % se detectaron diez costillas (Figura 275). También se encontró un ejemplar con 9 costillas y otro con doce (0,75 %).

Tabla LIV
Relación de algunos parámetros de las valvas de *Flexopecten flexuosus*

Relación	Número	Media ± Error Est.	Mínimo	Máximo
H/L	358	0,987 ± 0,002	0,906	1,104
LAA/LAP	358	1,012 ± 0,004	0,634	1,328
GVI/GVD	358	1,041 ± 0,006	0,728	1,563
G/H	358	0,293 ± 0,001	0,234	0,398
CH/L	358	0,794 ± 0,003	0,668	1,003
LAA/L	358	0,397 ± 0,001	0,326	0,481
LAP/L	358	0,394 ± 0,002	0,308	0,628
GVI/G	358	0,544 ± 0,002	0,42	0,725
GVD/G	358	0,525 ± 0,002	0,394	0,628
LP/L	358	0,016 ± 0,0002	0,008	0,03
ZP/H	358	0,139 ± 0,002	0,065	0,281
W/HLG	358	0,0328 ± 0,0002	0,0198	0,0486

Tabla LV
Relación de algunos parámetros de las valvas de *Flexopecten glaber*

Relación	Número	Media ± Error Est.	Mínimo	Máximo
H/L	134	1,023 ± 0,003	0,917	1,153
LAA/LAP	134	1,042 ± 0,006	0,896	1,231
GVI/GVD	134	1,103 ± 0,01	0,816	1,407
G/H	134	0,307 ± 0,002	0,231	0,413
CH/L	134	0,801 ± 0,004	0,691	0,92
LAA/L	134	0,399 ± 0,002	0,311	0,469
LAP/L	134	0,384 ± 0,003	0,293	0,479
GVI/G	134	0,551 ± 0,003	0,446	0,634
GVD/G	134	0,502 ± 0,003	0,418	0,576
LP/L	134	0,0144 ± 0,0004	0,007	0,027
ZP/H	134	0,131 ± 0,004	0,064	0,298
W/HLG	134	0,0331 ± 0,0004	0,0235	0,0473

La relación entre la altura y la longitud fue mayor en *Flexopecten glaber* que en *Flexopecten flexuosus*, la concha de esta especie es más larga que alta. La relación de la charnela con la longitud muestra que en *Flexopecten glaber* es mayor que en *Flexopecten flexuosus*, pero la relación de la longitud de la aurícula posterior con respecto a la longitud es más corta en *Flexopecten glaber* (Tablas LIV y LV). El grosor de la valva izquierda es mayor en *Flexopecten glaber* con respecto al grosor de toda la concha, sin embargo, en *Flexopecten flexuosus* la valva derecha es mayor que en *Flexopecten glaber*. La relación de la longitud de la prodisoconcha II con la longitud es mayor en *Flexopecten flexuosus*, pero la zona prismática es similar en ambas especies.

10. CONCLUSIONES

La elaboración de las encuestas nos ha permitido conocer el estado de los bancos de pectínidos en la Comunidad Valenciana, especialmente el de la concha de peregrino, por ser la especie más grande y tener valor comercial en las lonjas.

El caladero Carreró fue el primero en estudiarse porque los pescadores nos comentaban la gran cantidad de capturas de concha de peregrino que obtenían en sus alrededores. Otro de los caladeros que las encuestas mostraron está localizado en la costa de Dénia a Calpe, pero por proximidad nos centramos en el de la costa castellonense.

El estudio del ciclo reproductor de las conchas de peregrino se inició en 1989 con los ejemplares capturados por las embarcaciones de pesca de Peñíscola y del Grao de Castellón. Durante varios años se calculó el contenido en glucógeno del músculo aductor, los lípidos de la glándula digestiva, el análisis histológico de la gónada y los índices de condición de estos órganos, que muestran una acusada estacionalidad.

Todos estos análisis manifiestan que la gametogénesis se inicia en octubre, las gónadas maduran en invierno y en primavera se produce el desove, con un pico en abril. Durante el verano la glándula digestiva acumula los lípidos y el músculo aductor acopia el glucógeno que serán requeridos en invierno para la maduración de las gónadas.

Conociendo la época de freza de la concha de peregrino y teniendo en cuenta que las larvas tardan unas cuatro semanas en asentarse sobre el sustrato, se empezaron a sumergir colectores filamentosos en marzo, abril y mayo, principalmente en el Carreró, donde reside la mayor población de adultos.

A lo largo de la costa de Castellón principalmente se han ensayado tres caladeros en aguas profundas, entre 60 y 75 metros de profundidad (Carreró, Volante y Sobarra) y otros cuatro en aguas someras entre 18 y 30 metros (la playa del Mojón y las tres granjas marinas que había en la provincia de Castellón).

En la costa de Castellón se han identificado 12 especies de pectínidos, las tres con valor comercial: *Pecten jacobaeus*, *Mimachlamys varia* y *Aequipecten opercularis*. Entre las especies de escaso valor cabe destacar las tres más abundantes: *Palliolum incomparabile*, *Flexopecten flexuosus* y *Talochlamys multistriata*. El grupo de especies escasas está formado por *Flexopecten glaber*, *Pseudamussium clavatum* y *Perapecten commutatus*, mientras que son raras *Flexopecten hyalinus*, *Delectopecten vitreus* y, sobre todo, *Manupecten pesfelis*.

Los caladeros que han proporcionado las mejores fijaciones de semillas de pectínidos han sido el Carreró y el Volante. En la Sobarra solamente se realizaron prospecciones durante los dos meses en que los barcos de arrastre efectuaban el paro voluntario. Para obtener las especies que frecuentan las aguas someras, la playa del Mojón es una buena opción.

En el estudio de la captación de semillas de pectínidos en el Carreró se quiso conocer la mejor época del año para fondear los colectores filamentosos: en marzo, abril o mayo y su recuperación: en verano o en otoño. La concha de peregrino se fijó en mayor número en los colectores sumergidos en abril y cosechados en agosto y en octubre, mientras que de volandeira y de zamburiña se obtuvieron mayor número de semillas anclando los colectores en abril y recuperarlos en octubre. A partir de 1991 se procuró fondear los colectores en abril y sacarlos en otoño.

La playa del Mojón se ha utilizado para la captación de semillas de pectínidos por su proximidad al IATS. En la primera prospección se recuperó un 20 % de las 15 líneas de colectores fondeados en abril de 1991, pero en 1992 se calaron colectores en abril y en mayo, que se recuperaron en mayo, tras seis y tres semanas de inmersión. Las mejores fijaciones se encontraron en los colectores sacados a las seis semanas.

En el caladero la Sobarra se fondearon colectores durante 54 días, aprovechando el paro voluntario de las embarcaciones de arrastre, por tanto, las semillas tenían un tamaño pequeño, pero permitió conocer que se contabilizaron unas 1400 semillas de volandeira en cada línea de 7 bolsas (65 %), mientras que de concha de peregrino se obtuvieron una media de 200 juveniles (9 %) y 141,5 (7 %) de zamburiñas. Las especies de pectínidos no comerciales llegaron al 19 %.

En 2001, 2002 y 2003 se fondearon colectores en las tres granjas marinas que había en aguas de la provincia de Castellón. La de Alcocebre proporcionó una mayoría de zamburiñas (76,1 % en 2001, 75,7 % en 2002 y 79,3 % en 2003), mientras que de volandeira se obtuvieron 5,28 %, 5,75 % y 11,3 %, respectivamente, y de concha de peregrino se sacaron 8,26 %, 10,7 % y 8,2 %, respectivamente.

La granja marina de Burriana también mostró un porcentaje grande de zamburiñas (63,1 % en 2001, 76,89 % en 2002 y 77,9 % en 2003), mientras que de volandeira había un 12,5 %, 5,78 % y 12 %, respectivamente, y de concha de peregrino se obtuvieron un 4,62 %, 7,05 % y 10,1 %, respectivamente.

Por el contrario, en la piscifactoría de Oropesa del Mar predominó la volandeira con un 48,3 % en 2001, 54,9 % en 2002 y 72,1 % en 2003, mientras que de zamburiña había un 14,8 %, 14 % y 17,6 %, respectivamente, y de concha de peregrino se contabilizaron un 12,6 %, 11,9 % y 10,4 %, respectivamente.

En estas tres zonas someras las fijaciones de semillas de concha de peregrino fueron bastante regulares, del orden de un 10 % de todos los pectínidos. Sin embargo, la volandeira era más abundante en aguas de Oropesa y la zamburiña se distribuye principalmente en aguas de Alcocebre y de Burriana.

En abril de 2004 se ensayó el caladero Volante sumergiendo 10 colectores con 14 bolsas. En julio se sacaron 5 líneas y en noviembre las otras cinco. En julio un 58,5 % de semillas eran volandeiras, mientras que en noviembre se reducían a un 53,6 %. De concha de peregrino en julio se sacaron un 7 % y en noviembre un 6 %. La zamburiña estaba poco representada con un 2,8 % en julio y un 0,24 % en noviembre. Este caladero es bueno para la cosecha de volandeiras.

En el Volante, en 2006 y 2007 se comprobó que, contrariamente a los datos publicados, los pectínidos se asientan en colectores filamentosos desde la superficie hasta el fondo, indistintamente de la profundidad, aunque con mayor frecuencia en los 10 metros más cercanos al fondo. En 2006 se posicionaron boyas de superficie, pero al llegar a la zona en octubre habían desaparecido, por tanto, en 2007 las boyas se dejaron sumergidas unos metros y se recuperaron en julio.

En el engorde de las semillas de pectínidos hasta la talla comercial, de los cinco métodos ensayados, los mejores resultados se obtuvieron encerrando los pectínidos en las cestas de plástico duro. El cultivo sobre el fondo no es factible en la costa castellonense.

En la playa del Mojón, en fondos de 20 metros, el mejor resultado se obtuvo en las conchas de peregrino confinadas en las cestas de plástico que distaban 10 metros del fondo, seguidas de las que estaban a 5 m del fondo y los peores crecimientos y mayor mortalidad se encontró en las cestas situadas a 2 m del bloque de cemento.

En el Carreró se ensayó el engorde de semillas de conchas de peregrino pegadas a bolas de cemento, pero se perdieron la mayoría de las conchas por despegarse de la bola de cemento.

Tal como se describió en la playa del Mojón, en el Carreró también se obtuvieron los mejores resultados del engorde de las conchas de peregrino encerradas en cestas de plástico rígido. En dos meses la concha de peregrino más pequeña pasó de 28,32 a 34,24 mm de altura y un mes más tarde a 39,85 mm. La supervivencia fue elevada, pues de los 100 ejemplares iniciales solamente murieron dos tras más de seis meses de cultivo.

Las conchas de peregrino colgadas por las orejas crecieron muy bien en el Carreró, pero algunos ejemplares se perdieron al romperse la oreja que los sujetaban al cabo. El roce del cabo con las conchas de peregrino contra el cabo que sujetaba la boya y el bloque de cemento produjo la pérdida de gran número de conchas. Una solución sería atar las conchas de peregrino en la parte intermedia del cabo principal de 90 metros desde los 20 a los 30 o 40 metros sobre el fondo.

El engorde de conchas de peregrino dentro de bolsas de malla fondeadas en el Carreró mostró un crecimiento muy bueno, incrementándose en una media de 5,56 ± 1,01 mm en dos meses, de 14,34 ± 1,15 mm en cuatro meses y de 19,9 ± 1,37 mm en seis meses. La supervivencia ha sido elevada dentro de las bolsas de malla ya que, tras 6 meses de cultivo, solamente murieron 5 conchas de peregrino de las 160 iniciales. Este sistema de engorde es mucho más económico y fácil de manejar que las cestas de plástico.

En mar abierto el engorde de pectínidos dentro de las «linternas» japonesas es poco factible por las corrientes y temporales, especialmente en zonas profundas. Este método de cultivo es adecuado dentro de bahías muy cerradas, como se realiza en Japón y en Chile. El incremento medio de las alturas de las conchas de peregrino fue de 2,24 ± 5,25 mm en dos meses, de 6,63 ± 5,53 mm en cuatro meses y de 8,87 ± 5,39 mm en seis meses. Valores muy inferiores a los detectados en los otros sistemas de engorde.

La población de conchas de peregrino y otros pectínidos en la costa castellonense no es muy abundante para planificar una pesquería exclusiva, ahora bien, debido a que las larvas buscan un sustrato filamentoso para su asentamiento, sería interesante fondear bloques de cemento con fragmentos de cuerda de unos 10 metros con una boya en el extremo superior, con el fin de que el cabo no quede libre por el sedimento. De este modo se podrían conseguir fijaciones masivas de pectínidos y, consiguientemente, se incrementarían las poblaciones.

El inconveniente de trabajar en los caladeros estudiados reside en la profundidad donde se encuentran los bancos naturales de la concha de peregrino, de la volandeira y de la zamburiña, entre 60 y 75 metros de profundidad, situados entre 18,3 y 20,5 millas marinas del puerto pesquero de Peñíscola y entre 12,8 y 14 millas del cabo de Oropesa, de forma que, para llegar al caladero se precisan unas dos horas de navegación desde los puertos de Peñíscola o de Castellón.

11. GLOSARIO

Acini: grupo de células apiñadas que forman parte de un órgano o tejido.

Almenado: comisura terminada en forma de almenas o salientes rectangulares con aristas a intervalos regulares.

Altura: distancia entre el ápice y la comisura o margen inferior de la valva.

Alvéolo: concavidad semiesférica situada en la zona preradial de la valva izquierda.

Ápice: extremidad superior de la concha que coincide con la prodisoconcha.

Aurícula: extensión anterior o posterior de la valva a lo largo de la línea cardinal, vulgarmente conocida como oreja.

Biso: filamentos filiformes con los que se sujetan algunos bivalvos al substrato.

Cavidad paleal: es la cámara que forma el manto en la parte posterior del cuerpo, donde se encuentran las branquias y desembocan los nefridios, el ano y los gonoporos.

Charnela: articulación entre las dos valvas mediante dientes y el ligamento.

Comisura: borde inferior de la valva.

Contorno: perfil de la valva.

Condróforo: estructura interna de la concha, ligeramente prominente y con forma de cuchara, en cuyo seno acoge el ligamento interno.

Costillas: pliegue más o menos aquillado del disco, en disposición radial, y de las aurículas.

Cóstulas: cordones finos que cubren radialmente la superficie del disco, incluso encima de las costillas, y de las orejas.

Ctenolium: dientes en forma de noray debajo de la aurícula anterior de la valva derecha, sobre los que se afianza el biso.

Dientes cardinales: proyecciones verticales u oblicuas de la charnela, localizadas directamente debajo del umbo.

Dientes laterales: proyecciones de la línea cardinal dispuestas casi en espiral con ésta y situada anterior y/o posteriormente a los dientes cardinales.

Disco: parte redondeada de la concha entre las aurículas y la lúnula.

Dimiaria: concha bivalva con impresiones de ambos músculos aductores en el interior.

Epibionte: organismo sésil que vive adherido al caparazón o la concha de otro ser vivo.

Equilateral: valva cuya región anterior y la posterior presentan el mismo desarrollo.

Equivalva: las dos valvas son iguales, de la misma forma, contorno y tamaño.

Escotadura bisal: separación entre la aurícula anterior de la valva derecha y la lúnula, que permiten la emisión del biso.

Espesor: distancia entre la parte externa de la valva derecha y la de la valva izquierda, cuando la concha está cerrada.

Estrías de interrupción del crecimiento: líneas finas concéntricas, paralelas al margen, formadas después de un periodo de crecimiento de la concha.

Festoneado: comisura con ondulaciones redondeadas.

Grosor: distancia medida desde la parte externa de la valva izquierda a la parte externa de la valva derecha, manteniendo la concha cerrada.

Heterodonta: concha con charnela formada por un número reducido de dientes de dimensiones variables.

Impresión muscular: área deprimida situada en la superficie interna de las valvas en la inserción del músculo aductor en la concha.

Impresión paleal: impresión lineal que queda en el interior de la concha por la inserción de los músculos que sujetan el manto en la concha.

Inequilateral: valva cuya región anterior y la posterior son muy diferentes.

Inequivalva: valvas de distinta forma.

Infralitoral: zona del fondo marino (bentos) por debajo del nivel del agua, que permanece continuamente sumergido.

Integropaleal: bivalvo cuya impresión paleal está entera, carece de senos.

Intersticio: espacio pequeño entre dos cuerpos. Hendidura.

Ligamento: estructura córnea calcificada que sirve para mantener unidas las dos valvas internamente.

Línea cardinal: borde dorsal de la valva en contacto permanente con la valva opuesta.

Línea de crecimiento: línea concéntrica fina que se forma tras la interrupción del crecimiento.

Línea paleal: depresión lineal situada en el interior de la valva, paralela al borde ventral, determinada por la inserción de los músculos de unión del manto con la concha.

Longitud: distancia entre la parte anterior y la posterior de la valva.

Lúnula: área deprimida situada a lo largo de la línea cardinal, flanco entre el disco y las aurículas.

Manto: es la parte dorsal de la pared del cuerpo que cubre toda la masa visceral, cuyas células epiteliales secretan la conquiolina y el carbonato cálcico para fabricar la concha.

Monomiaria: concha con una única impresión del músculo aductor posterior en su interior.

Músculo aductor: encargado de cerrar las valvas.

Orbicular: de forma redonda o circular.

Ortogiro: calificativo que se aplica a los umbos cuando no están dirigidos ni hacia el borde anterior ni hacia el posterior.

Periostraco: capa externa de la concha.

Pleurotética: concha en la que una valva es mucho más abombada que la otra.

Plicas: pliegues de la cara interna de las valvas.

Resilífero: parte de la zona cardinal de las valvas portadora del ligamento interno (resilium).

Resilium: cartílago interno del ligamento dispuesto interiormente con relación al borde de las valvas, sometido a compresiones y tensiones por parte de los músculos aductores.

Sinuoso: que tienen curvas y ondulaciones irregulares.

Surco auricular: cresta interna que delimitan interiormente las aurículas.

Taxodonta: concha bivalva con la charnela formada por varios dientes casi iguales que se articulan en las fosetas de la valva opuesta.

Umbo: parte apical de las valvas donde tiene lugar el inicio del crecimiento de la concha.

Zona preradial: franja de la parte superior de la valva izquierda, situada entre la prodisoconcha II y el nacimiento de las costillas.

12. AGRADECIMIENTOS

En primer lugar, tengo que expresar mi más sincero agradecimiento a la Conselleria de Agricultura y Pesca de la Generalitat Valenciana por la financiación de cuatro proyectos de investigación, desde 1990 hasta finales de 1994. La fase I abarcó todo el año 1990, la fase II empezó en febrero de 1991 hasta junio de 1992. La fase III se solapó con la fase II, incluyendo desde marzo de 1992 a marzo de 1993. La fase IV empezó en marzo de 1993 y finalizó en diciembre de 1994. Posteriormente, se lograron proyectos del Ministerio de Educación y Ciencia.

La Excma. Diputación Provincial de Castellón subvencionó una beca predoctoral al biólogo de Castellón, Sergio Mestre, durante los dos primeros proyectos de la Conselleria de Agricultura y Pesca, con el fin de finalizar su tesis doctoral. Gracias a la concesión de los proyectos de las fases III y IV de la Consellería de Agricultura y Pesca, se contrató al biólogo del Grao de Castellón, Joaquim Canales Leiva, para realizar su tesis doctoral.

Figura 276: El autor del libro junto a la tripulación de la embarcación Agustín Isabel»de Peñíscola, tras un día de trabajo en el mar.

El agradecimiento se hace extensible a la desinteresada contribución de los pescadores del arrastre de los 22 puertos pesqueros de la Comunidad Valenciana, con quienes realizamos las encuestas, mereciendo una mención especial los patrones de las embarcaciones del Grao de Castellón y de Peñíscola, que nos han proporcionado la mayor parte del material biológico para su análisis.

Cabe destacar el interés demostrado por el patrón de la embarcación *Agustín Isabel* de Peñíscola, Eusebio Guzmán Albiol, que nos ha ayudado, junto con los integrantes de su tripulación, en la inmersión y la recuperación de los colectores en el mar, en la toma de las muestras del agua de mar y, especialmente, con su experiencia y conocimiento del mar a la hora de buscar el lugar idóneo para fondear los primeros colectores. La tripulación de esta embarcación también participó activamente en el triaje de las semillas de pectínidos y su distribución en las cestas y en el fondeo de estas cestas para el engorde de la concha de peregrino, la zamburiña y la volandeira.

Por otro lado, debo agradecer la ayuda de los biólogos que han realizado estancias más o menos largas en el Instituto de Acuicultura de Torre de la Sal (IATS), como el Dr. Sergio Mestre Froisard, el Dr. Joaquim Canales Leiva, Concepción Ríos Lis, David Cordero Otero, el Dr. Carlos Saavedra Carballido, el Dr. Nikolaus Malchus, Raül Calvo, María José Diez Urbiola, Francisco Català Roca, Miguel Ángel Lozano Quilis, Ana Haro Martínez, Ignacio Baeza y Toni García (técnico de la Conselleria de Agricultura y Pesca).

También ayudaron en la consecución de los objetivos de estos proyectos otros compañeros del IATS, como José Monfort, en la realización de las preparaciones histológicas de los reproductores y a Joaquín Canales Valverde, los muestreos de campo en la inmersión y extracción de los colectores y las cestas de cultivo, así como en la confección de los colectores.

Al Dr. Celso Rodríguez Babío de la Facultad de Ciencias Biológicas de Valencia le agradezco la ayuda en la identificación de algunas especies de semillas de bivalvos y gasterópodos que resultaban difíciles de diferenciar, debido a que la mayoría de publicaciones que describen los moluscos se refieren a ejemplares adultos y no existen claves para los juveniles.

Las fotografías al microscopio electrónico de barrido se realizaron gracias a las facilidades del Servicio de Microscopía de la Facultad de Ciencias Biológicas de Valencia.

Además de la embarcación *Agustín Isabel*, se contrató el servicio de la embarcación *Lluna* del puerto de Peñíscola. Gracias a su patrón, Jaime Albiol y a Manuel Beltrán, patrón de la embarcación *Arromangat* de Peñíscola que conoce el caladero Volante, pudimos fondear colectores en otra zona de la costa castellonense. Posteriormente, debido a que se nos prohibió contratar a las embarcaciones de arrastre los sábados, se optó por solicitar la ayuda del patrón de la embarcación de trasmallo *Los amigos* de Peñíscola, José Martorell, con quien fondeamos colectores en 1999 y 2000.

Para los muestreos realizados en el caladero el Dàtil se contó con el asesoramiento de Ignacio Llopis y en el traslado hasta la granja marina CRIMAR S.A. se contrató una embarcación de Burriana con su patrón, Francisco Gascó, y su tripulación.

Las tres granjas marinas existentes en los años 2001, 2002 y 2003 a lo largo de la costa castellonense (TUN2000, CRIMAR S.A. y PISCIMED S.L.) también participaron en nuestro intento de conocer más zonas donde se pudieran fijar las semillas de los pectínidos. De este modo, tengo que agradecer a los empresarios, a los capataces y, especialmente, a los buzos de estas piscifactorías su entrega en la inmersión y en la recuperación de las líneas de colectores que se suspendían del entramado de cables de las instalaciones. Al menos, los colectores estaban vigilados y no eran accesibles a los pescadores. Una mención especial se merece el capataz de PISCIMED S.L., Teo Molinos, por su interés en que el estudio se pudiera llevar a cabo con todas las garantías.

Finalmente, en 2004 y en 2005 se contrató a la empresa Barracuda del puerto deportivo de Alcocebre, para llevar al caladero Volante las líneas de colectores y fondearlas, pero agradecemos la intervención de los buzos en la recuperación de las líneas, cuyas boyas se dejaron sumergidas para evitar ser vistas desde la superficie. Sin el trabajo de los submarinistas no hubiera sido posible la recuperación de los colectores.

13. REFERENCIAS BIBLIOGRÁFICAS

Acosta, C.P.; Román, G. (1994). «Growth and reproduction in a southern population of scallop *Pecten maximus*.» En: N.F. Bourne, B.L. Bunting y L.D. Townsend (eds.). Proc. of the 9th Int. Pectinid Workshop, Nanaimo, B.C., Canada. 22-27 April 1993. *Can. Tech. Rep. Fish. Aquat. Sci.*, 1: 119-126.

Acosta, C.P.; Román, G.; Campos, M.J.; Cano, J. (1999). «On some factors affecting *Aequipecten* settlement». En: Book of Abstracts, *12th International Pectinid Workshop*. Bergen, Norway, 5-11 May 1999, 68-69.

Ansell, A.D.; Dao, J.C.; Lucas, A.D.; Mackie, L.A.; Morvan, C. (1988). «Reproductive and genetic adaptation in natural and transplant populations of the scallop, *Pecten maximus*, in european Waters». *Rep. Res. EEC Sci. Coop. Contract* No. ST2J-0058-1-UK (CD).

Avendaño, M.; Le Pennec, M. (1996). «Contribución al conocimiento de la biología reproductiva de *Argopecten purpuratus* (Lamarck, 1819) en Chile». *Estud. Oceanol.*, 15: 1-10.

Avendaño, M.; Le Pennec, M. (1997). «Intraspecific variation in gametogenesis in two populations of the Chilean molluscan bivalve, *Argopecten purpuratus* (Lamarck)». *Aquaculture Research*, 28: 175-182.

Bandín, R.L.; Mendo, J. (1999). «Asentamiento larval de la concha de abanico (*Argopecten purpuratus*) en colectores artificiales en la bahía Independencia, Pisco, Perú». *Invest. Mar. Valparaiso*, 27: 3-13.

Barber, B.J.; Blake, N.J. (1981). «Energy storage and utilitation in relation to gametogénesis in *Argopecten irradians concentricus* (Say)». *J. Exp. Mar. Biol. Ecol.*, 66: 247-256.

Barber, B.J.; Blake, N.J. (1991). «Reproductive physiology». En: S.E. Shumway (ed.). *Scallops: Biology, Ecology and Aquaculture*. Elsevier. Amsterdam., pp.377-428.

Body, A.G.C.; Murai, T. (1986). «Scallop culture in Japan». *Australian Fisheries*, sept. 30-33.

Brand, A.R. (1991). «Scallops ecology: distributions and behavior». En: S.E. Shumway (ed.). *Scallops: Biology, Ecology and Aquaculture*. Elsevier. Amsterdam. pp: 517-569.

BRAND, A.R.; PAUL, J.D.; HOOGESTEGER, J.N. (1980). «Spat settlement of the scallop (*Chlamys opercularis* L.) and (*Pecten maximus* L.) on artificial collectors». *J. Mar. Biol. Ass. UK.*, 60 (2): 379-390.

CAMPOS, M.J.; ROMÁN, G.; CANO, J.; ACOSTA, C.P. (2001). «Growth and reproduction of the Queen scallop *Aequipecten opercularis* in suspended culture in Galicia (NW Spain)». En: Book of Abstracts, *13th International Pectinid Workshop*. Coquimbo, Chile. April 18-24.

CANALES, J. (1998). *Estudio comparativo del ciclo reproductor de dos poblaciones de Aequipecten opercularis (L.) (Bivalvia: Pectinidae).* Tesis de doctorado. Universidad de Valencia. 222 pp.

CASTELLVÍ, J.; CANO, M. (1983). «Interférence des souches bacteriennes dans l'analyse de NO_3^-». *Rapp. Comm. Int. Mer Médit.*, 28 (8): 59-61.

CRAGG, S.M.; CRISP, D.J. (1991). «The biology of scallop larvae». En: S.E. Shumway (ed.). *Scallops: Biology, Ecology and Aquaculture.* Elsevier. Amsterdam. Pp: 75-122.

CROPP, D.A.; HORTLE, M.E. (1992). «Midwater cage culture of the comercial scallop *Pecten fumatus* (Reeve 1852) in Tasmania». *Aquaculture*, 102: 55-64.

DAO, J.C. (1986). «La coquille Saint-Jacques en Bretagne». In: *Aquaculture.* G. Barnabe (ed.). Vol. 1: 427-440.

DARE, P.J.; DEITH, M.R. (1991). «Age determination of scallops, *Pecten maximus* (Linnaeus, 1758), using stable oxygen isotope análisis, with some implications for fisheries management in British Waters». En: S.E. Shumway; P.A. Sandifer (eds.). An International Compendium of Scallop Biology and Culture. *World Aquaculture Workshops*, 1: 118-133. Baton Rouge, LA.

DUGGAN, N.A. (1985). «Pectinid spat collection on artificial collectors around the Isle of Man in 1983 and 1984». *5th. Internat. Pectinid Workshop*, La Coruña.

ESTRADA, M.; VIVES, F.; ALCARAZ, M. (1989). «Vida y producción en el mar abierto». En: *El Mediterráneo Occidental.* R. Margalef (ed.). Editorial Omega, Barcelona, 150-199.

FÉLIX-PICÓ, E.F. (1991). «Fisheries and Mariculture of the Scallops in Mexico». En: S.E. Shumway (ed.). *Scallops: Biology, Ecology and Aquaculture.* Elsevier. Amsterdam. Pp: 943-980.

FOLCH, J.; LEES, M.; SLOANESTANLEY, C.H. (1957). «A simple method for isolation and purification of totals lipids from animal tissues». *J. Biol. Chem.*, 256: 497509.

GABE, M. (1968). *Techniques histologiques.* Mason y Cie (Eds.), Paris, 1113 pp.

GOOD, C.A.; KRAMER, H.; SOMOGYI, M. (1933). «The determination of glycogen». *J. Biol. Chem.*, 100: 485491.

Gozalbo, A. (1986). *Principios nutritivos inmediatos en biomasas silvestres de Artemia*. Tesis de licenciatura. Universidad de Valencia. 162 pp.

Herlant, M. (1960). «Etude critique de deux téchniques nouvelles destinées à mettre en évidence les différentes categories cellulaires présénte dans la glande pituitaire». *Bull. Microscop. Appl.*, 2 (10): 37-44.

Hortle, M.E.; Cropp, D.A. (1987). «Settlement of the comercial scallop, *Pecten fumatus* (Reeve 1985), on artificial collectors in Eastern Tasmania». *Aquaculture*, 66: 79-95.

Illanes, J.E. (1988). «Experiencias de captación de larvas de ostión (*Argopecten purpuratus*) en Chile, IV Región». En: E. Uribe (ed.). *Producción de larvas y juveniles de especies marinas*. Universidad del Norte, Coquimbo. Pp: 53-59.

Ito, H. (1991). «Scallops in Japan». En: S.E. Shumway (ed.). *Scallops: Biology, Ecology and Aquaculture*. Elsevier. Amsterdam. Pp: 1017-1051.

Lasta, M.L.; Calvo, J. (1978). «Ciclo reproductivo de la vieira (*Chlamys tehuelcha*) del Golfo San José». *Com. Soc. Malacol. Uruguay* 5: 1-42.

Lubet, P.; Besnard, J.Y.; Faveris, R.; Robbins, I. (1988). «Physiologie de la reproduction de la coquille St-Jacques (*Pecten maximus* L.)». *Océanis*, 13 (3): 265-290.

Lucas, A.; Beninger, P.G. (1985). «The use of physiological condition indices in marine bivalve aquaculture». *Aquaculture*, 44:187-200.

Lucas, M. (1979). «The Pectinoidea from the European costs». *La Conchiglia*, 124-125: 10-18.

Maeda-Martínez, A.N.; Ormart, P.; Mendez, L.; Acosta, B.; Sicard, M.T. (2000). «Scallop growout using a new bottom culture system». *Aquaculture*, 189: 73-84.

Margalef, R. (1989). «Introducción al Mediterráneo». En: *El Mediterráneo Occidental*. R. Margalef (ed.), Editorial Omega, Barcelona, 1-17.

Mason, J. (1958). «The breeding of the scallop (*Pecten maximus* L.) in a Manx Waters». *J. Mar. Biol. Ass. U.K.*, 37: 653671.

Mestre, S. (1992). *Ciclo gametogénico y de almacenamiento de reservas en una población natural de Pecten jacobaeus (L.) (Bivalvia: Pectinidae) en las costas de Castellón*. Tesis doctoral, Universidad de Valencia. 411 pp.

Mestre, S.; Peña, J.B.; Farías, A.; Uriarte, I. (1990). «Época natural de freza y ciclo gametogénico de *Pecten jacobaeus* (L.)». *Iberus*, 9 (1-2): 161-167.

Minchin, D.; Duggan, C.B. (1989). «Biological control of the mussel in shellfish culture». *Aquaculture*, 81: 97-100.

Naidu, K.S.; Scaplen, R. (1979). «Settlement and survival of giant scallop, *Placopecten magellanicus*, larvae on enclosed polyetylene film collectors». T.V.R. Pillay & W.A. Dill (eds.). *FAO Tech. Conf. On Aquac.*, Kyoto, Japan. Fishing News Books Ltd., England. Advances in Aquaculture: 379-381.

Narvarte, M.A. (1995). «Spat collection and growth to comercial size of the tehuelche scallop *Aequipecten tehuelchus* (D'Orb.) in the San Matías Gulf, Argentina». *J. World Aquac. Soc.*, 26 (1): 59-64.

— (2001). «Settlement of tehuelche scallop, *Aequipecten tehuelchus* D'Orb, larvae in San Matías Gulf, Patagonia, Argentina». *Aquaculture*, 196: 55-65.

Narvarte, M.A.; Félix-Picó, E.; Ysla-Chee, L.A. (2001). «Asentamiento larvario de pectínidos en colectores artificiales». En: A.N. Maeda-Martínez (ed.). *Los Moluscos Pectínidos de Iberoamérica: Ciencia y Acuicultura*. Cap. 9: 173-192.

Navarro-Piquimil, R.; Sturla Figueroa, L.; Cordero Contreras, O.; Avendaño, M. (1991). «Scallops in Chile». En: S.E. Shumway (ed.). *Scallops: Biology, Ecology and Aquaculture*. Elsevier. Amsterdam. Pp: 1001-1014.

Orensanz, J.M. (1986). «Sice, environmental and density: the regulation of a scallop stock and its management implications». *Can. Spec. Publ. Fish. Aquat. Sci.*, 92: 195-227.

Orensanz, J.M.; Parma, A.M.; Iribarne, O.O. (1991). «Population dynamics and management of natural stocks». En: S.E. Shumway (ed.). *Scallops: Biology, Ecology and Aquaculture*. Elsevier. Amsterdam. Pp: 625-689.

Parsons, T.R.; Maita, Y.; Lally, C.M. (1984). *A manual of chemical and biological methods for seawater analysis*. Pergamon Press, New York, 173 pp.

Paulet, I.M.; Lucas, A.; Gerard, A. (1988). «Reproduction and larval development in two *Pecten maximus* (L.) populations from Brittany». *J. Exp. Mar. Biol. Ecol.*, 119: 145-156.

Pazos, A.J.; Román, G.; Acosta, C.P.; Abad, M.; Sánchez, J.L. (1996). «Stereological studies on the gametogenic cycle of the scallop, *Pecten maximus,* in suspended culture in Ría de Arousa (Galicia, NW Spain)». *Aquaculture*, 142: 119-135.

Peña, J.B. (1981). «La acuicultura en Japón». II. Técnicas de cultivo de moluscos. *Inf. Tec. Inst. Inv. Pesq.*, 88: 23 pp.

— (2001). «Taxonomía, morfología, distribución y habitat de los pectínidos Iberoamericanos». En: A.N. Maeda-Martínez (ed.). *Los Moluscos Pectínidos de Iberoamérica: Ciencia y Acuicultura*. Cap. 1: 1-25.

Peña, J.B.; Canales, J. (1993). «Captación de Semilla de pectínidos en colectores filamentosos fondeados en la costa de Castellón». *Actas IV Cong. Nac. Acuicultura*, 365-370.

Peña, J.B.; Canales, J.; Rodríguez-Babío, C.; Mestre, S. (1994). «Captación de moluscos y otros organismos mediante colectores filamentosos en la costa de Castellón durante 1991». *Cuad. Invest. Biol.* (Bilbao), 18: 211-223.

Peña, J.B.; Mestre, S.; Farías, A. (1995). «Pectinid settlement on artificial collectors in Castellón, East Spain in 1990». 8th International Pectinid Workshop, Cherbourg (France). *IFREMER, Actes de Colloques*, 17: 111-114.

PEÑA, J.B.; CANALES, J.; ADSUARA, J.M.; SOS, M.A. (1996). «Study of seasonal settlements of five scallop species in the western Mediterranean». *Aquaculture International*, 4 (3): 253-261.

PEÑA, J.B.; CANALES, J.; MARTÍN, R.; RÍOS, C. (1997). «Captación estacional de semillas de pectínidos en el caladero Carreró (Castellón)». *Actas VI Cong. Nac. Acuicultura*, Cartagena. 301-306 pp.

PEÑA, J.B.; RÍOS, C.; PEÑA-LLOPIS, S.; CANALES, J. (1998). «Ultrastructural morphogenesis of pectinid spat from the western Mediterranean: A way to differentiate seven genera». *J. Shellfish Res.*, 17: 123-130.

PEÑA, J.B.; RODRÍGUEZ-BABÍO, C.; PEÑA-LLOPIS, S.; RÍOS, C. (1999). «Ultrastructural observations of *Aequipecten commutatus* spat and their genus placement». *12th Internat. Pectinid Workshop*, Bergen (Norway), Book of Abstracts: 111-112.

PEÑA, J.B.; RODRÍGUEZ-BABÍO, C. (2001). «Ultrastructural comparation between *Argopecten purpuratus* and *Peratecten commutatus* spat». *13th Internat. Pectinid Workshop*, Coquimbo (Chile).

PEREIRA, L.; MOLINA, G. (1997). «Development and actual stage of the seed collection of the northern Chilean scallop *Argopecten purpuratus* (Lamarck) in Tongoy bay, IV Region, Chile». En: Book of Abstracts, *11th International Pectinid Workshop*, La Paz, B.C.S., México, 10-15 April, 1997. Pp: 18-19.

POPPE, G.T.; GOTO, Y. (1993). *European seashells. Vol. II (Scaphopoda, Bivalvia, Cephalopoda)*. Verlag Christa Hemmen. Wiesbaden, Germany, 221 pp.

RINALDI, E. (1991). *Le conchiglie della costa romagnola (Gastropoda, Scaphopoda, Bivalvia)*. Edizioni Essegi, Ravenna (Italia). 189 pp.

ROBINSON, W.E.; WEHLING, W.E.; MORSE, M.P.; McLEOD, G.C. (1981). «Seasonal changes in soft-body component indices and energy reserves in the atlantic deep-sea scallop, *Placopecten magellanicus*». *Fish. Bull.* U.S. 79: 449-458.

ROMÁN, G. (1991). «Scallops in Spain». En: S.E. Shumway (ed.). *Scallops: Biology, Ecology and Aquaculture*. Elsevier. Amsterdam. Pp: 753-762.

ROMÁN, G.; CAMPOS, M.J. (1993). «Acondicionamiento de *Pecten maximus*». En: *Actas IV Congreso Nac. Acuicult.*, pp. 305-510.

ROMÁN, G.; CAMPOS, M.J.; ACOSTA, C.P. (1996). «Relationships among environment, spawning and settlement of Queen scallop in the Ría de Arosa (Galicia, NW Spain)». *Aquaculture International*, 4: 225-236.

ROMÁN, G.; CAMPOS, M.J.; CANO, J.; ACOSTA, C.P. (2000). «Biología y cultivo de pectínidos». En: J. Méndez (ed.). *Los moluscos bivalvos: aspectos citogenéticos, moleculares y aplicados*. Monografías, nº 87: 215-240. Universidade da Coruña, España.

ROMÁN, G.; CAMPOS, M.J.; CANO, J.; ACOSTA, C.P. (2001). «The reproduction of the Queen scallop *Aequipecten opercularis* in Galicia, NW Spain». En: Book of Abstracts, *13th International Pectinid Workshop*. Coquimbo, Chile, 18-24 April 2001.

ROMBOUTS, A. (1991). *Guidebook to Pecten shells*. Oegstgeest. Universal Book Services. 157 pp.

SALAUN, M. (1994). *La larve de Pecten maximus, génèse et nutrition*. Thèse doctoral 3eme cycle. Univ. Brest, France. 242 pp.

SAUSE, B.L.; GWYTHER, D.; BURGESS, D. (1987). «Larval settlement, juvenile growth and the potential use of spatfall indices to predict recruitment of the scallop *Pecten alba* Tate in Port Phillip Bay, Victoria, Australia». *Fish. Res.*, 6 (1): 81-92.

SCHEIN, E. (1989). «Pectinidae (Mollusca, Bivalvia) bathyaux et abyssaux des campagnes biogas (Golfe de Gascogne). Systématique et biogéographie». *Ann. Inst. Océanogr.,* Paris 65: 59-125.

STOTZ, W. (2000). «When aquaculture restores and replaces a overfished stock: is the conservation of the species assured? The case of the scallop *Argopecten purpuratus* (Lamarck, 1819) in northern Chile». *Aquaculture International*, 8: 237-247.

TAGUCHI, K.; WALFORD, J. (1976). «Techniques and economics of Japanese scallop culture in Mutsu Bay, Aomori Prefecture». *Scallop Workshop, Baltimore, Ireland*, 11-16 May 1976, 15 pp.

TOMIYAMA, T. (1985). *Fisheries in Japan. Bivalve*. Japan Marine Products Photo Materials Association. 199 pp.

VENTILLA, R.F. (1977). «Furter investigations into the collection of natural scallop spat off the Ardnamurcham coast». *White Fish. Auth.*, Field report nº 536: 1-22.

VILLALEJO-FUERTE, M.; CEBALLOS-VÁZQUEZ, B.P. (1996). «Variaciones de los índices de condición general, gonádica y de rendimiento muscular en *Argopecten circularis* (Bivalvia, Pectinidae)». *Rev. Biol. Trop.*, 44 (2): 591-594.

WAGNER, H.P. (1991). «Review of the European Pectinidae (Mollusca: Bivalvia)». *Vita Marina*, 41: 1-48.

WALLER, T.R. (1991). «Evolutionary relationships among comercial scallops (Mollusca: Bivalvia: Pectinidae)». En: S.E. Shumway (ed.*). Scallops: Biology, Ecology and Aquaculture.* Elsevier. Amsterdam. Pp. 1-73.

ZAIXO, H.E.; TOYOS DE GUERRERO, A. (1982). «Captación de *Chlamys tehuelchus* (D'Orb.) sobre colectores. III. Observaciones sobre el nivel de colocación». *Centro Nac. Patagónico*, contr. Nº 58: 1-9.